普通高等教育"十一五"国家级规划教材配套用书

电工仪表与电路实验技术

主　编　沙　涛

副主编　徐行健

参　编　金　瓯

U0380687

机械工业出版社

本书是普通高等教育"十一五"国家级规划教材、"十三五"江苏省高等学校重点教材（编号：2018-2-029）《电路》（黄锦安主编）的配套用书，可供电路、电路原理等课程的实验教学使用。本书结合电路原理课程中的相关知识和实验内容，从与电路理论相关的角度出发，采用较多篇幅介绍电工仪表的结构、特点和工作原理，并在此基础上，较系统地介绍了电工测量知识和电路实验技术。对于目前普遍运用的电子设计自动化（EDA）技术中的仿真软件，介绍了 Multisim 和 Cadence OrCAD 软件的使用方法。最后，本书详细给出了电路实验的基础性实验、综合型实验和电工仪表测量实验 3 个板块，方便实验教学选择使用，有利于学生实践能力的提高。

图书在版编目（CIP）数据

电工仪表与电路实验技术/沙涛主编. —北京：机械工业出版社，2019.8（2021.7重印）

普通高等教育"十一五"国家级规划教材配套用书

ISBN 978-7-111-63492-8

Ⅰ.①电… Ⅱ.①沙… Ⅲ.①电工仪表-高等学校-教学参考资料②电路-实验-高等学校-教学参考资料 Ⅳ.①TM93②TM13-33

中国版本图书馆 CIP 数据核字（2019）第 179986 号

机械工业出版社（北京市百万庄大街22号 邮政编码100037）
策划编辑：王玉鑫　　　　　　责任编辑：王玉鑫
责任校对：佟瑞鑫　张 薇　封面设计：张 静
责任印制：单爱军
北京虎彩文化传播有限公司印刷
2021 年 7 月第 1 版第 2 次印刷
184mm×260mm · 13 印张 · 354 千字
标准书号：ISBN 978-7-111-63492-8
定价：33.00 元

电话服务　　　　　　　　　网络服务
客服电话：010-88361066　　机 工 官 网：www.cmpbook.com
　　　　　010-88379833　　机 工 官 博：weibo.com/cmp1952
　　　　　010-68326294　　金 书 网：www.golden-book.com
封底无防伪标均为盗版　　　机工教育服务网：www.cmpedu.com

前　　言

本书是为配合高校本科电类专业电路和电路原理等课程的实践教学而编写的。由于高等教育理念的提升，培养人才质量观念的转变，各大高校不断改进教学方法与手段，努力培养既有坚实的理论基础，又有优良工程技术能力的创新人才。现实的需要，对实践类教材也提出了新的要求。

本书的宗旨是提高学生的综合素质，培养学生的创新精神。以培养具有工程素质的人才为出发点，培育学生理论联系实际的实践能力，锻炼学生的动手能力、分析问题和解决问题的能力。

本书第1、2章从电路原理的角度出发，重点介绍了常用指针式、数字式仪表的结构、原理和特点。要求不仅会用电工仪表进行测量，而且要"知其所以然"，知道各种仪表测量的相应原理，提高测量技能。本书第3章介绍了实验数据处理和误差分析的一般方法。在实验前希望学生对这3章内容有所了解，只有这样才能在实验中收到事半功倍的良好效果。

本书将实验分为基础性实验、综合型实验和电工仪表测量实验3大类。基础性电路实验指导详细，有利于培养学生坚实的实验基础。综合型实验只提出目的、任务、要求，实验电路一般要求自拟完成，有利于培养学生的创新能力。为了提高效率，迅速掌握实验原理和实验技能，要求学生实验前充分预习相关内容。

在综合型实验中引进电子设计自动化（EDA）方面的内容，本书在第6章介绍了 Multisim 软件在电路实验中的运用，第11章介绍了 Cadence OrCAD 软件在电路实验中的运用。有兴趣的同学可以提前学习相关知识。

诸如实验室安全操作、实验前预习、实验线路的拟定、分析和总结实验数据、正确撰写实验报告或论文的一般方法等，在本书的第7章做了详细介绍。

本书在附录B中介绍了实验平台，以便同学们掌握使用的实验器材。希望实验前认真阅读本书有关章节，祝愿实验后有所收获。

参加本书编写工作的有南京理工大学电子工程与光电技术学院沙涛（第4、5、6、7、8、11章）、徐行健（第1、2、3、9、10章）、金瓯（附录）。马鑫金在修订过程中提出了很多宝贵意见，在此深表感谢。

限于编者水平，书中难免有疏漏之处，望读者批评指正。

编　者

目　录

前言

第1章　电工仪表的分类和指针式电工
　　　　仪表 …………………………………… 1
1.1　电工测量与电工仪表 ………………… 1
　1.1.1　电工测量 ……………………………… 1
　1.1.2　常用电工仪表的分类 ………………… 1
1.2　指针式仪表 …………………………… 2
　1.2.1　指针式仪表的组成 …………………… 2
　1.2.2　指针式仪表测量机构的基本工作
　　　　　原理 ………………………………… 3
　1.2.3　指针式仪表表盘上常用的符号及
　　　　　意义 ………………………………… 4
1.3　指针式仪表的主要技术指标 ………… 6
　1.3.1　指针式仪表的准确度 ………………… 6
　1.3.2　指针式仪表的灵敏度和仪表常数 …… 7
　1.3.3　指针式仪表的功耗 …………………… 7
　1.3.4　指针式仪表的标尺特性 ……………… 7
　1.3.5　指针式仪表的阻尼时间 ……………… 8
1.4　磁电系仪表 …………………………… 8
　1.4.1　磁电系仪表测量机构的结构及工作
　　　　　原理 ………………………………… 8
　1.4.2　磁电系仪表测量机构的特点 ……… 10
　1.4.3　磁电系仪表的应用 ………………… 10
1.5　电磁系仪表 ………………………… 10
　1.5.1　电磁系仪表测量机构的结构及工作
　　　　　原理 ……………………………… 10
　1.5.2　电磁系仪表测量机构的特点 ……… 12
　1.5.3　电磁系仪表的应用 ………………… 12
1.6　电动系仪表 ………………………… 13
　1.6.1　电动系仪表测量机构的结构及工作
　　　　　原理 ……………………………… 13
　1.6.2　电动系仪表测量机构的特点 ……… 13
　1.6.3　电动系仪表的应用 ………………… 14
　1.6.4　电动系仪表使用时的注意事项 …… 14
　1.6.5　铁磁电动系功率表简介 …………… 15
1.7　整流系仪表 ………………………… 15
　1.7.1　整流系仪表测量机构 ……………… 15
　1.7.2　整流系仪表的应用 ………………… 16

　1.7.3　常见指针式系列仪表技术指标
　　　　　比较 ……………………………… 16
1.8　磁电系比率表 ……………………… 17
　1.8.1　磁电系比率表测量机构和绝缘电阻
　　　　　表工作原理 ……………………… 17
　1.8.2　绝缘电阻表的特点 ………………… 18
　1.8.3　绝缘电阻表的使用 ………………… 18
1.9　指针式万用表 ……………………… 19
　1.9.1　指针式万用表的结构及工作原理 … 19
　1.9.2　指针式万用表的特点 ……………… 22
　1.9.3　MF47型指针式万用表简介 ……… 22

第2章　现代电工仪表 …………………… 24
2.1　电工仪表的数字化测量技术 ……… 24
　2.1.1　电工仪表的数字化及A/D
　　　　　转换器 …………………………… 24
　2.1.2　逐次逼近型A/D转换器 ………… 25
　2.1.3　双积分型A/D转换器 …………… 26
　2.1.4　Σ—Δ型A/D转换器 …………… 28
　2.1.5　脉冲调宽型A/D转换器简述 …… 29
2.2　数字式直流电压基本表 …………… 30
　2.2.1　数字式直流电压基本表组成 ……… 30
　2.2.2　数字式直流电压基本表的A/D
　　　　　转换电路 ………………………… 30
　2.2.3　逻辑控制电路 ……………………… 30
　2.2.4　显示器 ……………………………… 31
2.3　便携式数字式万用表原理 ………… 32
　2.3.1　典型$3\frac{1}{2}$位数字式电压基本表的
　　　　　7106集成电路 ………………… 32
　2.3.2　多量程数字式直流电压表测量
　　　　　原理 ……………………………… 33
　2.3.3　多量程数字式直流电流表测量
　　　　　原理 ……………………………… 34
　2.3.4　线性整流和数字交流量的测量
　　　　　原理 ……………………………… 35
　2.3.5　多量程数字式电阻表测量原理 …… 36
2.4　数字式万用表简介 ………………… 37
　2.4.1　数字式万用表的基本技术指标 …… 37

2.4.2 数字式万用表的其他技术指标 …… 38
2.4.3 国产便携式数字式万用表简介 … 38
2.5 智能式电工仪表 …………………… 39
2.5.1 智能式仪表概述 ……………… 39
2.5.2 智能式电工仪表结构 ………… 41
2.5.3 DMM 标准模块和基本表 …… 43
2.6 DMM ……………………………… 44
2.6.1 DMM 结构 …………………… 44
2.6.2 国外 DMM 简介 ……………… 45
2.7 数字式电工仪表中常见的电气符号 … 47
2.7.1 数字式多用表上常见的电气符号 … 47
2.7.2 国际通用数字式电工仪表上常见的
电气符号 ……………………… 48

第3章 误差与数据处理 ……………… 49
3.1 仪表误差与准确度 ………………… 49
3.1.1 误差的表示方式 ……………… 49
3.1.2 仪表准确度 …………………… 50
3.2 测量误差 …………………………… 50
3.2.1 测量误差的分类 ……………… 50
3.2.2 直接测量中由仪表引起的误差
分析 …………………………… 51
3.2.3 间接测量中由仪表引起的误差
分析 …………………………… 52
3.3 减小测量误差的方法 ……………… 55
3.3.1 减小系统误差的方法 ………… 55
3.3.2 随机误差和处理 ……………… 56
3.3.3 疏失误差和处理 ……………… 57
3.4 实验数据处理 ……………………… 58
3.4.1 测量中仪表数据的读取 ……… 58
3.4.2 有效数字的表示方法和运算 … 59
3.4.3 实验数据处理 ………………… 60

第4章 电路基本电量的测量 ………… 62
4.1 电压、电流的测量 ………………… 62
4.1.1 电压和电流的波形和分挡 …… 62
4.1.2 用直读式仪表测量 …………… 63
4.1.3 用直流电位差计精确测量 …… 63
4.1.4 用真有效值表测量交流电量 … 64
4.2 非正弦电量的测量 ………………… 65
4.2.1 利用谐波分析法测量非正弦电流和
电压 …………………………… 65
4.2.2 仪表测量非正弦周期电流和电压 … 65
4.3 高电压和大电流的测量 …………… 66
4.3.1 用电压互感器测量高电压 …… 66
4.3.2 大电流的测量 ………………… 66
4.4 功率的测量 ………………………… 69
4.4.1 单相功率的测量 ……………… 69
4.4.2 三相功率的测量 ……………… 70

4.4.3 三相无功功率的测量 ………… 73
4.4.4 数字式功率表简介 …………… 75
4.5 数字式功率因数表和频率表的简介 … 75
4.5.1 数字式功率因数表简介 ……… 75
4.5.2 数字式仪表的频率测量 ……… 76

第5章 电路元件及参数测量 ………… 77
5.1 电阻元件简介 ……………………… 77
5.1.1 电阻的命名和分类 …………… 77
5.1.2 电阻的主要技术指标 ………… 78
5.1.3 电阻的标示法 ………………… 78
5.2 电阻的测量 ………………………… 79
5.2.1 中值电阻参数测量 …………… 79
5.2.2 低值电阻的测量 ……………… 81
5.2.3 高值电阻的测量 ……………… 81
5.2.4 常用测量电阻的方法和偏差范围 … 82
5.3 电感元件简介 ……………………… 82
5.3.1 电感的主要技术指标 ………… 82
5.3.2 含铁心（或磁心）线圈的特殊
问题 …………………………… 84
5.4 电感参数测量 ……………………… 84
5.4.1 电感的测量 …………………… 84
5.4.2 互感系数的测量 ……………… 86
5.5 电容元件简介 ……………………… 87
5.5.1 电容命名和介质代号 ………… 87
5.5.2 电容的主要技术指标 ………… 87
5.5.3 电容的标示法 ………………… 89
5.6 电容参数测量 ……………………… 89
5.6.1 中值电容的测量 ……………… 89
5.6.2 数字式表测量电容 …………… 90

第6章 Multisim 软件应用简介 ……… 92
6.1 软件主窗口及菜单栏 ……………… 92
6.1.1 软件特点 ……………………… 92
6.1.2 软件主窗口 …………………… 92
6.1.3 菜单栏 ………………………… 92
6.2 工具栏 ……………………………… 96
6.2.1 系统工具栏 …………………… 96
6.2.2 仪表工具栏 …………………… 97
6.3 创建原理图 ………………………… 97
6.3.1 定制用户界面 ………………… 97
6.3.2 元器件选取和放置 …………… 98
6.3.3 电压、电流与功率探头的选取和
放置 …………………………… 99
6.3.4 指示器元件库元器件的选取和
放置 …………………………… 99
6.3.5 元器件的编辑和连线 ………… 100
6.4 虚拟仪表的使用 …………………… 101
6.4.1 虚拟数字万用表 ……………… 101

6.4.2 函数信号发生器 ·············· 101

6.4.3 功率表（瓦特表）············· 101

6.4.4 双踪示波器 ················· 102

6.4.5 波特图仪 ·················· 104

6.5 对电路的进一步编辑 ············· 105

6.5.1 修改元器件的序号 ············ 105

6.5.2 调整、删除元器件和文字标注的

位置 ···················· 105

6.5.3 修改元器件或连线的颜色 ······· 105

6.5.4 电路的保存 ················ 105

6.5.5 电路的复制和粘贴 ············ 106

6.6 应用举例——验证基尔霍夫电流

定律 ······················· 106

6.6.1 实验电路图 ················ 106

6.6.2 实验步骤 ················· 106

第7章 电路实验技术 ··············· 109

7.1 用电安全简述 ················· 109

7.1.1 电对人体的伤害 ············· 109

7.1.2 实验室安全防护和安全用电 ····· 110

7.2 漏电保护和过电流保护 ··········· 111

7.2.1 漏电断路器的原理 ············ 111

7.2.2 漏电断路器的选择 ············ 111

7.2.3 过电流保护 ················ 111

7.3 实验设计的基本方法和故障排除 ····· 113

7.3.1 实验设计的基本方法 ·········· 113

7.3.2 实验步骤与故障排除 ·········· 114

7.4 实验报告及论文书写 ············· 115

7.4.1 实验报告书写 ·············· 115

7.4.2 论文书写 ················· 116

第8章 基础性电路实验 ············· 119

实验1 直流电路电流、电压和电位的

实验研究 ················· 119

实验2 电路基本定理（一）——直流叠加

定理和替代定理研究 ········· 121

实验3 电路基本定理（二）——戴维南定理

及诺顿定理研究 ············ 124

实验4 电路基本定理（三）——特勒根定理

与互易定理研究 ············ 129

实验5 一阶电路的暂态响应 ········· 132

实验6 二阶电路的暂态响应 ········· 136

实验7 正弦交流电路中的阻抗和频率特性

研究 ···················· 140

实验8 元件参数测量 ············· 143

实验9 RC、RL 电路的相量轨迹和功率因数

提高 ···················· 145

实验10 正弦稳态谐振电路的研究 ····· 148

实验11 含耦合电感电路的研究 ······· 152

实验12 三相交流电路的研究 ········· 156

实验13 线性无源二端口网络参数测量 ····· 160

第9章 综合型实验课题 ············· 166

课题1 交流电路的应用设计 ········· 166

专题1 RC 选频网络及应用 ········· 166

专题2 裂相（分相）电路 ········· 166

课题2 运算放大器（多端元件）的应用

设计 ···················· 168

专题1 运算放大器基本电路 ········· 168

专题2 运算放大器电路应用（一）——

负阻抗变换器和回转器的设计 ··· 168

专题3 运算放大器电路应用（二）——

旋转器设计 ·············· 169

课题3 非线性电阻电路及应用的研究 ··· 171

专题1 非线性电阻电路 ··········· 171

专题2 非线性电阻电路的应用——混沌

电路 ···················· 174

第10章 电工仪表测量实验任务书 ······· 176

实验1 电工仪表测量方法的研究 ····· 176

实验2 电路元件参数测量 ·········· 176

实验3 指针式仪表的校验 ·········· 177

实验4 正弦及非正弦电路 ·········· 178

实验5 三相交流电路的功率测量 ····· 179

课程设计 指针式万用表电路设计和调试 ··· 180

第11章 Cadence OrCAD 软件应用

简介 ······················· 181

11.1 创建原理图文件 ··············· 181

11.2 元件库 ···················· 183

11.3 放置、移动和连接元器件 ········· 185

11.4 修改电路元件属性和显示属性 ····· 186

11.5 建立新的仿真配置文件及仿真分析 ··· 186

11.6 双极型晶体管输出特性仿真

（DC 扫描）·················· 188

附录 ·························· 191

附录A 指针式万用表电路的计算 ······ 191

A.1 万用表的基本技术参数 ·········· 191

A.2 万用表的各挡准确度 ··········· 191

A.3 直流电流挡 ················· 191

A.4 直流电压挡 ················· 192

A.5 交流电压挡 ················· 192

A.6 电阻挡 ··················· 193

附录B 电工实验台简介 ············ 195

B.1 实验平台电源使用说明 ·········· 195

B.2 实验平台仪表使用说明 ·········· 197

B.3 实验模块简介 ················ 200

参考文献 ······················· 202

第1章 电工仪表的分类和指针式电工仪表

1.1 电工测量与电工仪表

1.1.1 电工测量

电工测量是用被测的未知电量与同类标准电量进行比较的过程。其主要测量对象是电流、电压、功率、功率因数、相位、电能等。

对实际电路进行研究时，电工测量是必不可少的一门测量技术。电工测量常用的工具是电工仪表。电工仪表应具有测量迅速、构造简单、方便可靠等特点。若将电工仪表同其他设备组合起来，便能对生产过程进行测量和控制，从而实现生产自动化。随着生产和高新科技的发展，电工测量技术除用于测量电量外，也已日益广泛地应用于对非电量的测量，例如对温度、压力、转速、机械变形、加工精度等非电量的测量都已应用了相关的电工测量技术。

电工测量的方法可分为直读测量法和较量测量法两类，使用的仪表分别称为直读式仪表和较量式仪表。

常用的直读式仪表有指针式仪表和数字式仪表两大类。指针式仪表是传统的电工仪表，这种仪表测量具有结构简单、测量可靠等优点，但测量准确度不高；如今随着数字技术和大规模集成电路制造技术的发展，数字式仪表已广泛应用，因而使测量速度和准确度都极大提高。进入21世纪以来，微处理器已被引入电工仪表，从而产生了全新一代微机化智能式电工仪表。智能式电工仪表的主要特征是仪表内部含有微处理器（或单片机），它具有数据存储、运算和逻辑判断的能力，能根据被测参数的变化自动选择量程，可实现自动校正、自动补偿，以至实现远距离传输数据、遥测遥控等功能。智能式电工仪表是电工测量仪表的发展方向。

较量式仪表是根据比较法来实现测量的仪表。在测量中将被测量与标准量在较量器中进行反复比较，以确定被测量的值。这种仪表准确度高，但测量时操作比较复杂，测量速度也比较慢，常于精密测量。目前常用的较量式仪表是电位差计和电桥。

1.1.2 常用电工仪表的分类

1. 指针式仪表

指针式仪表简称为指针表，是目前电工测量中广泛应用的一类电工仪表。其特点是将被测电量转换为驱动仪表机械转动部分的转动力矩，以带动指针偏转的角度来反映被测电量的大小，操作者可从仪表表盘的标度尺上直接读数。

指针表由于种类繁多，常按以下几个方面分类：

1）按被测电量可分为电流表、电压表、功率表与频率表等。

2）按工作原理可分为磁电系、电磁系、电动系、感应系、整流系等。

3）按工作电流可分为直流电流表、交流电流表、交直流两用电流表等。

4）按准确度等级可分为0.1、0.2、0.5、1.0、1.5、2.5和5.0级，共7级。一般0.1级和0.2级的仪表用于标准仪表，0.5级~1.5级的仪表用于实验室测量，1.5级~5.0级的仪表用于工程测量。

5）按使用方式可分为安装式仪表和便携式仪表。

6）按使用条件可分为 A、A1、B、B1、C，共 5 组。

7）按防御外界磁场或电场的性能可分为Ⅰ、Ⅱ、Ⅲ、Ⅳ，共 4 个等级。

8）按外壳防护性能可分为普遍式、防尘式、防溅式、防水式、水密式、气密式、隔爆式 7 种。

2. 数字式仪表

数字式仪表简称为数字表。数字表是采用数字化技术，把被测电量转换成电压信号，并以数字形式直接显示。它主要通过模拟量/数字量（A/D）转换来测量随时间连续变化的电量。其显示位数一般为 4~8 位，若最高位只能显示 0 或 1 字，则称为半位，写成"1/2"位。

数字表目前有两大类，即普通数字表和智能数字表，两者的区别在于内部是否有微处理器。

数字表也常按被测量物理量来分类，如测量电压的数字电压表、测量频率的数字频率表等。

数字表还常按显示单元的"位数"来分类，如对于常用的数字万用表共有 5 个显示单元，因其最高位只能显示"0"或"1"，故称为"$4\frac{1}{2}$位"数字万用表。近来有一部分数字表的显示单元用 3000 字、4000 字、5000 字作显示单元的"位数"，分别表示最高显示为 2999、3999、4999。

数字表将在第 2 章中专门介绍。

3. 较量式仪表

较量式仪表如电位差计、电桥等，其与直读式仪表的测量原理不同，它是根据比较法来实现测量的目的。在利用这种仪表进行测量时，尽管它也用直读式仪表的测量机构作为参照，将被测量与已知标准量进行比较，但最终确定被测量的大小不依靠仪表的读数。其测量误差很容易做到低于万分之一。由于大部分较量式仪表在测量中对测量的环境（如温度、湿度等）等指标要求非常高，因此除电位差计和电桥外，其他较量式仪表平时较少采用。

1.2 指针式仪表

1.2.1 指针式仪表的组成

指针式仪表主要由测量机构和测量电路组成，配上读数装置就可以由仪表指针的偏转指示来取得测量值。

1. 测量机构

指针式仪表的测量机构是一个接受电量后产生偏转运动的机构。它能将被测电量转换成仪表可动部分的偏转角，并在转换过程中保持接受的电量和产生的偏转角成函数关系。测量机构大都由固定部分（磁铁或线圈）和可动部分（线圈或软磁铁片）两大部分组成，这两部分通过电磁力的相互作用来产生转动力矩带动指针偏转以指示电量，故常称这类仪表为机电式电工仪表。

2. 测量电路

测量电路是把被测量 x（电流、电压、相位、功率等）转换为测量机构可以直接接受的过渡量 y（一般为电流），并保持一定变换比例的组合部分。测量电路通常由电阻、电感、电容等电子元器件组成。

同一种测量机构配合不同的测量电路，可组成多种测量仪表。指针式仪表的测量过程如图 1-1 所示。

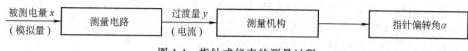

图 1-1　指针式仪表的测量过程

3. 读数装置

读数装置由指示器和标尺（又称刻度盘）组成。

指示器有指针式和光标式两种。指针式指示器的指针用铝或玻璃纤维制成，重量极轻。指针又分刀形和矛形。刀形指针要近观细看，多用于便携式仪表中，以利取得精确读数；矛形指针远看醒目，用于大、中型安装式仪表中，便于一定距离之外读取指示值。光标式指示器不用指针读取指示值，它借助于一套光学系统将测量机构的偏转角聚成一个光点射到刻度盘上来读取指示值，它可以完全消除视差，但结构复杂，只在一些高灵敏度、高准确度的仪表上才使用。

标尺是一块画有刻度的表盘，标尺可以是线性的（刻度均匀），也可是非线性的（刻度不均匀）。为减小视差，0.5 级以上的精密仪表通常在标尺下面安装一个反射镜（又称为镜子标尺），当看到指针和指针在镜子中的影像重合时才进行读数。

1.2.2　指针式仪表测量机构的基本工作原理

指针式仪表的测量机构从结构特点来说主要是由固定部分和可动部分组成，这两个部分通过电磁力的相互作用来产生作用力矩（转矩），构成驱动机构，给出偏转指示。为了与这个作用力矩取得平衡从而得到稳定偏转，在可动部分的转轴上必须装有反作用力矩装置。其产生的反作用力矩（也称为控制力矩）用于控制可动部分的偏转。反作用力矩装置一般由游丝、张丝、吊丝等组成。有些特殊仪表是用另一个通电流的线圈来产生反作用力矩。为了使仪表指针在测量中很快静止以便读数，还需要有阻尼装置。

可见，测量机构必须包含转矩装置、反作用力矩装置和阻尼装置 3 部分。除此以外，在结构上测量机构还要有支架、转轴、轴承、调零器等附件。

1. 转矩装置

为了使可动部分的偏转角反映被测电量的大小，测量机构必须具有产生转动力矩的装置。不同类型的仪表，产生转动力矩的原理和方式也不相同。例如，磁电系仪表是利用永久磁铁与通电线圈之间的电磁力产生转矩，而电动系仪表是利用两个通电线圈之间的电磁力产生转矩。转动力矩 M 的大小与被测量 x（或过渡量 y）及偏转角 α 之间必须满足某种函数关系，即

$$M = f(x, \alpha)$$

2. 反作用力矩装置

仪表可动部分在转动力矩 M 作用下，将带动指示器偏转。但是，如果在仪表可动部分上只有转矩而无反作用力矩作用，则不论被测量多大，只要转动力矩 M 能克服可动部分的摩擦力矩，都将使指示器一直偏转到尽头。所以，没有反作用力矩的仪表只能反映被测量的有无，而不能测量其大小。因此在可动部分的转轴上必须装设反作用力矩装置。

反作用力矩装置一般用游丝或张丝构成，图 1-2 所示为用游丝产生反作用力矩的装置。当可动部分偏转时游丝被扭紧，利用游丝的弹力（或张丝的扭力）产生反作用力矩。反作用力矩的方向总是与转矩相反，而其大小在游丝的弹性变形范围内与可动部分偏转角 α 成正比。

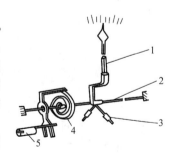

图 1-2　用游丝产生反作用
力矩的装置
1—指针　2—轴　3—平衡锤
4—游丝　5—调零器

当被测量一定时，测量机构的转动力矩 M 也是一定的，可动部分在这个力矩的作用下开始偏转。随着偏转角 α 的增大，反作用力矩 M_α 也不断增大，直到反作用力矩 M_α 与转动力矩 M 平衡，此时可动部分不再偏转，而稳定在一定的偏转角 α 上。即

$$M = M_\alpha \tag{1-1}$$

当被测量增大时，测量机构的转动力矩 M 也随之增大，式（1-1）所示力矩平衡关系被破坏，可动部分又开始转动而使偏转角 α 继续增大，于是反作用力矩随之增大，直到力矩达到新的平衡状态为止。这时可动部分稳定于一个较大的偏转角，正好与被测量增大的数值相对应。这样达到了用偏转角 α 来表示被测量的目的。

以上所述利用游丝、张丝产生的反作用力矩，属于机械反作用力矩，在仪表中应用较多。此外，有的仪表也用电磁力来产生反作用力矩，如绝缘电阻表（兆欧表）等。

3. 阻尼装置

仪表通电后，其可动部分就要偏转，由于有惯性，当偏转到 $M = M_\alpha$ 的平衡位置时不能马上停下来，而要继续偏转。这时由于反作用力矩大于转动力矩，所以偏转速度将逐渐减慢。当最后减至零时，可动部分已经超过了平衡位置，因而反作用力矩大于转动力矩，可动部分又将往回偏转，使可动部分在平衡位置左右来回摆动，而且要经过一段时间才能稳定在平衡位置上。为了减少可动部分摆动的时间以利尽快读数，仪表中必须有阻尼装置，用来消耗可动部分的动能，即限制可动部分的摆动。常用的仪表阻尼装置有空气阻尼器和磁感应阻尼器两种，两种阻尼器结构如图 1-3 所示。

图 1-3a 所示的空气阻尼器有一密闭小盒（阻尼器盒）1，盒中的阻尼片 2 固定在仪表转轴上。当可动部分偏转时带动阻尼片运动，由于盒中的阻尼片两侧空气压力差而形成了阻尼力矩。图 1-3b 所示为磁感应阻尼器。当可动部分偏转时，带动阻尼片 3 在永久磁铁 4 的磁场内运动，切割磁力线产生涡流。若阻尼片 3 向左运动，则产生的涡流方向如图 1-4 中虚线所示，在永久磁铁的磁场 B 和涡流相互作用下，产生一个方向向右的阻尼力矩。

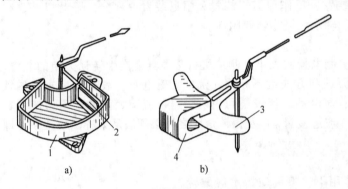
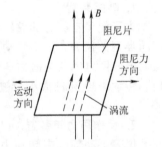

图 1-3　两种阻尼器结构　　　　　　　　　图 1-4　阻尼装置原理
a）空气阻尼器　b）磁感应阻尼器
1—阻尼器盒　2、3—阻尼片　4—永久磁铁

需要指出，阻尼力矩只能在可动部分运动时才产生，它仅与可动部分的运动速度有关而与偏转角无关，即可动部分的稳定偏转角只由转动力矩和反作用力矩的平衡关系所确定，而与阻尼力矩无关。

1.2.3　指针式仪表表盘上常用的符号及意义

指针式仪表实际上是通过仪表表盘上的不同符号来反映其技术性能的，通常在指针式仪表的表盘上标有一些特定符号来说明其各种技术性能。指针式仪表表盘上常用的符号及意义见表 1-1。

表 1-1　指针式仪表表盘上常用的符号及意义

仪表工作原理的符号

名　称	符　号	名　称	符　号
磁电系仪表		电动系比率表	
磁电系比率表		铁磁电动系仪表	
电磁系仪表		感应系仪表	
电磁系比率表		静电系仪表	
电动系仪表		整流系仪表	
直流		具有单元件的三相平衡负载交流	
交流(单相)		具有两元件的三相不平衡负载交流	
直流与交流		具有三元件的三相四线不平衡负载交流	

准确度等级的符号 / 工作位置的符号

等　级	符　号	位　置	符　号
以标度尺上量限百分数表示的准确度等级　例如 1.5 级	1.5	标度尺位置为垂直的	
以标度尺长度百分数表示的准确度等级　例如 1.5 级	1.5	标度尺位置为水平的	
以指示值的百分数表示的准确度等级　例如 1.5 级	1.5	标度尺位置与水平面倾斜成一角度　例如 60°	60°

绝缘强度的符号

名　称	符　号	名　称	符　号
不进行绝缘强度试验	0	绝缘强度试验电压为 2kV	2
绝缘强度试验电压为 500V		危险(测量线路与外壳间的绝缘强度不符合标准规定,符号为红色)	

按外界条件分组的符号

名　称	符　号	名　称	符　号
Ⅰ级防外磁场(例如:磁电系)		Ⅰ级防外电场(例如:静电系)	

（续）

按外界条件分组的符号				
名　称	符　号		名　称	符　号
II 级防外磁场及电场	II　II		A_1 组仪表	A_1
III 级防外磁场及电场	III　III		B 组仪表	B
IV 级防外磁场及电场	IV　IV		B_1 组仪表	B_1
A 组仪表	A		C 组仪表	C

端钮及调零器的符号				
名　称	符　号		名　称	符　号
负端钮	——		接地端	
正端钮	+		与外壳相连接的端钮	
公共端钮（多量限仪表）	✕		与屏蔽相连接的端钮	
交流端钮	∼		与仪表可动线圈连接的端钮	
电源端钮（功率表、无功功率表、相位表）	✳		调零器	

1.3　指针式仪表的主要技术指标

通常对指针式仪表的主要技术要求包括足够的准确度、适当的灵敏度、良好的标尺特性、较短的阻尼时间、较小的功率损耗、较强的过载能力，还要求频率范围宽、绝缘耐压力强及工作环境（温度、湿度等）条件宽松等。

1.3.1　指针式仪表的准确度

指针式仪表的准确度，通常就是指仪表的准确度级别。它表示仪表在正确和正常使用下所具有的最大引用误差（将在第 3 章详细叙述），如 1.0 级、2.5 级等。选用仪表的准确度要与测量所要求的准确度相适应，即根据实际需要和具体条件来选用相应准确度级别的仪表，而非一味追求准确度级别越高越好。例如测量三相交流电压，由于供电部门本身提供的参量是 380V，误差为 ±10%，故只要选用 2.5～5.0 级仪表就可以了，再选准确度高的也就没有必要了，而且准确度高的仪表成本也必定会高。通常 0.1 级和 0.2 级仪表多用于标准仪表以校准其他工作仪表，0.5 级、1.5 级仪表可作为一般实验室用表。

1.3.2　指针式仪表的灵敏度和仪表常数

将指针式仪表的指针或光点偏转角的变化量与被测量的变化量之比称为仪表的灵敏度，其表达式为

$$S = d\alpha/dX \tag{1-2}$$

式中，S 是仪表灵敏度；α 是偏转角；X 是被测量。

由此可见，灵敏度取决于仪表的偏转性能，并与被测量性质有关，它是单位被测量的偏转角，它反映了仪表对被测量的反应能力，单位为格/A 或格/V。

常将灵敏度的倒数称为仪表常数，用 C 表示，即

$$C = 1/S$$

例如将 1μA 电流通入微安表，若偏转 10 格，则其灵敏度 S 为 10 格/1μA。仪表的偏转角一般为 0°~90°或 0°~110°。在有限的偏转范围内，灵敏度越高就意味着量限越小。不同类型仪表其灵敏度有时相差很大。仪表灵敏度反映了仪表所能测量的最小被测量。对于测量同一被测量（如电压）的不同型号仪表，其结构不同，即使有相同的电压灵敏度也可能有不同的电流灵敏度，反之亦然。因此选用仪表时不要顾此失彼，应综合考虑，相互兼顾。

1.3.3　指针式仪表的功耗

当指针式仪表接入被测电路时，经测量电路和测量机构会消耗一些功率，这称为仪表功耗。功耗也是仪表的一个重要参数，它由仪表的类型和结构决定。当被测电路的功率不大时，仪表消耗的功率将会改变电路的工作状态，使所测得的量并非原来要测量的，因而带来很大的测量误差。这种测量误差并不是由于仪表示值不准确而引起的，所以它与仪表的准确度等级无关。仪表消耗的功率对电路的影响，通常可通过仪表内阻来表示：电流表用满标电压降表示，电压表用满标的电流或每伏欧姆数表示。选择仪表时其内阻也是要考虑的一个主要因素：对于电流表应有尽可能小的内阻，对于电压表应有尽可能大的内阻；而功率表应具有以上两者的有利因素才能使功耗尽可能小。

总之，在选择实验仪表时，准确度、灵敏度和仪表的内阻要全面考虑。一味追求高准确度有时反而会使测量误差增大。为了尽可能减少功耗，关于仪表功耗的考虑也要因实际被测电路而定，有时可以不予考虑，而有时必须考虑。例如用电压表测稳压电源电压时，无论电压表的内阻抗值多少（或功耗多少），该电源电压不会因仪表功耗大小而有所改变；相反，若被测电路本身是高内阻抗小容量的，即使仪表功耗不太大，也会导致被测电路本身的参数的变化，而引起测量方法误差。

1.3.4　指针式仪表的标尺特性

由于各种系列的仪表结构和工作原理不同，指针式仪表的标尺刻度特性也不相同。标尺刻度有线性和非线性（或均匀和不均匀）两大类。非线性标尺刻度其不均匀性有按平方律的，也有按双曲函数规律的。标尺刻度的不均匀性，使得某些仪表刻度的起始部分无法准确读数，在这些部分往往成了无效区，有些仪表标尺在刻度左端或左右两端的有效区与无效区的分界处分格线上方打一个小圆点以示分界。标尺刻度的不均匀也使指针落在刻度中间无法估读。图 1-5 所示为几种常见的指针式仪表的标尺。

指针式仪表的标尺读数精度（即能够读得的有效数位数）是有规律的，以图 1-6 所示指针式仪表均匀标尺为例，从起始线到第 2 条刻度线以内（一位区），可以读得 1 位有效数；从第 2 条刻度线到第 10 分格以内可读得 2 位有效数；从第 11 条刻度线到第 100 分格以内可读得 3 位有效数；从第 101 条线到第 1000 分格以内可读得 4 位有效数。依次类推可得规律，每增

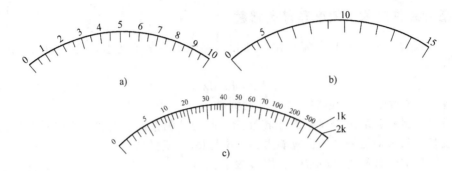

图 1-5　几种常见的指针式仪表的标尺

a) 均匀刻度标尺　b)、c) 不均匀刻度标尺

加至 10 倍分格数的范围内，将使读数精度增加 1 位，即 "增十倍加一位"。这一规律仅与标尺分格疏密程度有关，而与仪表指示所代表的量值和测量单位无关。一般来说，指示仪表准确度越高就要求标尺读数精度也越高。

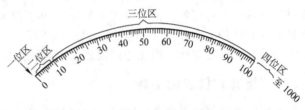

图 1-6　指针式仪表均匀标尺

1.3.5　指针式仪表的阻尼时间

阻尼时间是指仪表的指针或光点从被测量加入或去掉时的初始位置到最终距离稳定位置小于标尺全长 1% 时所需的时间。一般仪表为了读数迅速，其阻尼时间越短越好，通常规定不超过 4s，较好的仪表约为 1.5s。

1.4　磁电系仪表

1.4.1　磁电系仪表测量机构的结构及工作原理

1. 结构

磁电系仪表测量机构由固定的磁路系统和可动部分组成，如图 1-7 所示。仪表的固定部分是磁路系统，用它来得到一个较强的磁场。在永久磁铁 1 的两极，固定着极掌 6，两极掌之间是圆柱形铁心 4。圆柱形铁心固定在仪表的支架上，用来减小两极掌间的磁阻，并在极掌和铁心之间的空气隙中形成均匀辐射的磁场，即圆柱形铁心的表面，磁感应强度处处相等，且方向和圆柱表面垂直。圆柱形铁心与极掌间留有一定的空隙，以便可动线圈 5 在气隙中运动。

仪表的可动部分是用薄铝皮做成一个矩形框架，上面用很细的漆包线绕有很多匝线圈。转轴分成前后两个半轴，每个半轴的一端固定在动圈铝框上，另一端通过轴尖支承于轴承中。在前半轴上还装有指针 2，当可动部分偏转时，用来指示被测量的大小。在指针

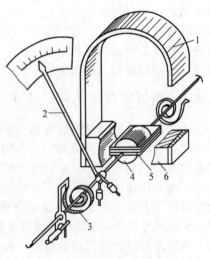

图 1-7　磁电系仪表测量机构

1—永久磁铁　2—指针　3—游丝　4—圆柱形铁心　5—可动线圈　6—极掌

上还装有平衡装置用来调整仪表转动部分的平衡，使指针指到任何刻度位置时，转动部分的重心和转轴轴心重合，防止产生附加误差，保证仪表准确度。

磁电系仪表测量机构在可动部分的两半轴上分别装有游丝 3，用来产生反作用力矩，同时也用游丝把被测电流导入和导出可动线圈。

磁电系仪表测量机构不设专门的阻尼装置，而是利用铝框架的电磁感应来实现阻尼作用的。当铝框架在磁场中运动时，因切割磁力线而产生感生电流 i_e，磁场与 i_e 相互作用的结果，产生了与铝框架运动方向相反的电磁阻尼力，其原理如图 1-8 所示。在高灵敏度仪表中，为减轻可动部的重量，通常采用无框架动圈，利用短路线圈中产生的感生电流与磁场相互作用产生阻尼力矩。

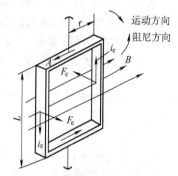

图 1-8　铝框架产生阻尼原理

磁电系仪表测量机构按磁路形式的不同又分为外磁式、内磁式和内外磁式 3 种。外磁式结构是永久磁铁在可动线圈外部，它具有磁场强、磁力线分布均匀而使标尺线性好的特点；内磁式结构是永久磁铁在可动线圈内部，它具有尺寸小、重量轻、受外磁场影响小、磁性材料耗材少的特点；内外磁式结构是在可动线圈的内外都有永久磁铁，磁场更强，使仪表尺寸结构更紧凑。

2. 工作原理

磁电系仪表测量机构是利用可动线圈在磁场中受到电磁力作用的原理制成的。在磁场中，当可动线圈中流过电流时，由于永久磁铁的磁场和线圈中电流相互作用，产生了电磁力。设气隙中磁感应强度为 B，可动线圈在磁场气隙中与磁场垂直方向的每边长度为 L，当被测电流 I 通过线圈时，每匝边受力为 F，则

$$F = BLI$$

设可动线圈另外两边的边长各为 $2r$（见图 1-8），线圈匝数为 N，活动线圈所受的转动力矩 M 为：

$$M = NF2r = NBLI2r$$

因为可动线圈所包含的面积

$$S = L2r$$

则有

$$M = NBSI \tag{1-3}$$

若指针偏转角为 α，则游丝所产生的反力矩 M_α 为

$$M_\alpha = D\alpha \tag{1-4}$$

式（1-4）中 D 是游丝的反作用系数，其大小与游丝的材料、尺寸有关。两者平衡时

$$M_\alpha = M \tag{1-5}$$

即

$$D\alpha = NBSI \tag{1-6}$$

于是

$$\alpha = NBSI/D \tag{1-7}$$

对于某一种型号仪表的 N、B 、S、D 都是常数，则 NBS/D 为常数，令

$$S_i = NBS/D \tag{1-8}$$

则

$$\alpha = S_i I \tag{1-9}$$

就有

$$S_i = \alpha / I$$

式中，S_i 是磁电系仪表的灵敏度，它表示单位被测量所对应的偏转角。

1.4.2 磁电系仪表测量机构的特点

1. 刻度均匀

由式（1-9）可知，磁电系仪表测量机构指针的偏转角 α 与被测电流 I 的大小成正比，因此仪表的刻度均匀，给准确读数带来了方便。

2. 准确度、灵敏度高

磁电系仪表测量机构的磁场由永久磁铁提供，工作气隙小，气隙中磁感应强度 B 很大，即使通入的电流较小，也能产生较大的转矩。仪表中由于摩擦、外磁场影响所引起的误差相对较小，因而准确度高。由式（1-8）可知，当磁感应强度 B 越大时，仪表灵敏度 S_i 越高，电流量程可小到 $1\mu A$。

3. 功率消耗小

由于测量机构内部通过的电流很小，所以仪表消耗的功率也很小。

4. 过载能力弱

因为被测电流是通过游丝导入和导出的，又加上动圈的导线很细，所以过载时很容易引起游丝的弹性发生变化和烧毁可动线圈。

5. 只能测量直流

因为内部永久磁铁产生的磁场方向恒定，所以只有通入直流电流才能产生稳定的偏转。如果线圈中通入的是交流电流，则由于电流方向不断改变，转动力矩也是在交变，可动的机械部分来不及反应，指针只能在零位附近摆动而得不到正确读数。

1.4.3 磁电系仪表的应用

1. 磁电系直流电流表

由于磁电系直流电流表测量机构的灵敏度高，用它可以制成小到测量若干微安和毫安的微安表和毫安表，若配上合适的分流电阻（测量电路），它也可以制成大到测量几十安培电流的安培表。

2. 磁电系直流电压表

磁电系仪表测量机构串联上适当的附加电阻就将被测的电压量转换成与之成比例的小电流，这个电流通过测量机构的可动线圈就能指示出被测的电压量。由于磁电系仪表测量机构有比较高的灵敏度，所以用它组装成的电压表应有比较高的内阻。

3. 磁电系直流微安表或指零仪表

磁电系仪表测量机构构成的直流微安表及指零仪表常用于电位差计和电桥的检流计。为了提高灵敏度，检流计中使用了张丝或悬丝悬挂以代替转轴，并应用光点反射以扩大标尺长度。磁电系检流计的灵敏度可达 $3 \times 10^{-3} \mu A$ 以上。

4. 作为其他常用仪表的测量机构

磁电系仪表测量机构可作为其他常用仪表的测量机构，如电阻表、绝缘电阻表、热偶系仪表，尤其在万用表、整流系仪表等中被广泛采用。

1.5 电磁系仪表

1.5.1 电磁系仪表测量机构的结构及工作原理

电磁系仪表测量机构根据结构形式的不同，分为吸引型和排斥型两种。目前电磁系仪表测量机构吸引型产品较多，以此作介绍。

1. 吸引型测量机构的结构

吸引型测量机构的结构如图 1-9 所示。它由固定线圈 1 和偏心地装在转轴上的可动铁片 4 组成产生转动力矩的部分。转轴上还装有指针 2、阻尼片 7 和游丝 3 等。游丝的作用与磁电系仪表测量机构不同，它只产生转矩而不通过电流。阻尼片 7 和阻尼磁铁 6 构成了磁感应阻尼器。

当固定线圈通电后，固定线圈产生的磁场将可动铁片磁化，对可动铁片产生吸引力，吸引型测量机构工作原理如图 1-10 所示，随着可动铁片被吸引，固定在同一转轴上的指针也随之偏转，同时游丝产生反作用力矩，故而称为吸引型测量机构。若流过固定线圈的电流方向改变，则固定线圈产生的磁场的极性及可动铁片被磁化的极性也随之改变，两者之间仍保持吸引。

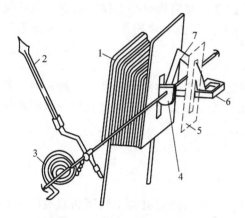

图 1-9　吸引型测量机构的结构

1—固定线圈　2—指针　3—游丝　4—可动铁片
5—磁屏　6—阻尼磁铁　7—阻尼片

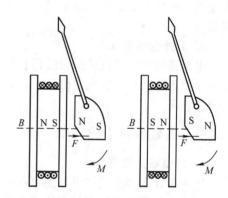

图 1-10　吸引型测量机构工作原理

2. 吸引型测量机构的工作原理

吸引型测量机构是利用线圈通入交、直流电流时，产生一定方向的转矩带动指针偏转而指示被测量。其电磁吸力是通电线圈与被磁化的铁片相互作用产生的。线圈内的磁场强度与线圈电流的平方成正比，即瞬时力矩由电流 i 的平方决定。活动部分在被测电流变化一个周期内的平均力矩则决定于电流 i 的平方在一个周期内的平均值（也即被测电流的有效值 I）的平方。线圈内的线圈的磁动势 NI（安匝数）越大，则线圈的磁场就越强，吸力也就越大。转矩为

$$M = K_i (NI)^2 \tag{1-10}$$

式中，K_i 是一个与线圈、铁片尺寸和形状及它们间的相对位置有关的系数；N 是线圈匝数；I 可以是直流电流，也可以是交流电流的有效值。

当转矩与游丝的反作用力矩平衡时

$$M_\alpha = M$$

即

$$D\alpha = K_i (NI)^2 \tag{1-11}$$

则

$$\alpha = K_i (NI)^2 / D \quad 或 \quad \alpha = K(NI)^2 \tag{1-12}$$

式中，K 是一个系数，$K = K_i / D$；D 是游丝的反作用力矩系数。

式（1-12）说明电磁系仪表测量机构的偏转角与被测电流的平方成正比，故可以用其指针的偏转角来表示被测量的大小。

1.5.2 电磁系仪表测量机构的特点

1. 过载力强

电磁系仪表测量机构的可动部分不通电流，只有测量线圈通过电流，故一般用较粗的导线绕制，因此可直接测量较大电流，过载力强，而且结构简单、牢固、造价低廉。

2. 交直流两用

从式（1-10）可知，理论上吸引型测量机构可交直流两用。电磁系仪表与磁电系仪表比较，它消耗的功率大，灵敏度也较低。

3. 标尺刻度不均匀

从式（1-12）可知转角与被测电流成平方律关系。尽管在测量机构上作了改进，但标尺刻度仍不是均匀的。因此在仪表标尺的始末端常各标有一黑点，表明黑点以外的部分不宜使用。

4. 受外磁场影响大

电磁系仪表测量机构的力矩是靠被测电流流过固定线圈产生的磁场而来。一般较弱，若不采取磁屏蔽措施，仅地球磁场的影响就可造成1%的误差。可见电磁系测量机构的磁屏蔽是必要的。

1.5.3 电磁系仪表的应用

1. 电磁系交流电流表

电磁系仪表测量机构可直接测量交流电量的有效值。但因测量机构中线圈的阻抗随被测电流的频率而变，所以不能用分流电阻来扩大量程。一般扩大量程的方法是将测量机构的线圈绕组分段，利用串联和并联的改接来改变量程，双量程电磁系交流电流表如图1-11所示。由于读数受频率与波形的影响较大，一般只能用于800Hz以下的电路。

2. 电磁系交流电压表

电磁系交流电压表是由线圈和附加分压电阻 R 串联组成，如图1-12所示。扩大量程的方法是将测量机构的线圈绕组分段串联和并联后，再与附加分压电阻串联。

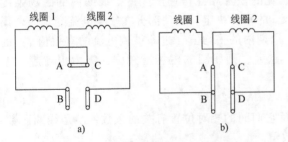

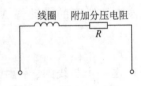

图1-11 双量程电磁系交流电流表
a）线圈串联 b）线圈并联

图1-12 电磁系交流电压表

3. 电磁系直流仪表

电磁系仪表测量机构也可作直流仪表测量机构使用，但线圈内部有动铁片（铁磁物质），所以有磁滞和涡流现象，这就造成直流读数和交流读数不一样，且读数受频率和波形的影响，即测定不同频率或波形的同一有效值时，其偏转会有些不同。用于测量直流时，要注意由于磁滞的关系，当被测量缓慢增加时电磁系仪表给出较低的读数，而当被测量减小时它又给出较高的指示值，并且每次测量值都和该次测量前仪表铁心的磁状态有关。

1.6　电动系仪表

1.6.1　电动系仪表测量机构的结构及工作原理

1. 结构

电动系仪表测量机构是利用两个通电线圈之间的电动力来产生转矩的，如图 1-13 所示。它有一对平行排列的固定线圈 2 称之为定圈，一个可动线圈 1 称之为动圈，动圈可以在定圈内自由转动。动圈与转轴固接在一起，转轴上装有指针 4 和空气阻尼器的阻尼片 6。游丝 3 用来产生反作用力矩和导流。

2. 工作原理

当电动系仪表测量机构的定圈和动圈分别通入电流 i_1、i_2 时，动圈受到定圈的磁场对其的作用力矩而产生偏转。

设

$$i_1 = I_{1m}\sin\omega t$$
$$i_2 = I_{2m}\sin(\omega t - \varphi)$$

其中，φ 为 i_1、i_2 间的相位差，则动圈受到的瞬时转矩为

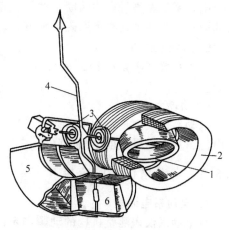

图 1-13　电动系仪表测量机构
1—可动线圈　2—固定线圈　3—游丝
4—指针　5—阻尼盒　6—阻尼片

$$M_t = K(\gamma)i_1 i_2 = K(\gamma)I_{1m}\sin\omega t I_{2m}\sin(\omega t - \varphi)$$
$$= K(\gamma)I_1 I_2\cos\varphi - K(\gamma)I_1 I_2\cos(2\omega t - \varphi) \qquad (1\text{-}13)$$

式中，$K(\gamma)$ 是线圈结构位置的函数，与电流无关。其中第二项为余弦量，其在一个周期内的平均值为零，故平均转矩为

$$M = K(\gamma)I_1 I_2\cos\varphi \qquad (1\text{-}14)$$

设游丝反作用力矩系数为 D，则当可动部分偏转角为 α 时，游丝产生的反作用力矩为

$$M_\alpha = D\alpha \qquad (1\text{-}15)$$

力矩平衡时 $M_\alpha = M$，即

$$D\alpha = K(\gamma)I_2 I_2\cos\varphi$$

因此有

$$\alpha = K(\gamma)I_1 I_2\cos\varphi / D \qquad (1\text{-}16)$$

设 $K(\alpha) = K(\gamma)/D$，则

$$\alpha = K(\alpha)I_1 I_2\cos\varphi \qquad (1\text{-}17)$$

由式 (1-17) 可知，偏转角 α 与动圈和定圈电流的有效值乘积 $I_1 I_2$ 及其间的相位差的余弦 $\cos\varphi$ 成正比关系。

1.6.2　电动系仪表测量机构的特点

1. 准确度高

电动系仪表测量机构内部没有铁磁物质，不产生磁滞误差，因此它的准确度可以达 0.1～0.05 级，可作交流精密测量之用。

2. 测量范围广

电动系仪表测量机构不仅可交直流两用，而且可以测量非正弦电流的有效值；采用频率补偿后，交流工作频率为 15~2500Hz。

3. 标尺刻度均匀

电动系仪表测量机构制成的功率表，标尺刻度均匀。

4. 读数易受外磁场影响

电动系仪表测量机构因固定线圈内部是空气，磁阻大，故工作磁场很弱。为了消除外磁场的影响，线圈系统要采用磁屏蔽方式。

5. 过载能力弱

电动系仪表测量机构进入可动线圈的电流要经过游丝，如果电流过大，游丝将变质或烧断。

6. 功耗大

电动系仪表测量机构本身产生的磁场小，为了产生足够转矩所需的磁动势必须有一定量的电流，从而使灵敏度也相应降低。

1.6.3 电动系仪表的应用

1. 电动系电流表

将电动系仪表测量机构的动圈和定圈串联，再在动圈中用低电阻分流就构成了电动系电流表，如图 1-14a 所示。其时流经线圈的电流 $I_1 = I_2 = I$，且 $\cos\varphi = 1$（同相），由式（1-17）知，此时偏转角 $\alpha = K(\alpha)I_1I_2 = K(\alpha)I^2$，可见偏转角与电流成平方律关系，刻度特性是非线性的。

2. 电动系电压表

将电动系仪表测量机构的动圈、定圈和内部的附加大电阻串联就构成了电动系电压表（见图 1-14b）。但刻度特性与电动系电流表一样，仍是非线性的。

由此可见，电动系测量机构作为电流表或电压表，其刻度特性是非线性，不易取得准确读数，因此电动系测量机构很少作为电流表或电压表之用。

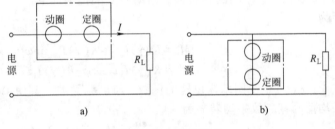

图 1-14　电动系仪表
a）电动系电流表　b）电动系电压表

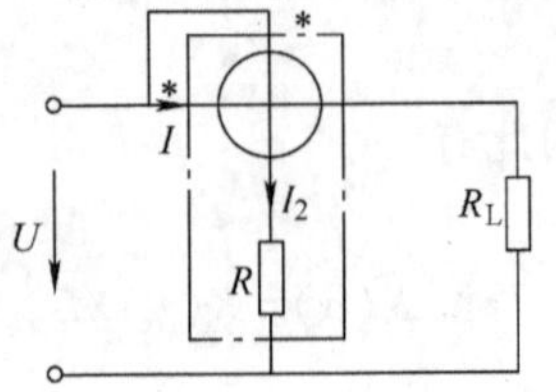

图 1-15　一种功率表的测量方法

3. 功率表

若将电动系仪表测量机构的定圈和负载串联，作测量电流之用，流经定圈的电流为 I；而动圈和附加分压电阻 R 串联后再与负载并联，如图 1-15 所示，由式（1-17）知，活动部分偏转角为

$$\alpha = K(\alpha)II_2\cos\varphi = K(\alpha)I\frac{U}{R}\cos\varphi \qquad (1-18)$$

式中，$K(\alpha)/R$ 对功率表来说是一个常数，令 $K(\alpha)/R = K$，则 $\alpha = KUI\cos\varphi$。可见，电动系仪表可用来测量功率，且标尺刻度是线性的。

1.6.4 电动系仪表使用时的注意事项

用电动系仪表测量机构来测量电路的功率是电动系仪表的一个主要用途，测量电路如图

14

1-15 所示。

1. 接线时要注意端钮的极性

功率表有两对端钮，一对定圈引出端钮是电流端钮，另一对动圈引出端钮（动圈串联附加分压电阻后的端钮）是电压端钮。两对端钮各有一个端钮上标有±（或 ＊）符号，称为发电机端，如图 1-15 中的加 ＊ 的端钮。在一般测量负载吸收功率时，功率表的一对电流端钮与负载串联，它的发电机端必须接在电源侧，保证电流从发电机端流入；功率表的一对电压端钮与负载并联，它的发电机端可接在电源侧（称电压端前接），也可接在负载侧（称电压端后接）。

2. 量程

功率表的量程是电流线圈的电流量限和电压线圈电压量限的乘积。由于功率表的指示是按照 $UI\cos\varphi$ 给出的，所以当电压电流间的相位差较大时仪表的指示值可能很小，而电压电流的有效值却可能很大。因此功率表指示不超限，而电压、电流线圈还是有可能已过载，因此测量功率时通常要用电压表和电流表进行监测。

3. 读数

测量中出现反偏转而无法读数，则有可能是负载发出功率，此时可将电流线圈发电机端接于负载端，此时恢复正常偏转，但测量的功率应记为负（表明可能是负载发出功率）。

1.6.5　铁磁电动系功率表简介

在电动系功率表的结构中有铁磁物质组成磁路，则构成铁磁电动系功率表。

铁磁电动系功率表在原理和接线方法上与普通功率表是一样的。但由于有了铁磁物质构成的磁路，使工作时固定线圈的磁场大大增强，可在较小的测量机构下，获得较大转矩（可增加到一般电动系功率表的 100 倍以上），从而大大削弱了外磁场对测量的影响，并减少了仪表的功耗。但由于有了铁磁材料，其磁滞和涡流损失造成的直流磁滞误差和交流频率误差降低了其准确度，因此在要求较低的功率测量中（如作板表）仍大量采用。

1.7　整流系仪表

1.7.1　整流系仪表测量机构

磁电系仪表测量机构配上整流电路就成了整流系仪表测量机构，这样就可以方便地测量交流参数。一般整流电路主要由二极管组成，常用的有半波整流电路和全波整流电路两种。

半波整流电路和整流前后的波形如图 1-16 所示，被测交流电加在 a、b 两端，经电阻 R 降压后正半周时 VD_1 导通，VD_2 不导通，脉动电流流过磁电系测量机构，产生指针偏转。负半周时 VD_2 导通，VD_1 不导通，磁电系仪表测量机构无反向电流流过，VD_2 导通时又使 a、c 两端的反向压降降低（压降 <1V），保护了 VD_1 和磁电系仪表测量机构。

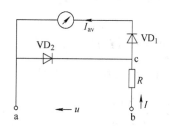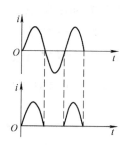

图 1-16　半波整流电路和整流前后的波形

全波整流电路和整流前后的波形如图 1-17 所示，不论交流电的正半周或负半周，均有正向脉动电流流过磁电系仪表测量机构，产生指针偏转。

由图 1-16 和图 1-17 可见，流过磁电系仪表测量机构的电流都是脉动的，而磁电系仪表测量机构的指针偏转取决于平均转矩。平均转矩与整流电流的平均值成正比。

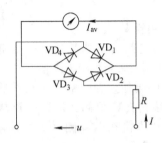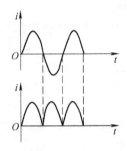

图 1-17　全波整流电路和整流前后的波形

对于半波整流电路，当被测量是正弦量时，有

$$I_{av} = \frac{1}{\pi} I_m = 0.318 I_m$$

式中，I_{av} 是流过表头的平均电流；I_m 是正弦量的峰值电流。

I_m 折算成被测电流的有效值 I，则有

$$I = \frac{I_m}{\sqrt{2}} = 0.707 I_m$$

电流的有效值与平均值之比为

$$\frac{I}{I_{av}} = \frac{0.707 I_m}{0.318 I_m} = 2.223$$

则

$$I = 2.223 I_{av}$$

电流平均值

$$I_{av} = I/2.223 = 0.45 I \tag{1-19}$$

对于全波整流电路，电流平均值

$$I_{av} = 0.45 I \times 2 = 0.9 I \tag{1-20}$$

根据平均电流的关系式来分度磁电系仪表测量机构的表盘刻度，在测量正弦量时就可直接测出有效值，一般这种仪表称为平均值响应仪表。将交流转换成直流的装置又常称为 AC/DC 转换装置。

1.7.2　整流系仪表的应用

整流系仪表较少独立作为交流仪表使用，目前最广泛应用于指针式万用表的交流电压测量。利用分压电阻先分压后整流，可以方便地构成多量程交流电压表，如图 1-18 所示。

1.7.3　常见指针式系列仪表技术指标比较

常见各种指针式仪表的最高灵敏度、阻抗等参数见表 1-2。

图 1-18　多量程交流电压表

表 1-2　常见的各种指针式仪表的最高灵敏度、阻抗等参数

系　列	最高灵敏度	满标指示		近似阻抗	标尺形式	频率范围
		I_{max}/A	U_{min}/V			
磁电系	5μA	30	0.005	100Ω/V～200kΩ/V	线性	直流
电磁系	5mA	50	1.5	50～几百欧/伏	非线性	直流 10～800Hz
电动系	5mA	20	15	50～几百欧/伏	用作功率表时近似线性	直流 10～2500Hz
整流系	几十微安	5	2.5	1～100kΩ/V	近似线性	直流 20Hz～10kHz

1.8　磁电系比率表

1.8.1　磁电系比率表测量机构和绝缘电阻表工作原理

1. 磁电系比率表测量机构

磁电系比率表测量机构如图 1-19 所示，固定部分是磁钢，可动部分有两个相互位置固定安装在同一转轴上的可动线圈，其中之一产生转矩，另一线圈产生反作用力矩（整个动圈不采用游丝来产生反作用力矩）。动圈的电流由柔软的无反抗力矩的金属导流丝引流，因此动圈位置是任意的。由于磁钢的形状人为造成不对称，使气隙中磁场不均匀，这就有可能使被测电阻与动圈位置产生函数关系。

2. 绝缘电阻表工作原理

绝缘电阻表俗称兆欧表、摇表，用于测量电气设备的绝缘电阻。由于绝缘电阻阻值很大，因此标尺分度用"兆欧"作单位而称为兆欧表。它在电气安装、检修和绝缘试验中应用十分广泛。

绝缘电阻表是典型磁电系比率表，其原理如图 1-20 所示。它的主要部分由磁电系比率表测量机构和一台直流手摇发电机组成，发电机电压一般为 500～5000V。

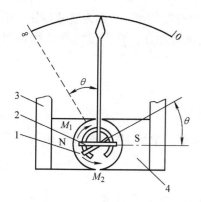

图 1-19　磁电系比率表测量机构

1、2—动圈　3—永久磁铁　4—极掌

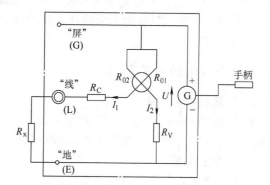

图 1-20　绝缘电阻表的原理

R_{01}、R_{02}—动圈电阻　G—手摇发电机

R_C、R_V—附加电阻　R_x—待测电阻

近年来绝缘电阻表也有采用电池给振荡器供电，经过倍压整流等半导体电路来代替手摇发电机的。但手摇发电机简单可靠仍然被广泛使用。

若将被测绝缘电阻 R_x 接在端钮"线"与"地"之间，如图 1-20 所示，则当发电机 G 的手柄转动时，动圈 1 和动圈 2 中分别有电流为

$$I_1 = U/(R_{01} + R_C + R_x) \tag{1-21}$$

$$I_2 = U/(R_{02} + R_V) \tag{1-22}$$

式中，R_{01} 和 R_{02} 分别是两个动圈的电阻；R_C 和 R_V 是附加电阻；I_1 与 R_x 有关，I_2 与 R_x 无关。

两个动圈在 I_1 和 I_2 作用下所产生方向相反的力矩均与动圈位置有关，即有

$$M_1 = B_1 S_1 \omega_1 I_1 = I_1 f_1(\alpha) \tag{1-23}$$

$$M_2 = B_2 S_2 \omega_2 I_2 = I_2 f_2(\alpha) \tag{1-24}$$

式中，S_1、S_2 和 ω_1、ω_2 均为常数；气隙中 B 是位置的函数。

当力矩平衡时 $M_1 = M_2$，线圈停止转动，此时有

$$I_1 f_1(\alpha) = I_2 f_2(\alpha) \tag{1-25}$$

即

$$I_1/I_2 = f_1(\alpha)/f_2(\alpha) = f(\alpha) \tag{1-26}$$

取反函数

$$\alpha = F(I_1/I_2) = F[(R_{02}+R_V)/(R_{01}+R_C+R_x)] \tag{1-27}$$

式（1-27）表明线圈偏转角的大小只与两个电流比值有关，而与两个电流的数值大小和电源电压无关，故绝缘电阻表也称为流比计。

1.8.2 绝缘电阻表的特点

1. 指针的随意性

由于绝缘电阻表中的游丝只作导流之用而不产生反力矩，因此在测量之前其指针可以停留在任意位置（不必在零位），只要操作正常都不影响最后的读数。

2. 工作电压高

当绝缘电阻表工作（以一定转速摇动）时，两表笔间电压为 500～5000V（视型号而不同），但此电压内阻很大，发电机式绝缘电阻表两表笔可以短路（短路时电流仅为几毫安）。

3. 比一般仪表多了一个"G"接线端

由图 1-20 可见，绝缘电阻表测量端有 3 个端钮：L 称为线路端钮；E 称为接地端钮；G 称为屏蔽端钮。屏蔽端钮又称为保护环，其内部直接与发电机极相连，在测量电缆绝缘电阻时要使用 G 端钮。

1.8.3 绝缘电阻表的使用

1. 测量仪表的选择

根据电气设备额定电压来选表。例如，500V 以下的设备一般用 500V 绝缘电阻表；高压绝缘子、母线、刀开关一般用 2500～5000V 绝缘电阻表。

2. 先切断电源

用绝缘电阻表测量设备的绝缘电阻时，必须先切断电源。对具有较大电容的设备（如电容器、变压器、电机、电缆线路等），必须先进行放电。

3. 基本校验

绝缘电阻表应放在水平位置，在未接线之前，先摇动绝缘电阻表手柄看指针是否在"∞"处，再将"L"和"E"两个接线端钮短路，慢慢地摇动绝缘电阻表，看指针是否在"0"处。对于半导体结构的绝缘电阻表不宜用短路校验。

4. 测量电容器、电缆

测量电容器、电缆、大容量变压器和电机的绝缘电阻时，被测对象要有一定的充电时间，电容量越大，充电时间应越长，一般以绝缘电阻表转动 1min 后测出的读数为准。

5. 测量接线

测量时 3 个接线端钮中分别标有 L（线路）、E（接地）（或被测物的接地外壳）、G（屏蔽）。其中"L"接在被测物和大地绝缘的导体部分，"E"接在被测物的外壳或大地，"G"接在被测物的屏蔽环上。

6. 摇动摇把的转速

在摇动摇把测量绝缘电阻时，应使绝缘电阻表保持额定转速，一般为 120r/min，误差小于±20%。当被测设备电容量较大时，为了避免指针摆动，可将转速提高到 130r/min。

1.9　指针式万用表

1.9.1　指针式万用表的结构及工作原理

1. 结构

指针式万用表简称万用表，其外观和面板布置虽不相同，功能也有差异，但一般均由测量机构、测量电路及转换开关 3 个基本部分构成。

（1）测量机构　测量机构采用高灵敏度的磁电系仪表测量机构，其满偏电流为几微安到几十微安，准确度在 0.5 级以上。用来构成万用表后准确度为 1.0～5.0 级。根据不同测量功能和量程，在测量机构的表盘上标有多条刻度标尺，可以直接读出被测量值。

（2）测量电路　测量电路是万用表实现多种电量测量、多种量程变换的电路。测量电路能将各种待测电量，转换为磁电系仪表测量机构能接受的直流电流。万用表的功能越强，测量范围越广，测量电路也越复杂。测量电路是万用表的中心环节，它对测量误差影响较大，对测量电路中使用的元器件，如电阻、电位器、电容及半导体器件等，要求性能稳定、温度系数小、准确度高、工作可靠。

（3）转换开关　转换开关是万用表实现多种电量、多种量程切换的元件，它由转轴驱动的活动触头与固定触头组成。当两触头闭合时，电路接通。通常将活动触头称为"刀"，固定触头称为"掷"，万用表需切换的电路较多，因此采用多刀多掷转换开关。当一层刀、掷不够用时，还可用多层多刀多掷转换开关，旋动转轴使"刀"与不同的"掷"闭合就可改变或接通所需要的测量电路，达到切换电量和量程的目的。

2. 工作原理

（1）直流电流的测量原理　万用表测量直流电流通常采用闭路式多量程分流器，经转换开关切换接入不同的分流电阻，以实现不同量程电流的测量。直流电流测量电路如图 1-21 所示。采用闭路式分流器由于转换开关的接触电阻与分流电阻的阻值无关，故它引起的误差极小。

（2）直流电压的测量原理　万用表直流电压测量电路，通常采用共用分压式附加电阻来构成多量程直流电压表。直流电压测量电路如图 1-22 所示。

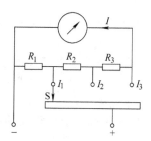

图 1-21　直流电流测量电路

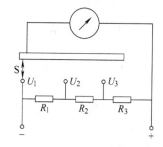

图 1-22　直流电压测量电路

（3）交流电压的测量原理　由于万用表测量机构采用磁电系仪表测量机构，测量交流电压必须采用 AC/DC 转换装置。目前常用的 AC/DC 转换装置是二极管半波整流式转换装置，详见第 1.7 节整流系仪表。交流电压测量电路如图 1-23 所示。

直接利用二极管整流测交流电压，由于二极管的非线性和二极管的正向压降，在测量低电压时会有较大误差。补救的方法是当测量小于 10V 的交流电压时，在万用表的表盘上多刻一条专读测量交流电压 10V 以下的标尺。

（4）交流电流的测量原理　万用表测量交流电流除用 AC/DC 整流式转换装置外，还需用电流互感器来减小等效阻抗和扩大量程。结构较复杂，目前除少数万用表有测量交流电流的功能外，一般均无此功能。

（5）电阻的测量原理　万用表电阻测量电路，通常采用被测电阻与表头及内附电池串联的电路，电阻测量电路如图 1-24 所示。

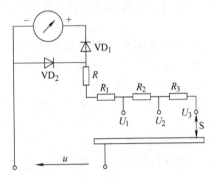

图 1-23　交流电压测量电路

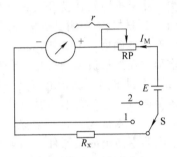

图 1-24　电阻测量电路

在图 1-24 所示电路中流过表头的电流为

$$I_x = E/(R_x + r) \tag{1-28}$$

1）当 $R_x = 0$（被测电阻短路，S 置于位置 1）时回路电流最大，为使这时的 I_x 刚好等于表头满偏转电流 I_0，可用可调电阻 RP 进行调节。将 $I_M = I_0$ 这一点定为零电阻刻度。

2）当 $R_x = \infty$（S 置于位置 2）电路处于开路状态，回路电流为零，表头指针不偏转，该点定为电阻表无穷大刻度。

当 R_x 在零到无穷大范围内变化时，指针也在 $0 \sim \infty$ 刻度范围内变化。电阻刻度与电流、电压刻度是相反的，而且是不均匀的。电阻刻度标尺如图 1-25 所示。

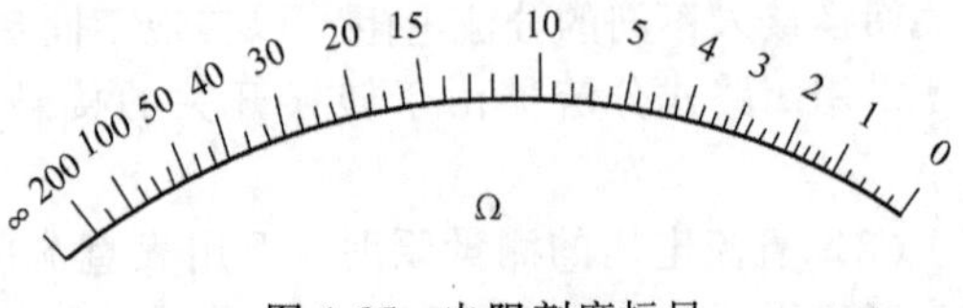

3）如果 $R_x = r$，则

$$I_x = E/(2r) = \frac{1}{2}I_0 \tag{1-29}$$

图 1-25　电阻刻度标尺

即仪表电路的总电流等于满偏电流 I_0 的一半。指针的偏转位置正好是满刻度的一半，并指在标度尺的几何线中心。此时指针所指的电阻值 R_t 称为电阻中心值。电阻中心值有特殊的意义，因为它正好等于该量程电阻表的总内阻。因此电阻表量程的设计都以标尺中心刻度为标准，然后求出其他电阻挡的刻度值。只有在被测电阻等于电阻中心值时误差才最小。虽然电阻挡的量限从零到无穷大，似乎测量时不需改变量限，但由于电阻标尺的非线性影响，只有在一般被测电阻的 0.1～10 倍电阻中心值范围内读数才较准确。否则将造成很大的读数误差。为此万用表的电阻测量电路都做成多量程电路，为了共用一条标尺，一般都以 $R \times 1$ 挡为基础，按 10 的倍数来扩大量程，如 $R \times 1$、$R \times 10$、$R \times 100$、$R \times 1k$ 及 $R \times 10k$ 等。而各量程挡的电阻中心值 R_t（即仪表总内阻）也按 10 的倍数扩大。

当增大仪表总内阻后，流过表头的电流势必减少，在 $R = 0$ 时，不能使指针指到电阻零刻度，为此在扩大量程的同时还需增大表头电流。增大表头电流常用的方法是在高阻挡再接入一个电压较高的电池。

（6）电容的测量原理　部分万用表表盘上具有测量电容的标尺，可以用来测量电容的容量。测量电容时可将万用表调至交流电压挡，外加可调交流电源 e。万用表测量电容原理如图 1-26 所示。

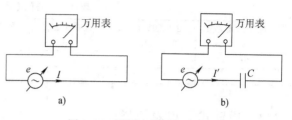

1）按图 1-26a 接线，调节交流电源 e，使万用表指针满刻度偏转，此时

$$U = IR_V。$$

式中，U 为万用表测量的交流电源 e 电压的测量值；I 为指针满刻度偏转的电流；R_V 为万用表对应挡的内阻。

图 1-26　万用表测量电容原理

2）保持电源 e 不变。将被测电容按图 1-26b 接入，电流减为 I'，此时

$$U = I'Z = I'\sqrt{R_V^2 + X_C^2}$$

式中，I' 是接入电容后的电流；Z 为接入电容后的总阻抗；X_C 为电容的容抗。

由于电压保持不变，所以

$$IR_V = I'\sqrt{R_V^2 + X_C^2}$$

因此

$$I' = \frac{R_V}{\sqrt{R_V^2 + X_C^2}} I = \frac{R_V}{\sqrt{R_V^2 + \left(\frac{1}{2\pi f C}\right)^2}} I \tag{1-30}$$

式中，R_V、C、I、f 都是常数；I' 由电容 C 的值决定，即指针偏转角 α 随电容 C 值而变动

$$\alpha \propto F(C) \tag{1-31}$$

可见，可以直接从万用表表盘电容的标尺上读出电容的数值。

（7）音频电平的测量原理　由于我国通信线路采用特性阻抗为 600Ω 的架空明线，并且通信端设备及测量仪表的输入阻抗都是按 600Ω 设计的。万用表的音频电平刻度是以交流 10V 为基准，按 $Z = 600\Omega$ 负载特性绘制而成的。

在电信工程中，往往需要对信号在传输过程中的衰减或增益进行测量，而人耳对声音强度的感觉与功率的对数成正比，因此采用了功率比值的对数为标准，也称电平，一般以 dB（分贝）为单位。

将 600Ω 负载上消耗 1mW 的功率作为 0dB，即零电平。

音频电平 S 与功率、电压的关系式为

$$S = 10\lg(P_2/P_1) = 20\lg(U_2/U_1) \tag{1-32}$$

式中，P_2 是输出功率或被测功率；P_1 是输入功率；U_2 是输出电压或被测电压；U_1 是输入电压。

比值 P_2/P_1 和 U_2/U_1 为一个电路环节的放大或衰减的倍数，电平则是用对数形式表示放大或衰减的倍数。

音频电平的刻度系数按 0dB 等于 600Ω 负载上消耗 1mW 的功率为标准设计，根据 $P_0 = U_0^2/Z$，得

$$U_0 = \sqrt{P_0 Z} = \sqrt{0.001W \times 600\Omega} = 0.775V \tag{1-33}$$

电平值的测量与交流电压的测量原理相同，仅是将原电压示值取对数后在表盘上以 dB 值分度而已。音频电平是以交流电压 10V 进行分度的，测量范围是 $-10 \sim +22$dB，若测量值超出此范围，要按给定的电平读数修正值进行修正，测量电平的修正值见表 1-3。

表 1-3 测量电平的修正值

交流电压测量量程 /V	电平的测量范围 /dB	读数修正值 /dB	交流电压测量量程 /V	电平的测量范围 /dB	读数修正值 /dB
10	−10 ~ +22	0	250	+18 ~ +50	+28
50	+4 ~ +36	+14	500	+24 ~ +56	+34

1.9.2 指针式万用表的特点

1. 多用途多量程

万用表测量交、直流电流、电压，测量电阻，大部分万用表还附有测量晶体管 β 参数等功能。

2. 灵敏度高

灵敏度是万用表主要特性之一，它表示万用表在电压测量满度值时取自被测电路的电流值。显然满量程电流越小的测量机构灵敏度越高，测量电压时表的内阻越大，对被测电路的正常工作状态影响越小。万用表的灵敏度用每伏电压的内阻 Ω/V 表示。

3. 准确度较低

磁电系仪表测量机构准确度较高，在 0.5 级以上，但组成万用表后由于测量电路等综合误差，准确度降低为 2.5 ~ 5.0 级。

1.9.3 MF47 型指针式万用表简介

指针式万用表品种繁多，型号各异，了解其性能和技术指标，对使用会有很大帮助。

1. MF47 型指针式万用表的技术指标

MF47 型指针式万用表是一种最常见的磁电系便携式电工仪表，如图 1-27 所示。除了一般测量电流、电压和电阻之外，扩展了电流、电压量程，增加了晶体管、电容和电感测量等功能，MF47 型指针式万用表技术指标见表 1-4。

MF47B、MF47C、MF47F 型指针式万用表还增加了负载电压（稳压）、负载电流的测量功能和红外线遥控器数据检测功能及通断蜂鸣提示功能。负载电压（稳压）和负载电流的测量主要是测量不同电流下的非线性器件（如发光二极管、稳压二极管等）电压降性能参数或反向电压降性能参数；红外线遥控器数据检测功能用以判别红外线遥控器数据传输发射器（如空调、彩电的红外线遥控器）工作是否正常；通断蜂鸣提示功能则凭借听力来直接检测电路的通断。

图 1-27 MF47 型指针式万用表

表 1-4 MF47 型指针式万用表技术指标

挡　　位	量　　程	准　确　度	灵敏度或压降
DCV	0 ~ 0.25V ~ 1V ~ 2.5V ~ 10V ~ 50V ~ 250V ~ 500V ~ 1000V	2.5	20kΩ/V
DCV（扩展）	2500V	5.0	
ACV	0 ~ 10V ~ 50V ~ 250V ~ 500V ~ 1000V	5.0	4kΩ/V
ACV（扩展）	2500V		
DCA	0 ~ 0.05mA ~ 0.5mA ~ 5mA ~ 50mA ~ 500mA	2.5	0.3V
DCA（扩展）	5A		

（续）

挡　　位	量　　程	准　确　度	灵敏度或压降
Ω	$R\times1$　$R\times10$　$R\times100$	2.5 （以标尺弧长计）	电阻中心值 22Ω
	$R\times1k$　$R\times10k$	10.0 （以指示值计）	
晶体管直流放大倍数 β （h_{FE}）	$0\sim300$		
电感	$20\sim1000mH$		
电容	$0.001\sim0.3\mu F$		
音频电平	$10\sim22dB$		$0dB=1mW/600\Omega$

2. MF47 型指针式万用表的电路原理图

MF47 型指针式万用表的电路如图 1-28 所示。

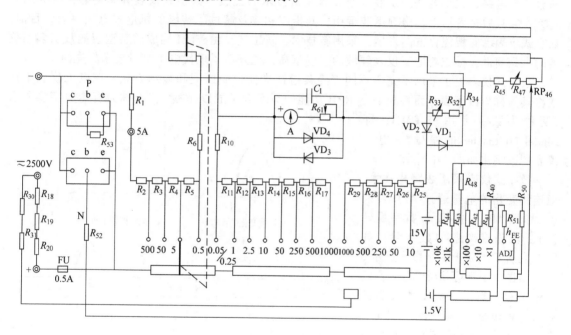

图 1-28　MF47 型指针式万用表的电路

注：图中电阻的单位为 Ω。

第 2 章　现代电工仪表

2.1　电工仪表的数字化测量技术

2.1.1　电工仪表的数字化及 A/D 转换器

1. 电工仪表的数字化

传统的电工仪表是指以指针式仪表为主的机电式仪表，它独领电工测量界风骚近百年。随着模拟电路、数字电路的发展及半导体制造技术的突破，数字式仪表异军突起，成为后起之秀，并且后来者居上，得到迅速运用，其推广和普及超过了传统的机电式电工仪表。目前，数字式仪表已向智能化方向发展，采用新技术、新工艺，由 VLSI 构成的新型智能数字多用仪表的大量问世，标志着电工仪表领域的一场革命，也开创了现代电工测量技术的先河。

数字式仪表由于采用了完全不同于经典指针式仪表的原理和显示方式，在电工仪表中往往将其简称为数字表；而将配备了 CPU 功能的数字表又冠以"智能"，称为智能数字多用表（简称为数字多用表 DMM，即 Digital Multimeter 的缩写）。电工仪表的数字化如图 2-1 所示。

数字式仪表采用数字化技术，把连续变化的电量通过 A/D 转换（又称为 ADC，模拟量/数字量转换），转化成离散的数字量，如图 2-1a 所示，以十进制数字显示。

与图 1-1 所示指针式仪表的测量过程相对应，数字式仪表的测量过程如图 2-1b 所示。

数字式仪表具有体积小、重量轻、分辨力高、准确度高及电压表输入阻抗高、过载力强、显示直观等优点。

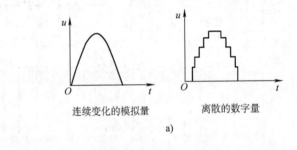

连续变化的模拟量　　　　离散的数字量
a)

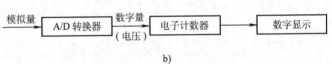

b)

图 2-1　电工仪表的数字化
a) 模拟量的转换　b) 数字式仪表的测量过程

示直观等优点。目前测量电压、电流、电阻、电感、电容等各种电参量的数字式仪表竞相进入市场，显示位数从 $3\frac{1}{2}$ 位到 $12\frac{1}{2}$ 位，测量误差可小到 10^{-6}，经典式电工仪表受到严峻挑战。通常，数字式仪表不能反映被测电量的连续变化过程及变化趋势，而且使用时要配有电池才能正常工作。

由于计算机技术的快速发展和网络技术的介入，电工测量的智能化时代已经到来。采用通用总线接口技术和软件技术使得仪表的硬件大为简化而性能与价格比却得到很大提高，并且促使电工测量与自动控制关联，进而向遥测、遥控发展。

2. A/D 转换器及分类

A/D 转换器又称为 A/D 转换电路，其功能是将模拟量转化为数字量。数字式仪表常用的有逐次逼近型、双积分型、Σ—Δ 型等 A/D 转换方式。

由于工作原理不同，常将 A/D 转换器分为直接型和间接型两大类。直接型 A/D 转换器可直接将模拟信号转换成数字信号，这类转换器工作速度快，逐次逼近型 A/D 转换器属于这一类。而间接型 A/D 转换器则先将模拟信号转换成中间量（如时间、频率等），然后再将中间量转换成数字信号，转换速度比较慢，双积分型 A/D 转换器属于间接型 A/D 转换器。

3. A/D 转换器主要技术指标

（1）分辨力 分辨力（率）是指引起输出数字量变动一个二进制码最低有效位（LSB）时，输入模拟量的最小变化量。分辨力反映了 A/D 转换器对输入模拟量微小变化的分辨能力。在输入电压一定时，位数越多，量化单位越小，分辨力越高。

（2）转换时间 转换时间是指从转换控制信号到来，到 A/D 转换器输出端得到稳定的数字量所需要的时间。转换时间与 A/D 转换器类型有关，逐次逼近型一般在几十微秒，双积分型则在几十毫秒数量级。

（3）量化误差 由 A/D 转换器中有限分辨力引起的误差，即 A/D 转换器的阶梯状转移特性曲线（有限分辨力）与理想 A/D 转换器的转移特性曲线（无限分辨力，直线）之间的最大偏差。通常是一个或半个最小数字量的模拟变化量，表示为 1LSB、1/2LSB。

（4）线性度 实际转换器的转移函数与理想直线的最大偏移，不包括以上 3 种误差。

2.1.2 逐次逼近型 A/D 转换器

1. 逐次逼近型 A/D 转换器原理简述

逐次逼近型 A/D 转换器由电压比较器、D/A 转换器、控制逻辑电路、逐次逼近寄存器和输出缓冲寄存器组成，其原理如图 2-2 所示。

在转换开始时，控制逻辑首先将 n 位逐次逼近寄存器的最高位，D_{n-1} 置高电平 "1"，由 D/A 转换成模拟量 U_c 后，与输入模拟信号 U_x 在比较器中进行比较。当 $U_x \geq U_c$ 时则保留这一位，否则该位置零。然后使 $D_{n-2} = 1$ 与上一位 D_{n-1} 一起进入 D/A 转换器，经 D/A 转换后的模拟量 U_c 再与输入模拟信号在比较器中比较，如此进行下去，直到最后一位 D_0 比较完为止。此时，n 位

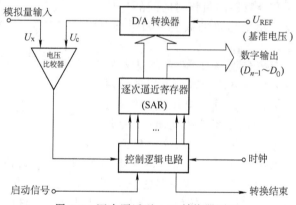

图 2-2 逐次逼近型 A/D 转换器原理

寄存器中的数字量即为模拟量 U_x 所对应的数字量。当 A/D 转换结束时，由控制逻辑电路发出一个转换结束信号，即可读出数据。

可见，逐次逼近型 A/D 转换方法是用一系列的基准电压同输入电压比较，以逐位确定转换后数据的各位是 1 还是 0，确定次序是从高位（MSB）到低位（LSB）。

在进行逐次逼近型转换时，首先将最高位置 1，这就相当于取最大允许电压的 1/2 与输入电压比较。在最大允许值的 1/2 范围内，最高位置 0，次高位置 1，相当于在 1/2 范围中再对半搜索。如果搜索值超过最大允许电压的 1/2 范围，那么最高位和次高位均置 1，这相当于在另一个 1/2 范围中再作对半搜索，经 n 次比较输出数字值。因此，逐次逼近法也称为二分搜索法或对半搜索法。逐次逼近型 A/D 转换的核心是应用二进制的搜索算法来确定被测电压的最佳值。

在逐次逼近型 A/D 转换中，将输入的模拟电压 U_{in} 与不同的基准电压做多次比较，用对分搜索的办法来逼近它，搜索一次比前一次区间缩小 1/2。若对于 8 位 A/D 转换，只要搜索 8 次

就可以找到逼近的 U_{in}。

逐次逼近型 A/D 转换具有转换速度快（每秒可达数千次）、功耗低、准确度高等优点。在低分辨力（低于 12 位）时价格便宜（但高于 12 位高精度时价格很贵）。逐次逼近型 A/D 转换的转换时间取决于位数，而与输入信号大小无关，但抗干扰能力差。

2. 逐次逼近型集成 A/D 转换器

逐次逼近型集成 A/D 转换器品种繁多，大部分芯片内具有三态输出数据锁存器，可直接接在数据总线上，使用十分方便。利用微机系统的中断和端口技术都很容易与芯片接口，进行数据传送。

常用的如 ADC0804 为 8 位 20 引脚集成芯片，采用 CMOS 工艺，转换时间为 $100\mu s$，输入电压范围为 $0\sim5V$。又如 AD574 是一个通用 12 位 A/D 转换器芯片，也可以用作 8 位 A/D 转换，转换时间为 $15\sim35\mu s$。若转换成 12 位二进制数，可以一次读出，也可分成两次读出，即先读出高 8 位，后读出低 4 位。AD574 内部自动提供基准电压，并具有三态输出缓冲器。

2.1.3 双积分型 A/D 转换器

1. 双积分型 A/D 转换器原理简述

双积分型 A/D 转换器原理如图 2-3 所示。它由积分器、过零比较器、控制门电路组成。

双积分型 A/D 转换器的工作原理是将电压量转换成与其平均值成正比的时间间隔，然后用脉冲发生器和计数器测量该时间间隔，从而反映出电压量的数值，如图 2-4 所示。

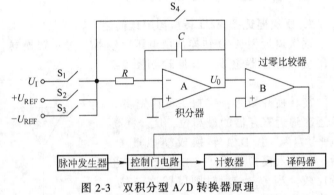

图 2-3 双积分型 A/D 转换器原理

双积分型 A/D 转换器是先后对输入信号电压和基准电压进行两次积分，当积分器电压变为零时，得到一个正比于待测电压 U_I 的时间 T_2，通过对 T_2 计数（计数值仅与被测电压成正比），以此实现模拟量到数字量的转换。

双积分型 A/D 转换器的一个工作周期要经历 3 个工作阶段：采样、比较和休止阶段。各阶段中用模拟开关按逻辑控制电路发出的时钟脉冲导通和截止，如图 2-4 所示。

（1）采样阶段　采样阶段也称正向积分，其以时钟脉冲 t_1 为起点，计数器复位，S_1 接通，使积分器对输入电压 U_I 开始积分。同时时钟脉冲送入计数器计数。设计数器容量为 N_m，时钟脉冲周期为 T_{cp}，则从计数起始时刻 t_1 起，到计数器满 N_m 的时刻 t_2 为止，这段时间间隔 T_1 为

$$T_1 = t_2 - t_1 = N_m T_{cp} \qquad (2-1)$$

由于 N_m 和 T_{cp} 均为常数，故 T_1 也为常数。可见在采样阶段中，积分器对输入电压 U_I 的积分时间是固定不变的，即始终为 T_1。若积分器的起始电压为 U_{01}，则在采样

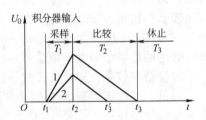

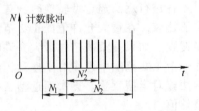

图 2-4 双积分型 A/D 转换器的
3 个工作阶段

阶段结束时，积分器输出电压为

$$U_{02} = -\frac{1}{RC}\int_0^{T_1} U_I dt + U_{01} \qquad (2\text{-}2)$$

令 $\overline{U}_I$ 为输入电压 U_I 在 T_1 时间间隔的平均值，即

$$\overline{U}_I = \frac{1}{T_1}\int_0^{T_1} U_I dt \qquad (2\text{-}3)$$

设积分器的起始电压 $U_{01} = 0$，将式(2-3)代入式(2-2)，就有

$$U_{02} = -\frac{T_1}{RC}\overline{U}_I \qquad (2\text{-}4)$$

（2）比较阶段　比较阶段又称为反向积分，从 t_2 时刻起转换器进入比较阶段。此时计数器已溢出（计数器全部为零），溢出脉冲在逻辑控制电路作用下，根据输出电压极性，将积分器接入与输入极性相反的基准电压 U_{REF}（S_2 或 S_3 接通），于是积分器开始反向积分，计数器重新开始计数。当积分器的输出电压回到起始电压 U_{01} 的时刻 t_3，比较器 B 的输出电位突变（图 2-4 中设定 $U_{01} = 0$），通过逻辑控制电路将计数器关闭。所以比较阶段的时间 $T_2 = t_3 - t_2$，到 t_3 时刻，积分器 A 输出电压为

$$U_{03} = U_{02} - \frac{1}{RC}\int_0^{T_2} U_{REF} dt$$

经 T_2 时刻，积分器的输出又回到零电平，即

$$U_{02} - \frac{T_2}{RC}U_{REF} = 0 \qquad (2\text{-}5)$$

将式(2-4)代入式(2-5)，可得

$$T_2 = -\frac{T_1}{U_{REF}}\overline{U}_I \qquad (2\text{-}6)$$

从式 (2-6) 可知，比较阶段的时间间隔 T_2 与输入电压 U_I 在 T_1 时间间隔平均值 $\overline{U}_I$ 成正比，而与操作积分器的积分时间常数 RC 无关，与积分器的起始电压 U_{01} 无关，和基准电压成反比。计数器在 T_1 时间计数值为 N_1，在 T_2 时间计数值为 N_2，则可得出

$$N_2 = -\frac{N_1}{U_{REF}}\overline{U}_I$$

$$\overline{U}_I = -\frac{N_2}{N_1}U_{REF} \qquad (2\text{-}7)$$

从式 (2-7) 可知，因为计数器在 T_1 时间计数值 N_1 和基准电压 U_{REF} 是固定不变的，所以计数值 N_2 仅与被测电压平均值 $\overline{U}_I$ 成正比，从而实现了模拟量到数字量的转换。式 (2-7) 中负号表明 T_2 时间积分器对输入反向积分。

（3）休止阶段　从 t_3 时刻起，到下一个启动脉冲来到之前的时间间隔为休止阶段。此阶段 S_4 接通，积分器输出自动回到起始值（自动调零），即

$$U_{01} = 0$$

从以上对双积分型 A/D 转换器工作过程的分析可知，这种转换器的数字输出量与积分器时间常数（$\tau = RC$）无关，从而消除了产生斜坡电压的有关误差源，对积分元件的精度要求也不高。由于输入信号 U_I 的积分时间常数固定不变，T_2 仅正比于 U_I 在 T_2 时间的平均值 $\overline{U}_I$，这样，对叠加在 U_I 上的串模干扰有很强的抑制能力。如设串模干扰信号周期为 T'，n 为正整数，可以证明，若使 $T_1 = nT'$，则双积分型 A/D 转换器串模干扰抑制能力在理论上为无穷大。

双积分型 A/D 转换器的优点是准确度较高、电路简单、抗干扰能力强，缺点是转换过程中带来的误差比较大，转换精度依赖于积分时间而取样速度低。由于双积分型 A/D 转换器能抗 50Hz 干扰，且对串入信号高频干扰（如噪声干扰）有良好的滤波作用，取样速度低的缺点对电工低频测量无影响，因此它作为一种低速、高可靠的 A/D 转换器在数字式电工仪表中得到了最广泛应用。

为了有效地抑制工频 50Hz 干扰，一般选择 T_1 为 50Hz 周期 20ms 的整倍数，如 20ms、40ms、80ms 等。

2. 双积分型集成 A/D 转换器

双积分型集成 A/D 转换器是目前 $3\frac{1}{2}$ 位和 $4\frac{1}{2}$ 位数字式万用表的首选。典型的集成电路如 ICL7106、ICL7107、ICL7116、ICL7117 等芯片，输入电压范围为 $0\sim0.2V$、内部基准电压为 2.8V、输入阻抗大于 $10^{10}\Omega$、转换速率为 $1\sim15$ 次/s。

2.1.4 Σ—Δ 型 A/D 转换器

1. Σ—Δ 型 A/D 转换器简述

Σ—Δ 型 A/D 转换器是近年来应用的一种新型 A/D 转换器。传统的逐次逼近型 A/D 转换器或双积分型 A/D 转换器噪声容限较低，抑制混叠噪声的能力较差。在实现极高精度（大于 16 位）的转换器时，在性能、价格等方面受到了极限性的挑战，而且由于难以与数字电路系统实现单片集成，因而不适应 VLSI 技术的发展。近年来 Σ—Δ 型 A/D 转换器正以其分辨力高、线性度好、成本低等特点得到越来越广泛的应用，特别是在既有模拟量又有数字量的混合信号处理场合更是如此。过采样 Σ—Δ 型 A/D 转换器由于采用了过采样技术和 Σ—Δ 调制技术，增加了系统中数字电路比例，而减少了模拟电路的比例。由于易与数字系统实现单片集成，因而能够以较低的成本实现高精度的 A/D 转换，适应了 VLSI 技术发展的要求。

过采样 Σ—Δ 型 A/D 转换技术主要包括两方面的技术：过采样技术和 Σ—Δ 调制技术。另外，后端数字抽取滤波器的设计也对系统性能有很大影响。过采样技术使得量化噪声功率平均分配到更宽的频带范围中，从而降低了集成电路基带内的量化噪声功率。Σ—Δ 型 A/D 转换以很低的采样分辨力（1 位）和很高的采样速率将模拟信号数字化，通过使用过采样、噪声整形和数字滤波等方法增加有效分辨力，然后对 A/D 转换输出进行采样抽取处理，以降低有效采样速率。Σ—Δ 型 A/D 转换的电路结构是由简单的模拟电路（一个比较器、一个开关、一个或几个积分器及模拟求和电路）和十分复杂的数字信号处理电路构成。

Σ—Δ 型 A/D 转换可以以相对逐次逼近型简单的电路结构，而得到低成本、高位数及高精度的转换效果，具有性能稳定及使用方便等特点。

Σ—Δ 型 A/D 转换大多设计为 16 或 24 位转换精度。近几年来，在相关的高精度智能式仪表和测量设备领域中该转换器得到了越来越广泛的应用。

2. Σ-Δ 型集成 A/D 转换器

Σ—Δ 型 A/D 转换器大都用于智能式电工仪表中。AD7708/AD7718 是美国 AD 公司若干种 Σ—Δ 型 A/D 转换芯片中的一种。其中 AD7708 为 16 位转换精度，AD7718 为 24 位转换精度，同为 28 条引脚，而且相同引脚功能相同，可以互换。

AD7714 是 AD 公司生产的 24 位 Σ—Δ 型串行模数转换器，主要应用于低频小信号的测量。与 AD7710 相比，AD7714 在电源和数据接口方面作了较大改进，尤其是 AD7714 简单的三线数据接口，不仅简化了对器件的操作，而且减少了对系统资源的占用。

MAX1494 是美国 MAXIM 公司生产的 Σ—Δ 型 A/D 转换芯片，可以用于智能传感器，并可以通过与 SIP 总线兼容的串行接口配置微处理器或单片机，构成 DMM。

2.1.5 脉冲调宽型 A/D 转换器简述

脉冲调宽型 A/D 转换器是 Solartron 公司的专利，它是在双积分型 A/D 转换器的基础上发展起来的，比双积分型 A/D 转换器更优越。

脉冲调宽型 A/D 转换器的内部结构如图 2-5 所示，由一个积分器、两个比较器、一个可逆计数器和一些门电路组成。积分器有 3 个输入信号：被测信号 U_x、强制方波 U_f 及正负幅度相等的基准电压 U_{REF}。由于强制方波的作用大于其余两者之和，因此积分器输出为正负交替的三角波。当三角波的正峰和负峰超越了两个比较器的比较电平 $+U$ 和 $-U$ 时，比较器便产生升脉冲和降脉冲。一方面，升降脉冲用来交替地把正负基准电压接入到积分器的输入端；另一方面，升降脉冲分别控制门 I 和门 II，以便控制可逆计数器进行加法计数和减法计数。

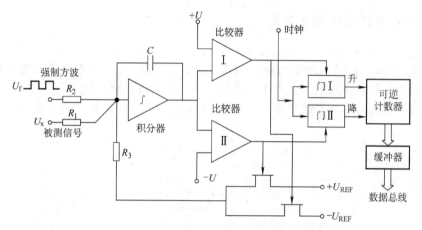

图 2-5 脉冲调宽型 A/D 转换器的内部结构

由上述分析可知，当 $U_x = 0$ 时，积分器的输出动态地对零平衡，升降脉冲宽度相等，可逆计数器在一个周期内的计数值为零。如果有信号 $-U_x$ 输入，它将使积分器的输出正向斜率增加，负向斜率减少，从而使升脉冲宽度增加，降脉冲宽度减少，则可逆计数器加法计数多于减法计数，两者之差即代表了 U_x 的大小。

脉冲调宽型 A/D 转换器在不考虑正负基准电压对积分输入电压影响时的各点波形如图 2-6 所示。

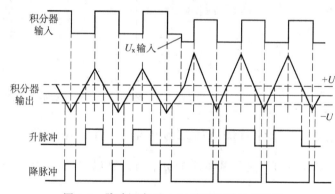

图 2-6 脉冲调宽型 A/D 转换器的各点波形

设 T_1 和 T_2 分别代表在一个周期 T 内正负基准接入的时间，根据电荷平衡原理，则有

$$\frac{1}{R_1 C}\int_0^T U_x \mathrm{d}t + \frac{1}{R_2 C}\int_0^{T_1} U_{REF} \mathrm{d}t + \frac{1}{R_2 C}\int_0^{T_2}(-U_{REF})\mathrm{d}t = 0$$

$$\overline{U}_x = \frac{U_{REF} R_1}{R_2}\left(\frac{T_2 - T_1}{T}\right) \tag{2-8}$$

若 $R_1 = R_2$，则

$$\overline{U}_x = \frac{U_{\text{REF}}}{T_1}(T_2 - T_1) \tag{2-9}$$

式（2-9）表明，被测电压的平均值与可逆计数器进行加法计数的时间与减法计数之差成正比，即与计数器的计数值成正比。

由于脉冲调宽型 A/D 转换器中的积分器在每个测量周期中要往返多次，故使积分器的非线性得到了良好的补偿；由于 A/D 转换对 U_x 的采样是连续的，因此便于对 U_0 不间断地检测，克服了传统双积分的不足。

2.2 数字式直流电压基本表

2.2.1 数字式直流电压基本表组成

数字式直流电压基本表是数字式电压表的核心部件。在数字化测量技术中，往往将待测电量先经电流/电压（I/U）、电阻/电压（R/U）、交流/直流（AC/DC）等电量转化为直流电压，直流电压再分压后进入数字式直流电压基本表，最后显示测量结果。

数字式直流电压基本表是数字式电工仪表的基础，根据原理可分成 3 大部分，其原理框图如图 2-7 所示。

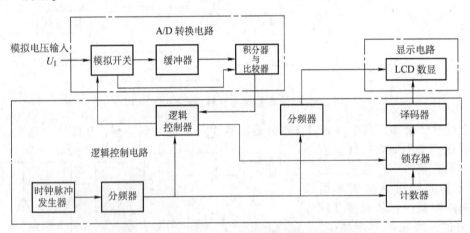

图 2-7　数字式直流电压基本表的原理框图

2.2.2 数字式直流电压基本表的 A/D 转换电路

数字式直流电压基本表的 A/D 转换电路大都采用双积分型 A/D 转换器，原理如图 2-3 所示。

2.2.3 逻辑控制电路

数字式直流电压基本表的逻辑控制电路（数字电路）主要完成 A/D 转换电路中的输入控制、时序控制及数字显示前的计数、锁存和译码等功能。至少要有时钟脉冲发生器、分频器、计数器、锁存器、译码器和逻辑控制器等数字电路。

时钟脉冲发生器又称为时钟振荡器，是 A/D 转换过程中的"总指挥"。时钟脉冲与分频器一起完成 A/D 转换过程中的总时序和不同分配时间标准。时钟脉冲发生器输出一个正方波系列脉冲，电路可由石英晶体振荡器组成，也可由阻容多谐振荡器组成。为满足不同时序的需求，由分频器对时钟脉冲进行逐级分频，提供数字式直流电压基本表的逻辑控制的精确时序和数字显示前计数器的计数脉冲，时钟脉冲进行逐级分频如图 2-8 所示。

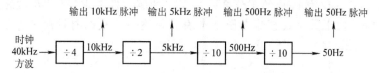

图 2-8　时钟脉冲进行逐级分频

计数器、锁存器和译码器是 A/D 转换到数字显示的桥梁。主要完成 A/D 转换后将待测量送入数字显示前的计数、锁存和译码等功能，如图 2-7 所示。

计数器一般用二-十进制的计数器，通常采用"8、4、2、1"BCD 码，计数单元用触发器来完成；译码器输出显示器所需笔段 a~g 的状态（见图 2-9），是由输入变量进行各种组合的结果。

2.2.4　显示器

数字式仪表的显示器普遍采用发光二极管式显示器和液晶式显示器。两者发光原理不同，但都是采取数字 0~9 用 7 个笔段 a、b、c、d、e、f、g 的不同组合的发光电极来构成显示器。十进制笔段如图 2-9 所示。

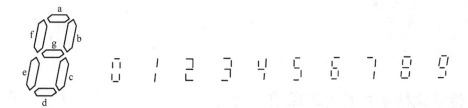

图 2-9　十进制笔段

1. LED（发光二极管式）数码显示器

LED 数码显示器由 7 个条状发光二极管，排列成如图 2-10a 所示字形。若某段发光二极管通以直流，该段就发光。发光二极管的接法有共阴和共阳两种，如图 2-10b、c 所示。

LED 数码显示器的特点是发光亮度较高，但驱动电流较大（每个笔段需电流 5mA 左右，显示"8"字需电流 35mA 左右），适用于固定场合使用的台式数字仪表。

2. LCD（液晶式）数码显示器

液晶是具有晶体特性的流体，具有光电效应。在液晶层加上电压，液晶就改变了透明性，变浑浊；电压除去，液晶就恢复了透明。利用这个特性制成反射型液晶显示器。

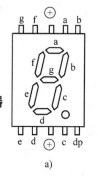
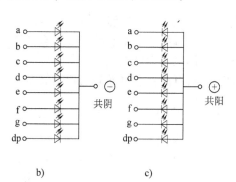

图 2-10　LED 数码显示器
a）字段　b）共阴　c）共阳

LCD 数码显示器是在透明的绝缘薄板（如玻璃板）上按要求显示的字符笔段，制作透明导电薄膜，并引出电极。用反光的金属薄板作背电极，在两电极之间充填液晶，用绝缘密封框封装，构成如图 2-11 所示的液晶显示器结构。其内部接线示意图如图 2-12 所示。

液晶显示器的特点是其本身不发光，只反射光线，环境亮度越高，显示就越清晰。它的耗能极低（3μA/cm），仅为 LED 的千分之一。但它的驱动器要求提供 30～200Hz、3～10V 的交流方波电压驱动。由于数字式直流电压基本表具备逐级分频的时钟脉冲，故驱动方波电压不难解决。

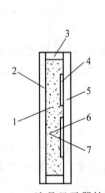

图 2-11　液晶显示器结构

1—液晶　2—金属板（背电极）

3—密封框　4—透明电极

（笔段电极）　5—玻璃板

6—入射光　7—反射光

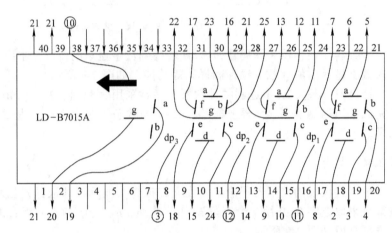

图 2-12　液晶显示器内部接线示意图

2.3　便携式数字式万用表原理

便携式数字式万用表（简称数字式万用表），目前大都由一块集成电路芯片为主的电压基本表构成，经过对输入电压、电流分压、分流、整流等变换用数字显示测量值。

常见数显 $3\frac{1}{2}$ 芯片配 LCD 数显的有 7106、7116、7126 等；配 LED 数显的有 7107、7117、7136 等。它们 A/D 转换的准确度均为 0.05%，±1 个字，输入阻抗均为 $10^{10}\Omega$。这些芯片扩展成数字式万用表，虽然准确度会有所降低，但比经典的指针式表要高。而且所有数字式万用表不但涵盖了指针式表的全部功能，而且还增加了交流电流的测量和声、光指示等功能，有的表还具有温度、电导的测量功能。

2.3.1　典型 $3\frac{1}{2}$ 位数字式电压基本表的 7106 集成电路

7106 集成电路把模拟电路与逻辑电路集成于一块芯片上，是目前数字式电压基本表中最常用的大规模 CMOS 集成 A/D 转换器。7106 芯片及基本表接线如图 2-13 所示。只需通过其40 个引脚与外电路连接，加之少量外围元器件和液晶显示器就组成具有 200mV 直流电压量程的数字式电压基本表。

数字式电压基本表显示值 N 与输入电压 U_i、基准电压 U_{REF} 之间的关系固定为

$$N = 1000U_i/U_{REF} \tag{2-10}$$

基本表的满量程为 200mV（最大显示值为 199.9，通常写为 200.0）。

由式（2-10）知，当满量程显示值 $N=2000$ 时，基本电压应为

$$U_{REF} = 1000U_i/N = \frac{1}{2}U_i \qquad (2\text{-}11)$$

故满量程输入电压 U_i 为 200mV 时，基准电压 U_{REF} 应调到 100mV。

数字电压基本表准确度为 0.05%，±1 个字，分辨力为 0.1mV，输入阻抗为 $10^{10}\Omega$，电压灵敏度为 $10^{10}\Omega \times (1/200\text{mV}) = 5 \times 10^{10}\Omega/\text{V}$。

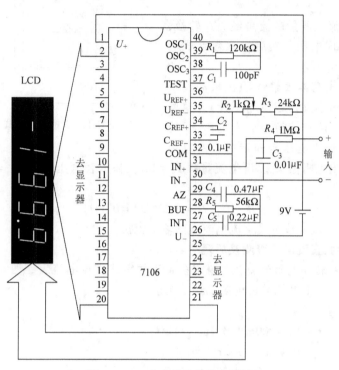

图 2-13　7106 芯片及基本表接线

2.3.2　多量程数字式直流电压表测量原理

1. 扩大量程

将数字式直流电压基本表扩大量程，采用分压电阻分压。由于基本表的输入电阻极大，按无穷大处理，而基本表的最大显示值只能到 199.9，扩大量程其实只是单位和小数点的位置变化而已，如将直流电压 200mV 的基本表扩展到量程为 $U_m = 200\text{V}$，且要求输入电阻为 10MΩ。数字式直流电压表如图 2-14 所示。

当仪表总内阻 $R_0 = R_1 + R_2 = 10\text{M}\Omega$ 时，则分压比 $k = U_i/U_m = 0.2/200 = 1/1000$；$R_2 = KR_0 = (1/1000) \times 10\text{M}\Omega = 10\text{k}\Omega$；$R_1 = R_0 - R_2 = 10\text{M}\Omega - 10\text{k}\Omega = 9.99\text{M}\Omega$。

此时数字式直流电压表能测 200V 以下的直流电压，分辨力为 0.1V。

2. 多量程数字式直流电压测量原理

多量程数字式直流电压表由数字式基本表、量程转换开关、多组分压器组成。例如 5 量程数字式直流电压表，多组分压器采用共用附加分压电阻，如图 2-15 所示。仪表输入阻抗 $R_0 = 10\text{M}\Omega$，各分压电阻阻值：$R_1 = 9\text{M}\Omega$、$R_2 = 900\text{k}\Omega$、$R_3 = 90\text{k}\Omega$、$R_4 = 9\text{k}\Omega$、$R_5 =$

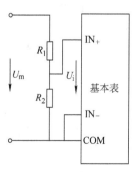

图 2-14　数字式直流
电压表

$1k\Omega$，对应量程：200mV、2V、20V、200V、2000V。图中 R_6、R_7 和二极管 VD_1、VD_2 形成保护回路，防止误接时损坏基本表。

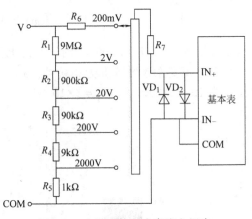

图2-15　5量程数字式直流电压表

2.3.3　多量程数字式直流电流表测量原理

1. I/U 转换

数字式直流电流表测量电流是经 I/U 转换，先将待测电流转换成电压，然后进入数字式电压基本表，如图2-16所示。

由于数字式电压基本表输入阻抗极高，所以电流的分流作用极小（可以忽略不计）。这里电阻 R_s 就起着将电流 I_i 转换为输入电压 U_i 的作用。由于基本表输入电压是固定的，所以用欧姆定律就可计算出电阻值 R_s。设电流量程 $I_m = 2A$，基本表电压量程 $U_m = 200mV$（0.2V），则电阻 R_s 为

$$R_s = U_m/I_m = 0.2V/2A = 0.1\Omega$$

I/U 转换电阻 R_s 就是数字式直流电流表的输入阻抗。

2. 多量程数字式直流电流表测量原理

采用不同的 I/U 转换电阻分流，可制成多量程数字式直流电流表。图2-17所示为5量程数字式直流电流表，采取共用分流电阻的环形接法。

各量程分流电阻的计算

200μA 挡：　　　$R_1 \sim R_5 = 200mV/0.2mA = 1k\Omega$；

2mA 挡：　　　　$R_2 \sim R_5 = 200mV/2mA = 100\Omega$；

20mA 挡：　　　$R_3 \sim R_5 = 200mV/20mA = 10\Omega$；

200mA 挡：　　　$R_4 \sim R_5 = 200mV/200mA = 1\Omega$；

2A 挡：　　　　　$R_5 = 200mV/2000mA = 0.1\Omega$。

从下至上依次相减可得

$R_5 = 0.1\Omega$；

$R_4 = (1-0.1)\Omega = 0.9\Omega$；

$R_3 = (10-1)\Omega = 9\Omega$；

$R_2 = (100-10)\Omega = 90\Omega$；

$R_1 = (1000-100)\Omega = 900\Omega$。

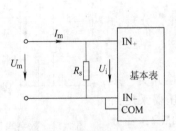

图2-16　数字式直流电流表

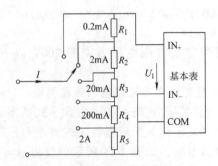

图2-17　5量程数字式直流电流表

2.3.4 线性整流和数字交流量的测量原理

1. AC/DC 线性整流器

直接用二极管整流存在非线性问题,为提高测量交流信号的灵敏度和准确度,通常采用运算放大器的比例器电路,如图 2-18 所示。电路输出电压 U_o 与输入电压 U_i 的关系为

$$U_o = \left(\frac{R_1}{R_2} + 1\right) U_i \tag{2-12}$$

在比例器电路的基础上加整流二极管就成了线性整流 AC/DC 转换器。这种转换器构成的交流测量电路在数字式交流仪表中应用最为广泛。图 2-19 所示为典型的线性整流式 AC/DC 转换器电路。电路中运算放大器、二极管 VD_1 和 VD_2 及反馈网络电阻 R_1 和 R_2 接成同相放大电路。

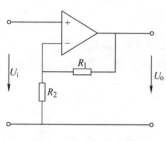

图 2-18 比例器电路

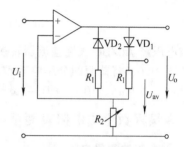

图 2-19 AC/DC 转换器电路

图 2-19 中可见,电路将交流小信号放大了 $(R_1/R_2 + 1)$ 倍,使二极管 VD_1、VD_2 工作在线性整流状态,解决了整流二极管小信号时的非线性问题。整流后的输出电压从二极管 VD_1 引出,因属半波整流,故直流平均电压为

$$U_{av} = 0.45 U_o \tag{2-13}$$

而代入式 (2-12),得

$$U_{av} = 0.45 \left(\frac{R_1}{R_2} + 1\right) U_i \tag{2-14}$$

电路输出电压 U_{av} 经滤波后送数字式电压基本表。调节 R_2 可改变放大器的放大倍数,使输出电压平均值等于输入交流电压 U_i 的有效值,这样就构成了一个交流数字式电压基本表 AC/DC 转换器。

需要说明的是,采用 AC/DC 线性整流器这种整流方法的表也是属于平均值表,故被测交流电量必须是正弦量。

2. 多量程数字式交流电压测量原理

多量程数字式交流电压表如图 2-20 所示。交流电压测量电路由分压电阻、线性 AC/DC 转换器和数字式基本表构成。其中 VD_5、VD_6、VD_1、VD_2 接在转换器输入端作过电压保护。C_1、C_2 是输入耦合电容,R_{21}、R_{22} 是输入电阻,转换器的输出端接 R_{26}、C_6、R_{31}、C_{10} 构成了阻容滤波器。

由分压电阻 R_7、R_8、R_9、R_{10}、R_{11} 构成的 5 量程(200mV、2V、20V、200V、750V)交流电压测量电路中,750V 挡可测 2000V 的交流电压,同样考虑到耐压和绝缘性能,仍规定为交流 750V 挡(750V 的峰值等于 1060V)。

3. 多量程数字式交流电流测量原理

测量交流电流与直流电流方法类似,先采用 I/U 转换电路,将交流电流转换为交流电压。

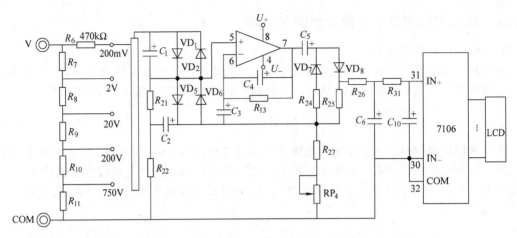

图 2-20　多量程数字式交流电压表

再将交流电压经 AC/DC 线性整流器转换为直流电压进入数字式电压基本表。

参考图 2-20，将前面的分压电阻改换成如图 2-17 中的分流器，即构成多量程（200μA、2mA、20mA、200mA、10A）的数字式交流电流表。

2.3.5　多量程数字式电阻表测量原理

1. 比例电阻法测量电阻

数字电阻表以基本表为核心，采用比例电阻法测量电阻，如图 2-21 所示。

在图 2-21 中，将基本电压输入端 U_{REF+} 和 U_{REF-} 不接基准电压，而用基准电阻 R_0 替代；输入端 IN_+ 和 IN_- 也不接入信号，而用待测电阻用 R_x 替代。将 R_0 和 R_x 串联后接到 7106 芯片的 U_+ 和 COM 端之间（有 2.8V 电压），向 R_0 和 R_x 提供测试电流 I。测试电流 I 在 R_0 上的压降 $U_{R0} I R_0$ 作为基准电压 U_{REF}，在待测电阻 R_x 上的压降 $U_{Rx} = I R_x$ 作为输入电压 U_i。根据数字式电压基本表显示值 N 与输入电压 U_i、基准电压 U_{REF} 的关系式

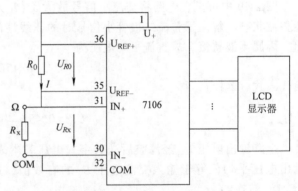

图 2-21　比例电阻法测量电阻

$$N = \frac{U_i}{U_{REF}} \times 1000 \qquad (2-15)$$

将 $U_{REF} = I R_0$ 和 $U_i = I R_x$ 代入式（2-15），得

$$N = \frac{R_x}{R_0} \times 1000 \qquad (2-16)$$

若基准电阻 R_0 固定为 1000Ω，则上式为

$$N = R_x \qquad (2-17)$$

这就是说，当量程为 2000Ω 时，基准电阻应为 1000Ω，此时电阻显示值 N 等于待测电阻值，分辨力为 1Ω；当基准电阻减小为 100Ω，则电阻显示值 N 等于待测电阻值的 10 倍，分辨力增大 10 倍为 0.1Ω，其实只要显示器的小数点向前移动一位，就可直接读出待测电阻值。

改变基准电阻 R_0，同时改变小数点位置和读数单位，就可以得到一个多量程数字式电阻

表，量程是基准电阻的 2 倍。

由式（2-16）可知，采用比例电阻法的优点在于显示值仅与 R_0、R_x 两电阻的比值有关。只要保证基准电阻 R_0 的准确度高，待测电阻 R_x 的测量结果误差必定小。

2. 多量程数字式电阻表测量原理

多量程数字式电阻表如图 2-22 所示，图中的基准电压由 R_{13}、VD_3 和 VD_4 组成分压器，基准电阻 RP、$R_7 \sim R_{12}$ 上的压降作为基准电压。二极管 VD_3 和 VD_4 起稳压作用（VD_3 和 VD_4 上压降共为 1.2 ~ 1.4V，限制 $U_{REF} < 2V$）。热敏电阻 R_T 和 R_{16}、VT_1、VT_2 组成过电压保护电路。

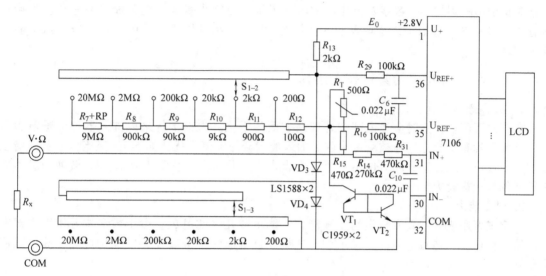

图 2-22　多量程数字式电阻表

2.4　数字式万用表简介

2.4.1　数字式万用表的基本技术指标

1. 显示位数

数字式万用表的显示位数是指能显示 0~9 共 10 个完整数码的显示器的位数。数字式万用表的最高位通常只能显示"0"或"1"，不能称为一个完整的位，故有 1/2（半）位之称。显示位数越多，准确度就越高，但电路相对要复杂，成本也会提高。一般电工测量中使用 $3\dfrac{1}{2}$ 位或 $4\dfrac{1}{2}$ 位已能满足要求。

2. 测量范围

测量范围包括测量的电量和量程。数字式万用表测量的基本电量有直流电压、直流电流、交流电压、交流电流和电阻，运用变换器有些还拓宽到测量电容、电感、温度、频率等。数字式万用表每种电量的基本测量一般具有 4~5 个量程（挡位或量限），电压从毫伏级到数百伏，电流从毫安级到数十安，能满足电工测量的一般要求。

3. 准确度

准确度是衡量仪表测量的一个重要参数，在数字式万用表中与显示位数紧密相关，在第 3

章中将详细论述。

4. 分辨力

分辨力是数字显示中最末一位的最小分度（Least Significant Bit, LSB），分辨力越高则越灵敏。由于各挡最末一位表示的量是不同的，故各量程的分辨力也相差很大。例如测量100mV电压，使用200mV量程，则显示为"100.0"，显然分辨力为0.1mV；若测量100mV电压，使用2V量程，则显示为"0.100"，显然分辨力为1mV。

5. 输入阻抗

输入阻抗是指在工作状态下，从输入端看仪表的等效阻抗。输入阻抗越大，测量电路对测量对象的影响则越小。数字式万用表的输入阻抗与数字式基本表的集成电路芯片及外接电阻有关，7106芯片的数字式基本表输入阻抗为$10^{10}\Omega$，经分压后直流电压量程输入阻抗能达到10MΩ。

2.4.2 数字式万用表的其他技术指标

1. 抗干扰

数字式万用表测量时会受内部和外部两方面的干扰。内部干扰来内部元器件的噪声和漂移；外部干扰有干扰电压与被测量串联后加入输入端的串模干扰，如50Hz交流信号及其谐波叠加在直流信号上；还有同时作用于两输入端的共模干扰。采用双积分型A/D转换的基本表有较强的抗干扰能力。

2. 过载能力

数字式万用表要求具有较强的过载能力，能承载几倍的过载。由于数字式万用表内部有二极管正向保护、热敏电阻过热保护和快速熔丝过电流保护等较完善的保护电路，故过载能力较强。

3. 功能扩展

利用数字式基本表的特点，可扩展数字式万用表的测量对象。现在的数字式万用表除了可测量交、直流电流、电压和电阻，晶体管的β参数外，大都还具备了测量电容、电感甚至温度的功能。此外，有的数字式万用表还增加了读数保持、真有效值测量、峰值保持、数据存储和数据输出等功能。

4. 低电压提示

数字式万用表由于正常工作需要电源，一般使用便携式电池。为保证测量正确，在电池低于使用标准时，应给出提示。

5. 交流带宽

数字式万用表采用AC/DC式转换测量交流量时，都是平均值表，而且对测量的正弦量的频率有上限。一般$3\frac{1}{2}$位表的频带宽度为45Hz~2kHz。

6. 测量速率

测量速率是指1s时间内对被测量的次数（次/s），即每秒钟内给出显示值的次数。测量速率主要取决于A/D转换的时间。但测量速率与准确度互为反比，通常测量速率高则准确度低，双积分型A/D转换保持较好的准确度，但测量速率仅为2.5~3次/s。

2.4.3 国产便携式数字式万用表简介

国内生产的数字式万用表以便携式为主，早期的产品型号是DT和DM系列。近些年，各厂商对原有的产品在电路原理、元器件选择、开关结构、测量功能及造型等方面做了重大改进，推出了VC系列和98系列新款式仪表，占领了较大市场份额。国产数字式万用表能满足一般电工测量之需，在价格上占有绝对优势。常见的便携式数字式万用表及测量指标见表 2-1。

表 2-1　常见的便携式数字式万用表及测量指标

型　号	便携式数字式万用表选择指南：基本准确度为 0.5%，3.5 和 4.5 位，LCD 1999 显示								
	DCV	ACV	ACA	DCA	Ω	蜂鸣器二极管	电容 C	温度/°C	频率/kHz
DT890C+	200mV ~ 1000V	200mV ~ 700V	2mA ~ 20A	2mA ~ 20A	200Ω ~ 20MΩ	●	2nF ~ 20μF	−40 ~ 1000	…
VC890C⁺ᵀᴹ	200mV ~ 1000V	20 ~ 700V	20mA ~ 10A	20mA ~ 10A	200Ω ~ 20MΩ	●	2nF ~ 20μF	−40 ~ 700	—
VC890Dᵀᴹ	200mV ~ 1000V	20 ~ 700V	20mA ~ 10A	20mA ~ 10A	200Ω ~ 20MΩ	●	2nF ~ 20μF	—	—
VC202	200mV ~ 1000V	20 ~ 700V	20mA ~ 10A	20mA ~ 10A	200Ω ~ 20MΩ	●	2nF ~ 20μF		200
VC203	200mV ~ 1000V	200 ~ 500V	—	20mA ~ 10A	200Ω ~ 20MΩ	●		电池功能测试	—
VC9801A	200mV ~ 1000V	200mV ~ 700V	200μA ~ 20A	200μA ~ 20A	200Ω ~ 200MΩ	●	−20μF	—	—
VC9802A	200mV ~ 1000V	200mV ~ 700V	2mA ~ 20A	2mA ~ 20A	200Ω ~ 200MΩ	●	2nF ~ 200μF		
VC9804A	200mV ~ 1000V	2 ~ 700V	20mA ~ 20A	2mA ~ 20A	200Ω ~ 200MΩ	●	2nF ~ 200μF	−40 ~ 1000	200
VC9805A	200mV ~ 1000V	2 ~ 700V	200mA ~ 20A	2mA ~ 20A	200Ω ~ 200MΩ	●	2nF ~ 200μF	−40 ~ 1000	200
VC9806A4 $\frac{1}{2}$	200mV ~ 1000V	200mV ~ 700V	200mA ~ 20A	2mA ~ 20A	200Ω ~ 200MΩ	●	2nF ~ 20μF	— 有数据保持	20
VC9807A4 $\frac{1}{2}$	200mV ~ 1000V	200mV ~ 700V	2mA ~ 20A	2mA ~ 20A	200Ω ~ 200MΩ	●	2nF ~ 20μF	有数据保持	20

2.5　智能式电工仪表

随着计算机技术的渗入，电工测量领域和范围不断拓宽。近些年来，以 Internet 为代表的网络技术的出现以及它与其他高新科技的相互结合，为测量与仪表技术带来了前所未有的发展空间和机遇，网络化测量技术与具备网络功能的新型仪表应运而生。微型化、数字化、智能化、网络化测量异军突起，成为电工测量和控制的发展方向。

人们常将数字式电工仪表，如数字式电压表、数字式电流表、数字式频率计等称为第 2 代电工仪表；将智能式电工仪表称为第 3 代电工仪表。

2.5.1　智能式仪表概述

1. 智能式仪表简介

智能式仪表一般是指配备了微处理器（μP）（包括单片机）的仪表。

随着微处理器、半导体存储器等大规模集成电路技术的发展和普及，微机技术进入了仪器仪表的设计与制造领域，使仪表的原理、功能和精度水平都发生了革命性的变化。微处理器的监控和计算能力不但简化而且甚至淘汰了传统仪器设计中那些难于掌握和突破的关键问题，并赋予这一代仪表以识别（判断）、记忆、分析计算和可控等功能，使仪表具有自动量程转换、测量单位自动显示、电压极性判断、电路参数类别判断、数值筛选等能力。人们泛称这些微机化的仪表为"智能仪表"。智能仪表实际上是一个微型计算机系统。随着现代软件技术和超大规模集成电路（VLSI）技术的飞速发展，智能仪表已成为仪表和测量技术的一个重要发展领域。

传统观念上的仪表，其所有的功能全是由硬件实现的，而带有微处理器的智能仪表的设计是一种硬件和软件相结合的系统设计。由于利用了软件技术，设计的灵活性增大并且功能易于修改、扩充，使得产品的功能有了极大提高。

由于智能仪表将仪表的主要功能"写"入微处理器的存储器中，这样只要改变存放在存储器中的软件内容而不必要改变硬件的设计就可以改变仪表的功能，对于开发小批量、多品种的仪表带来了机遇，使传统的仪表面临巨大的变革。

智能式电工仪表目前大都具备"多用途"的特点，本节主要介绍电工测量中的智能数字式多用表（Digital Multimeter，DMM）。

2. 智能式电工仪表的主要功能和特点

（1）多功能测量　智能式电工仪表除了具有一般数字表的测量功能外，还可测量频率、功率、谐波、占空比等多种参数。作为频率计测量的脉冲频率可达到 2MHz 以上，线性频率可达 200kHz 以上；测量电阻范围为 $0.01\Omega \sim 50M\Omega$；测量电容范围为 $0.01nF \sim 5000\mu F$；测量交流电量同时显示电量的交流真有效值、最大值、最小值、相对量和相对值的误差百分比等，测量频率达 20kHz。

智能式电工仪表具有"菜单"功能，可根据用户的需要来选定相应功能；测量中具有过载保护和电流挡位错误声音告警等功能。

（2）多模式输出　智能式电工仪表能以多种形式输出信息，除直接数字显示外，可通过配备的 RS-232、RS-485、IEEE-488、GP-IP 等接口进行数据传输甚至通过网络远程传递测量信息；有的配有 PC Windows 视窗软件，可方便地在 PC 上进行数据显示、记录和图表输出。

在数字显示中配有 180°视角的液晶背光显示器，使显示非常清晰。为彻底解决数字仪表不便于观察连续变化量的技术难题，"数字/模拟液晶条图"双显示仪表已成为国际流行款式，它兼有数字式仪表准确度高、模拟式仪表便于观察被测量的变化过程及变化趋势的两大优点。

（3）自动校正零点、修正误差　智能式电工仪表具备自动校正零点、满度和切换量程的功能，因此降低了因仪表的零点漂移和特性变化所造成的误差，提高了测量精度和读数的分辨力。由于测量的数据最后经微处理器处理，只要测试电路对被测信号的误差可知，就可利用内部的微处理器来修正误差。有的智能仪表具备自动修正各类测量误差的特点，若预先将由生产厂商提供的转换器（传感器）的误差曲线或误差公式置入仪表，内部微处理器就可修正其误差。一般智能仪表直流可有 $1\mu V$ 的分辨力，准确度可达到 0.03%。

（4）控键多级设置、可编程　智能式电工仪表具有键控，可根据测量的需要进行多级设置。例如，设置测量值上限、下限、上下限值报警和定时开关；设置测量时间、设置测量数值的存储和读取；设置摄氏、华氏温度值双重显示等。有的智能仪表还具有一定的可编程功能，可根据用户的要求灵活改变测量、控制的时间、方法和动作等，使仪表保持最佳的工作状态。

（5）自诊断和故障监控　智能式电工仪表在运行过程中可以自动地对仪表本身各组成部分进行一系列的测试，一旦发现故障立即报警，并显示出故障部位，以便及时处理。有的智能仪表还可以在故障存在的情况下，自行改变系统结构，继续正常工作，即在一定程度上具有容忍错误存在的能力。

（6）使用标准模块、工艺先进 由于智能式电工仪表目前已具标准模块化、通用化、系列化，给电路设计和安装调试、维修带来极大方便。被誉为世界电子工艺重要技术突破的表面安装技术（SMT）和表面安装元器件（SMD）的普遍应用，将微型化的表面安装集成电路（SMIC）和表面安装元件，用粘贴工艺直接安装在印制板上，再用波峰焊机焊接，由此取代传统的打孔焊接工艺，使印制板安装密度大为增加，可靠性得到明显提高。

（7）微功耗、可便携 智能式电工仪表采用低功耗 CMOS 芯片，集成度极高，如电工测量中常用的 DMM 采用 5~9V 电池，工作电流为 100μA 左右，便于携带。

2.5.2 智能式电工仪表结构

智能式电工仪表的结构可分为软件和硬件两大部分，硬件主要包括微处理器、A/D 转换器、显示器和数据通信接口等，如图 2-23 所示。

1. 微处理器

智能式电工仪表通常以单片机为核心。单片机是指在一块芯片中集成了微处理器 CPU、只读存储器 ROM、随机存取存储器 RAM 和各种功能的 I/O 接口电路的微型计算机。

智能式电工仪表的微处理器的 CPU 经 I/O 接口，通过内部总线向仪表各单元发出指令或读取存储器的信息，所有内部总线通信采用存储器方式，每一个在总线上发送或接收指令的单元都有固定的地址。CPU 主要

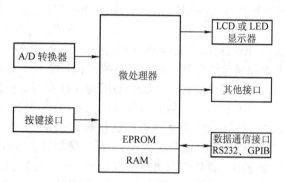

图 2-23 智能式电工仪表硬件

执行量程和功能的转换、A/D 控制和计算、校准和校正、按键/显示控制与接口串行通信、诊断自测试及故障检测。

目前广泛应用的是 MCS—51 系列单片机。MCS—51 系列单片机是 20 世纪 80 年代由美国 Intel 公司推出的一种 8 位单片机，由于其低成本、性能高，被大批量运用于智能 DMM 中。它的片内集成了并行 I/O、串行 I/O 和 16 位定时器/计数器。片内的 RAM 和 ROM 空间都比较大，RAM 可达 256 MB，ROM 可达 4~8 KB。由于片内 ROM 空间大，因此 BASIC 语言等都可固化在单片机内。

MCS—51 系列单片机有许多品种，其中较为典型的是 8031、8051 和 8751 三种。8031 型单片机片内无 ROM，应用时必须外接 EPROM 才可使用；8051 型片内具有 4KB 的掩膜 ROM；而 8751 型片内则具有 4KB 的紫外线可擦除可编程 EPROM。这 3 种芯片的引脚兼容，从而为开发新的智能式电工仪表提供了方便。

2. A/D 转换器

一般数字式电工仪表采用的各种 A/D 转换器的转换过程是利用硬件实现的。双积分型 A/D转换器由于其转换分辨力、输出斜波电压的线性度有限，使其准确度很难高于 0.01%。而且硬件式 A/D 转换器采样是间断的，不能对被测信号进行连续监测，转换速率较低。智能仪表一般不直接采用集成 A/D 转换器的芯片，而是借助其中微处理器的软件优势来形成高准确度的 A/D 转换器。一般采用的转换方式是先将模拟信号转换成数字信号，再通过采样、整形和数字滤波的方法来提高分辨力。目前常用的除了有前面介绍的 Σ—Δ 式 A/D 转换器、Solartron 公司脉冲调宽型 A/D 转换器外，还有 Fluke 公司的余数循环比较型 A/D 转换器等。

3. 数据通信和接口电路

在自动化测量与控制系统中，各台智能仪器之间需要不断地进行各种信息的交换和传输，

而不同设备之间进行的数字量信息的交换或传输就称为数据通信。例如，计算机与计算机之间、计算机与智能仪表之间、智能仪表与智能仪表之间，经常需要传输各种不同的数据。数据通信接口是计算机及智能设备连成网络必不可少的手段，也是智能仪表不可缺少的重要功能部件。面临以 Internet 为特征的后 PC 时代的挑战，智能仪表的数据通信功能显得更加重要。

一般将公共数字传输通道称为总线。按其所在位置可分为"片间总线"（如 CPU 的数据总线、地址总线、控制总线、PC 总线等）、"仪器内部总线"或"底板总线"（如 ISA、PCI、CAMAC、VME 和 VXI）等。按数据传输的特点，又可分为并行总线和串行总线。并行总线传输速度快、效率高，在短距离数据传输中得到了广泛的应用。串行通信方式是指在发送方将并行数据通过某种机制转换为串行数据，经由通信介质（有线或无线）逐位发送出去，而在接收方通过某种机制将串行数据恢复为并行数据的通信方式。

采用串行通信方式可以节约大量的电缆导线，对于远距离数据通信（包括无线通信），串行方案几乎是唯一的选择。串行标准总线的典型代表有 RS-232C、RS-485 和目前方兴未艾的 USB 等。

无论并行总线或串行总线，目前都已经形成了若干国际标准，例如 IEEE 488（并行总线）、RS-232C 和 RS-485（串行总线）、USB 等。使用标准总线可以使整个系统具备较高的兼容性和灵活的配置，简化了系统的设计工作，也使产品更容易适应市场需求的变化。

现介绍智能式电工仪表采用的几种典型的标准数据通信总线及其应用技术。

（1）RS-232C 标准串行接口总线 RS-232C 是美国电子工业协会（Electronic Industries Association，EIA）公布的串行通信标准，RS 是英文"推荐标准"的字头缩写，232 是标识号，C 表示该标准修改的次数（3 次）。最初发展 RS-232C 标准是为了促进数据通信在公用电话网上的应用，通常要采用调制解调器（Modem）进行远距离数据传输。20 世纪 60 年代中期，将此标准引入到计算机领域，目前广泛用于计算机与外围设备的串行异步通信接口中，除了真正的远程通信外，不再通过电话网和调制解调器。

（2）RS-485 总线 RS-485 标准串行接口总线实际上是 RS-422A 的变型，它是为了适应用最少的信号线实现多站互连，构建数据传输网的需要而产生的。

RS-485 总线用于多个设备互连，构建数据传输网十分方便，而且它可以高速远距离传送数据。因此，许多智能仪表都配有 RS-485 总线接口，RS-485 总线可以连接多达 32 个发送器和 32 个接收器。最近几年问世的一些 RS-485 接口芯片，可以连接更多的发送器和接收器（128 或 256 个）。

（3）GPIB 通用接口总线（General-Purpose Interface Bus，GPIB）是国际通用的仪器接口标准。在自动测试系统中典型的并行总线就是 GPIB（IEEE 488）。GPIB 可将多台配置有 GPIB 接口的独立仪表连接起来，在具有 GPIB 接口的计算机和 GPIB 协议的控制下形成协调运行的有机整体。由于数据传输距离较近，并行数据电缆的导线数目较多，但因此可以体现并行通信高速传输的优势。

在自动测试系统中，配置有 GPIB 接口的智能仪表（一般称之为 GPIB 仪表）之间的通信是通过接口系统发送"仪表消息"和"接口消息"来实现的。

（4）USB USB（Universal Serial Bus）是一种通用串行式电缆总线，其传输速率从几千比特每秒到几百兆比特每秒，可在同一根电缆上支持同步、异步两种传输模式。其具有"即插即用"的优点，使用日益普及。智能仪表装备 USB 总线接口，可以方便地连入 USB 系统，从而提高智能仪表的功能。

4. 译码器和显示器

在显示器电路中，对于使用 LED 数显需要译码驱动电路。智能数字表的译码驱动也有专用模块，如智能数字表显示器中经常使用的 5×7 LED 点阵，就可选用 MAXIM 公司生产的 MAX6952 型点阵驱动模块配套，这样既简化了电路设计又增加了可靠性。

为彻底解决数字式仪表不便于观察连续变化量的技术难题，"数字/模拟条图"双显示仪表已成为国际流行款式。

模拟条图大致分成 3 类：

（1）液晶（LCD）条图　$3\frac{1}{2}$ 位数字/42 段 LCD 模拟条图如图 2-24 所示，呈断续的条状，这种显示器的分辨力高，微功耗，体积小，低压驱动，适于电池供电的小型化仪表。

（2）等离子体（PDP）光柱显示器其优点是自身发光、亮度高、显示清晰、观察距离远、分辨力较高，缺点是驱动电压高、耗电较大。

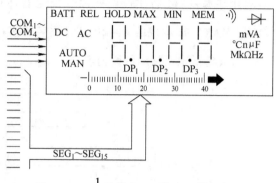

图 2-24　$3\frac{1}{2}$ 位数字/42 段 LCD 模拟条图

（3）LED 光柱显示器　它是由多只发光二极管排列而成。这种显示器的亮度高、成本低，但像素尺寸较大、功耗高、驱动电路复杂。

2.5.3　DMM 标准模块和基本表

1. 标准模块

近年来，智能仪表模块（芯片），如接口电路（或传感器）、数据采集系统、检测电路、信号源、基准电压源、恒流源和 A/D 转换器等专用集成电路芯片的面世，有的是一块芯片中集中了如信号源、基准电压源、恒流源等模块，采用 DIP 封装后的成品标准模块只需通过接口就可与电路相连。

数字式电工仪表中由于双积分型 A/D 转换器分辨力、线性度较低，而且转换速率低，在智能仪表中是借助微处理器的软件优势来形成高准确度的 A/D 转换。Σ—Δ 型 A/D 转换器和脉冲调宽型 A/D 转换器具有分辨力高、线性度好和转换速率快的优势，因此在智能式仪表中被大量采用。

例如，美国 MAXIM 公司生产 MAX1494 芯片，采用 DIP-32 封装，为 $4\frac{1}{2}$（±19999 个计数）、低功耗、Σ—Δ 型 A/D 转换器件，如图 2-25 所示。其集成了液晶显示（LCD）驱动器，工作于 2.7~5.25V 单电源。它包括内部基准电压源、高精度片上时钟振荡器和三重复用的 LCD 驱动器。内置泵电源可产生负电源，在单电源供电情况下为集成输入缓冲器提供电源。其内部结构如图 2-26 所示。

MAX1494 芯片电路输入范围可配置为 0~±2V 或 0~±200mV，并向 LCD 或微控制器输出其转换结果。微控制器通过串行接口与器件进行通信。MAX1494 芯片无须外部精密积分电容、自动调零电容、晶体振荡器、电荷泵或其他双斜率 A/D 转换所需要的电路。该器件还为差分信号和基准输入提供内部缓冲器，允许与高阻信号源直接连接。此外，它采用连续的内部失调校准，同时提供大于 100dB 的 50Hz 与 60Hz 电源噪声

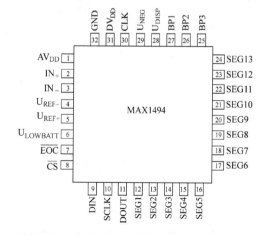

图 2-25　采用 DIP-32 封装的 MAX1494 芯片

抑制。其他特性包括：数据保持与峰值保持、超量程与欠量程检测、低电池电压监视等。

2. DMM 基本表电路

DMM 基本表是由智能模块外加少量元器件和显示器组成的智能数字式直流电压基本表（DVM）。MAX1494 构成的 $4\frac{1}{2}$ 位智能数字式多用基本表电路如图 2-27 所示。图中通过电阻 R_1、R_2 可设定低电压指示的阈值电压 U_{LOWBATT}。

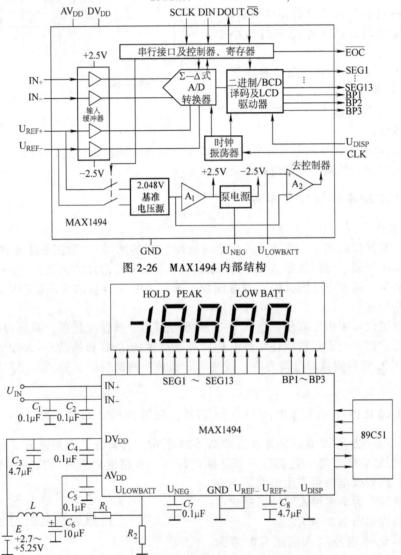

图 2-26　MAX1494 内部结构

图 2-27　MAX1494 构成的 $4\frac{1}{2}$ 位智能数字式多用基本表电路

2.6 DMM

2.6.1 DMM 结构

DMM 是以直流 DVM 为基本表，类似一般的数字式万用表，通过 AC/DC、I/U、R/U 等转换电路转换成直流电压和进行量程扩展，最后由 DVM 测量电压来实现其他各种电参数的测量。DMM 原理框图如图 2-28 所示。

1. DMM 测量直流电流

智能式 DMM 在测量直流电流时，实现 I/U 转换的方法之一是用运算放大器电路，再接 DVM，如图 2-29 所示。

根据运算放大器的特点，由图 2-29 可见，$U_o = -R_N I_{in}$。当测量大电流时，可在输入端接入分流电阻，先分流。

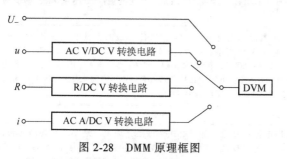

图 2-28　DMM 原理框图

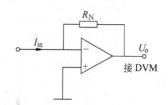

图 2-29　用运算放大器电路实现 I/U 转换

2. DMM 测量交流电量

DMM 在测量交流电量时不再采用 AC/DC 线性整流的方式，而是运用真有效值的测量原理。

DMM 根据有效值的定义，当测量交流电压时，通过输入端，运用方均根运算直接计算出表示电压真有效值的直流电压，再接 DVM；当测量交流电流时，先作交流的 I/U 转换，再进行真有效值电压测量。

3. DMM 测量电阻

智能式 DMM 在测量电阻时，大都采用"比例电阻法"（见本章 2.3.5 小节）。

2.6.2　国外 DMM 简介

国外数字式多用表技术已比较成熟，出现了多家知名企业。美国福禄克（Fluke）公司、安捷伦（Agilent）公司、泰克（Fektronix）公司和日本共立（KYORITSU）公司等为世界知名公司，生产的数字式多用表已大举进入中国市场，并受到好评。

1. Fluke 公司的数字式多用表

（1）Fluke 公司数字式多用表的外观介绍　Fluke 公司生产的数字式多用表如图 2-30 所示。

名称：彩色数字余辉示波表
型号：190C全系列

名称：高性能数字多用表
型号：福禄克189

图 2-30　Fluke 公司生产的数字式多用表

（2）Fluke F 系列数字式多用表的技术指标　见表 2-2。

表 2-2　Fluke F 系列数字式多用表的技术指标

型　号	技 术 指 标
F15B	4000 字显示；ACV：0.1mV～1000V，精度为 1.0%，DCV：0.1mV～1000V，精度为 0.5%；ACA：0.1mA～10A，精度为 1.5%；DCA：0.1mA～10A，精度为 1.0%；电阻：0.1Ω～40MΩ，精度为 0.4%；电容：0.01nF～100μF，精度为 2.0%；交流带宽：500Hz；读数保持，通断及二极管测试
F17B	在 F15B 基础上增加功能，频率：10Hz～100kHz，精度为 0.1%；温度测量：-55～400℃，精度为 2.0%；相对模式
F111	6000 字显示，真有效值测量交流电压电流；交流响应：50～500Hz，最大、最小、平均值测量，IEC1010CAT Ⅲ 600V 安全标准，更换电池无须校准；DCV：0.1mV～600V，精度为 0.7%；DCA：0.001mA～10.00A，精度为 1%；ACV：0.1～600V，精度为 1%；ACA：0.01mA～10.00A，精度为 1.5%；电阻：0.1Ω～40.00MΩ，分辨力为 0.9%；电容：1nF～9999μF，分辨力为 1.9%；频率：输入电压时为 5Hz～50kHz，输入电流时为 50Hz～3kHz，精度为 0.1%
F112	背景光和二极管测试功能，其余同 F111
F175	6000 字显示，真有效值测量交流电压电流；交流响应：45Hz～1kHz，最大、最小、平均值测量，IEC1010CAT IV600V 安全标准，更换电池无须校准；DCV：0.1mV～1000V，精度为 0.15%；DCA：0.01mA～10.00A，精度为 0.1%；ACV：0.1mV～1000V，精度为 1%（45～500Hz）、2%（500Hz～1kHz）；ACA：0.01mA～10.00A，精度为 1.5%；电阻：0.1Ω～50.00MΩ，分辨率为 0.9%；电容：1nF～9999μF，分辨力为 1.2%；频率：输入电压时为 2Hz～100kHz，输入电流时为 2Hz～30kHz，精度为 0.1%
F177	6000 字显示，带背景光，真有效值测量交流电压电流；交流响应：45Hz～1kHz，最大、最小、平均值测量，IEC1010CAT IV600V 安全标准，更换电池无须校准；DCV：0.1mV～1000V，精度为 0.09%；DCA：0.01mA～10.00A，精度为 0.1%；ACV：0.1mV～1000V，精度为 1%（45～500Hz）、2%（500Hz～1kHz）；ACA：0.01mA～10.00A，精度为 1.5%；电阻：0.1Ω～50.00MΩ，分辨力为 0.9%；电容：1nF～9999μF，分辨力为 1.2%；频率：输入电压时为 2Hz～100kHz，输入电流时为 2Hz～30kHz，精度为 0.1%
F179	6000 字显示，带背景光，真有效值测量交流电压电流；交流响应：45Hz～1kHz，最大、最小、平均值测量，IEC1010CAT IV600V 安全标准，更换电池无须校准；DCV：0.1mV～1000V，精度为 0.09%；DCA：0.01mA～10.00A，精度为 0.1%；ACV：0.1mV～1000V，精度为 1%（45～500Hz）、2%（500Hz～1kHz）；ACA：0.01mA～10.00A，精度为 1.5%；电阻：0.1Ω～50.00MΩ，分辨力为 0.9%；电容：1nF～9999μF，分辨力为 1.2%；频率：输入电压时为 2Hz～100kHz，输入电流时为 2Hz～30kHz，精度为 0.1%；温度测量：-40～400℃，精度为 1%

2. KYORITSU 公司的数字式多用表

（1）KYORITSU 公司数字式多用表的外观介绍　KYORITSU 公司生产的 2001 便携式数字式多用表，设计体积小巧，并具有睡眠功能，以减小电池消耗，为测量电流的方便，配有传感器测量 AC 和 DC 电流，如图 2-31 所示。

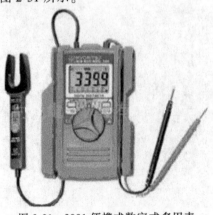

图 2-31　2001 便携式数字式多用表

（2）KYORITSU 公司 2001 数字式多用表的技术指标　见表 2-3。

表 2-3　2001 数字式多用表的技术指标

挡　位	量　程	准　确　度
DCV	340mV/3.4V/34V/340V/600V	±15%rdg，±4 位
ACV	3.4V/34V/340V/600V	±1.5%rdg，±5 位（50～400Hz）
DCA	0～100A	±2%rdg，±5 位
ACA	0～100A	±2%rdg，±5 位（50Hz/60Hz）
Ω	340Ω/3.4kΩ/34kΩ/340kΩ/3.4MΩ/34MΩ	±1%rdg，±3 位
其他技术指标		其他功能
开口传感器测量	（KEW MAE2000）/100A（KEW MATE2001）	安全标准 IEC61 01 O-1 CAT. Ⅲ 300V 污染等级 2 IEC61010-2-031，IEC61010-2-032 IEC61326-1
钳口尺寸	最大 φ6mm	蜂鸣（30±10）Ω
交流频率响应	0～10kHz	耐压 AC 3700V 1min
工作电源	两节 R03 电池或等值电池组（DC1.5V）	质量 210g

2.7　数字式电工仪表中常见的电气符号

2.7.1　数字式多用表上常见的电气符号

数字式多用表上常见的电气符号见表 2-4。

表 2-4　数字式多用表上常见的电气符号

测量电量及符号	含义	按键及插孔符号	含义	其他符号	含义
DCV	测量直流电压	ON/OFF	开机/关机按键	FUSE	熔丝
DCA	测量直流电流	HOLD	数据保持按键	UNFUSED	未设熔丝保护
ACV	测量交流电压	DATA	数据储存按键	RANGE	量程转换
ACA	测量交流电流	PK DATA	峰值数据储存按键	AUTO RANGE	自动量程转换
OHM	测量电阻	COM	模拟地公共插孔	MANUAL RANGE	手动量程转换
LOGIC	逻辑测试	HFE	晶体管 β 测量插孔	BATT	表内电池电压
Pulse Duration	脉冲宽度测试	C_X	电容测量插孔	GOOD	电池容量可用
Duty Factor	占空比测试	C_L	电感测量插孔	BAD	电池容量不足
		20A MAX	用此插孔测量电流最大 20A	ADJ	调节、校准
		MAX 10SEC	用此插孔测量不可超过 10s	MAX/NIN Mode	最大值/最小值存储
				AUTO POWER OFF	自动关机
				RMS	真有效值
				PK HOLD	峰值保持
				MER	数据存储
				COMM	数据输出
				RST	复位
				T/H	跟踪/保持
				·)))	蜂鸣器

2.7.2　国际通用数字式电工仪表上常见的电气符号

国际通用数字式电工仪表上常见的电气符号见表 2-5。

表 2-5　国际通用数字式电工仪表上常见的电气符号

符　号	含　义	符　号	含　义
~	AC 交流	⏚	接地
=	DC 直流	▭	熔断器
▷⊢	二极管	▣	双重绝缘
⊣⊢	电容	CE	符合欧盟 Eutopean Union 规定
▬	电池显示时表示电池电量低	UL	符合 UL3111-1 及 UL3111-2-032 的标准
·)))	连通性测试或连通性报警器声调	CAT IV	IEC 双电压 4 类标准 4 类标准(CAT IV)设备用于保护设备免受一级电源等级,如电表或高空线路或电下线路设施产生的瞬态电压的损害
⚡	可在危险的电导体周围使用或取出		
C N10140	符合澳大利亚相关标准		

第3章 误差与数据处理

3.1 仪表误差与准确度

3.1.1 误差的表示方式

1. 绝对误差

测量值（仪表的指示值）与其真值（理论值）之间的差值称为仪表的绝对误差，即

$$\Delta X = X - X_0 \tag{3-1}$$

式中，ΔX 是绝对误差值；X 是测量值；X_0 是真值。

绝对误差值有正负之分，正值表示测量值大于实际值，负值则相反。在指示仪表的标尺刻度分度线各处的绝对误差不一定相同，在全标尺某一分度线上可能出现最大绝对误差 ΔX_m，通常用来决定仪表的准确度级别。在正常使用条件下，仪表标尺各点的绝对误差不会超过这个值，即

$$|\Delta X| = |X - X_0| \leqslant |\Delta X_m| \tag{3-2}$$

在测量同一被测量时，可用 $|\Delta X|$ 来表示不同仪表的准确性，$|\Delta X|$ 越小，仪表越准。

在测量中又常将真值与测量值之差称为更正值（也称为修正值），用 C 表示，即

$$C = -\Delta X \tag{3-3}$$

可见更正值的大小和绝对误差相等，但符号相反。测量值与更正值的代数和就是被测量的真值，即

$$X_0 = X - \Delta X = X + C \tag{3-4}$$

更正值 C 是通过检定（校正），由表格、曲线、公式以数字形式给出，其量纲和绝对误差、仪表的示值量纲是一致的。

2. 相对误差

相对误差是绝对误差 ΔX 与被测量的真值 X_0 的比值，通常用百分数 γ 来表示，即

$$\gamma = \frac{\Delta X}{X_0} \times 100\% \tag{3-5}$$

当 ΔX 已知，但 X_0 较难测得时，有时可用 X 代替 X_0，则相对误差可近似写为

$$\gamma = \frac{\Delta X}{X} \times 100\% \tag{3-6}$$

由于绝对误差 ΔX 有正负之分，故相对误差 γ 同样有符号，但无单位。

对于两个大小不同的被测量，用相对误差可更客观地反映测量的准确程度。但相对误差不能全面反映仪表本身的准确度，因为每块仪表在全量程内各点的相对误差是不相同的。

3. 最大相对误差

最大相对误差也称为引用误差，定义为绝对误差 ΔX 与仪表量程 X_n（标尺满偏值或最大读数）之比值。一般用百分数 γ_m 来表示，即

$$\gamma_m = \frac{\Delta X}{X_n} \times 100\% \tag{3-7}$$

由式（3-7）可见，若 γ_m 已知时，便可以根据仪表量程 X_n，将量程的绝对误差 ΔX 求解出来。

3.1.2 仪表准确度

1. 指针式仪表准确度

指针式仪表准确度定义为仪表的最大绝对误差 ΔX_m 与其量程 X_n 之比的百分数，即

$$\pm K\% = \frac{\Delta X_m}{X_n} \times 100\% \tag{3-8}$$

可见，指针式仪表准确度实际上是仪表的最大引用误差。最大引用误差越小，准确度就越高。同样，仪表准确度代表的仪表基本误差也有正负之分。

由于有了仪表准确度的定义，尽管不能正确地测量出 ΔX 之值，但可以估计出 ΔX 的上下界。

测量的不确定度表示存在测量误差而使测量值不能肯定的程度，在测量中能估算 ΔX 的上下界，在这个意义上，不确定与误差极限是同义词。

根据国家标准，指针式仪表分为 7 个准确度等级，它们表示的基本误差见表 3-1。

表 3-1　指针式仪表的准确度等级及表示的基本误差

准确度等级	0.1	0.2	0.5	1.0	1.5	2.5	5.0
基本误差(%)	±0.1	±0.2	±0.5	±1.0	±1.5	±2.5	±5.0

2. 数字式仪表误差表示方法

目前电工仪表中数字式仪表的误差表示方法有两种。

（1）表示方法一

$$\Delta X = \pm(a\% \text{rdg} + b\% \text{f. s}) \tag{3-9}$$

式中，$a\%$ 是转换器、分压器等的综合误差；rdg 表示读数值；$b\%$ 是由数字的量化带来的误差；f. s 表示满度值。

例如 SK-6221 型数字式万用表，已知在直流 2V 量程时的准确度为 $\pm(0.8\%\text{rdg} + 0.2\%\text{f. s})$，当读数值为 1.000V 时，可知测量误差为 $\pm(0.8\% \times 1.000\text{V} + 0.2\% \times 2\text{V}) = \pm0.012\text{V}$。

（2）表示方法二

$$\Delta X = \pm(a\% \text{rdg} + n \text{ 个字}) \tag{3-10}$$

式中，rdg 表示读数值；n 是由数字的量化引起的误差反映在末位数字（即是其分辨力）上的变化量，若将 n 个字的误差折合成满量程的百分数，即是式（3-9）。

3.2 测量误差

3.2.1 测量误差的分类

测量误差的分类方法较多，一般有从误差的来源来分类和误差的性质来分类两种方法。两种分类方法互相交叉。

1. 按来源分的常见测量误差

（1）工具误差　工具误差是测量中的主要误差，它取决于制造工艺及所用的材料。它包括了在正常工作条件下仪表的固有误差及工艺结构误差等造成的读数误差和由于元器件、材料随时间逐步老化导致出现的稳定性误差；在动态测量中由于尚未达到稳定而读取数据从而产生的动态误差等。工具误差中的以准确度为衡量指标的仪表基本误差是给定的。

（2）使用误差　使用误差也称为操作误差，测量过程中因操作不当或未按正常要求放置而引起的误差。

（3）人身误差　人身误差是由个人习惯和生理条件对实验所造成的偏差。

（4）环境误差　环境误差是指受外界环境（如温度、湿度、压力、电源电压、频率、波形、电磁场、光照、声音、放射性和机械振动等）的影响而引起的误差。环境误差中由温度、电磁场等引起的误差称为附加误差，可由仪表表盘上的符号找到其误差范围。

（5）方法误差　方法误差有时亦称为理论误差，它是指测量所依照的理论公式与实际情况之间的近似程度，或由于测量方法、测量电路不合理所带来的误差。例如测量仪表内阻不同，在完全相同的条件下，会造成悬殊的测量误差。

2. 按性质分的常见测量误差

（1）系统误差　系统误差又称为规则误差。这种误差在测量过程中保持恒定或按一定规律变化，它包括工具误差、使用误差、环境误差、人身误差及方法误差等，其中最主要的是工具误差和方法误差。

（2）随机误差　随机误差又称为偶然误差。由于一些偶发性因素所引起的误差，其误差的数值和符号均不确定。但这种误差符合统计规律（正态分布规律）。所谓偶发因素是指外界各种因素（如温度、压力、电磁场、电源、电压、频率等）突然变化或波动，接触电阻、热电动势的变化，测量者的生理因素变化等。大量的试验证明，随机误差作为个体是无规律的，但作为整体则是有规律的。

（3）疏失误差　疏失误差也称粗大误差。由于测量者对仪表性能不了解、使用不当或测量时粗心大意造成的误差，如操作时仪表没调零、数据读错或记错数据等。

上述 3 种误差与测量结果有着密切关系。系统误差着重说明测量结果的准确度；偶然误差是在良好的测量条件下，多次重复测量时，存在各次测量数据间的微小的差别，通常影响数据多位数中的最后一、二位，要有良好的读数装置才能够分辨，故这种误差说明测量结果的准确度；疏失误差是由于测量人员的过失造成，是可以克服的。

3.2.2　直接测量中由仪表引起的误差分析

使用仪表一次性完成对某一量的测量称为直接测量。直接测量由仪表引起的系统误差中，仪表基本误差是由仪表准确度给定的，但实际测量的误差也与测量者的使用存在一定关系。

1. 指针式仪表直接测量的误差分析

在直接测量中，仪表产生的最大绝对误差就是可能的最大测量误差，也就是仪表的最大基本误差。由准确度定义可知，一次测量中最大绝对误差为

$$\Delta X_{\mathrm{m}} = \frac{\pm K}{100} X_{\mathrm{n}} \tag{3-11}$$

而相对误差为

$$\gamma = \frac{\Delta X_{\mathrm{m}}}{X} \times 100\% = \frac{\pm K}{100} \frac{X_{\mathrm{n}}}{X} \times 100\% \tag{3-12}$$

由此可见，用同一测量仪表，在同一量程内测量不同量值时其测量结果的最大测量误差是相同的，而最大相对误差则随被测电量的量值减小而增大。

例如用一块准确度为 0.5 级，量程为 0~10A 的电流表分别测量 10A 和 2A 的电流。相对误差有

测量 10A 时

$$\gamma_1 = \frac{\pm K}{100}\frac{X_n}{X}\times 100\% = \frac{0.5}{100}\times\frac{10}{10}\times 100\% = \pm 0.5\%$$

测量 2A 时

$$\gamma_2 = \frac{\pm K}{100}\frac{X_n}{X}\times 100\% = \frac{0.5}{100}\times\frac{10}{2}\times 100\% = \pm 2.5\%$$

由上例可知，当仪表的准确度给定，则所选仪表的测量量程越接近被测量的值，测量误差越小。也就是测量时指针偏转角越大，误差越小。

一般地讲，要使被测量值指示在接近或大于仪表量程的 2/3。此时，相对误差为

$$\gamma = \pm K\frac{X_n}{\frac{2}{3}X_n} = \pm 1.5K \tag{3-13}$$

即测量的最大误差不会超过仪表准确度数值的 1.5 倍。

2. 数字式仪表直接测量的误差分析

数字表的误差根据式（3-9）或式（3-10）可知，可分为与读数相关的误差和与其分辨力相关的误差两部分。

例如 DT—830 型数字式万用表，在直流 2V 和 20V 量程时的准确度为 ±（0.5% rdg+2 个字）。

当用 2V 量程测量电压，读数值为 1.000V 时，可知测量误差为 ±（0.5%×1.000V+0.001V×2）= ±0.007V。

若用 20V 量程测量电压，读数值为 1.00V 时，可知测量误差为 ±（0.5%×1.00V+0.01V×2）= ±0.025V。

由此可见，数字式仪表直接测量也要选择能最多显示其有效数字的量程，方可使测量误差尽可能减少。

3.2.3　间接测量中由仪表引起的误差分析

使用仪表对几个有函数关系的被测量同时进行直接测量，然后根据该函数关系计算出被测结果称之为间接测量法。

1. 间接测量中由仪表引起的误差传递

间接测量结果的误差不仅与各个量本身的误差大小有关，而且还与测量对象运算的函数关系式有关。因此，有时把间接测量误差称为函数运算误差。实际上是把几个直接测量所得量的误差通过函数关系的运算传递到最终结果，故称为间接测量时系统误差的传递或估算。这种传递或估算是用来研究各种形式函数误差和函数变量误差之间的关系。关系可推导如下：

间接测量结果的 Y 是根据直接测得的各个量 X_1，X_2，$X_3\cdots X_i\cdots X_n$，来进行运算，其函数的一般形式可写为

$$Y = f(X_1,X_2,X_3\cdots X_i\cdots X_n) \tag{3-14}$$

式中，下标 i 从 $1\sim n$，为 X 第 i 个自变量。

若上式中 X_i 的绝对误差 ΔX_i 用微增量 $\mathrm{d}X_i$ 近似地表示，则其所引起的函数 Y 的绝对误差也可用微增量 $\mathrm{d}Y$ 来表示。根据泰勒定理可以将上述多元函数展开为泰勒级数形式。若绝对误差 ΔX_i 很小，则泰勒级数中的高阶各项均可忽略，并考虑到用 $\mathrm{d}X_i$ 代替 ΔX_i，从而得到函数的全微分形式的线性误差传递公式，即

$$\mathrm{d}Y = \frac{\partial f}{\partial X_1}\mathrm{d}X_1 + \frac{\partial f}{\partial X_2}\mathrm{d}X_2 + \cdots + \frac{\partial f}{\partial X_i}\mathrm{d}X_i + \cdots + \frac{\partial f}{\partial X_n}\mathrm{d}X_n \tag{3-15}$$

若将式（3-15）用相对误差形式写出，则有

$$\frac{\mathrm{d}Y}{Y} = \frac{\partial f}{\partial X_1}\frac{\mathrm{d}X_1}{Y} + \frac{\partial f}{\partial X_2}\frac{\mathrm{d}X_2}{Y} + \cdots + \frac{\partial f}{\partial X_i}\frac{\mathrm{d}X_i}{Y} + \cdots + \frac{\partial f}{\partial X_n}\frac{\mathrm{d}X_n}{Y} \tag{3-16}$$

在工程测量中除了确实知道每一个量的误差符号之外，一般常按保守的情况来考虑。因此可以不知道实际误差值的大小及符号，而只要知道其限值，并取各项绝对值，则最终结果的绝对误差限值可表示为

$$|\,\mathrm{d}Y\,| \leqslant |\,\mathrm{d}Y\,|_{限值} = \left|\frac{\partial f}{\partial X_1}\mathrm{d}X_1\right|_{限值} + \left|\frac{\partial f}{\partial X_2}\mathrm{d}X_2\right|_{限值} + \cdots + \left|\frac{\partial f}{\partial X_i}\mathrm{d}X_i\right|_{限值} + \cdots + \left|\frac{\partial f}{\partial X_n}\mathrm{d}X_n\right|_{限值}$$
$$\tag{3-17}$$

若令各自变量的微增量的最大值为绝对误差限值，则函数的最终绝对误差限值可写为

$$\Delta Y = \left|\frac{\partial f}{\partial X_1}\Delta X_1\right|_{限值} + \left|\frac{\partial f}{\partial X_2}\Delta X_2\right|_{限值} + \cdots + \left|\frac{\partial f}{\partial X_i}\Delta X_i\right|_{限值} + \cdots + \left|\frac{\partial f}{\partial X_n}\Delta X_n\right|_{限值}$$
$$= \sum_{i=1}^{n}\left|\frac{\partial f}{\partial X_i}\mathrm{d}X_i\right| \tag{3-18}$$

将式（3-18）两端除以 $Y=f(X_1, X_2, X_3 \cdots X_i \cdots X_n)$，得函数最终的相对误差限值，可表示为

$$\gamma_Y = \frac{\Delta Y}{Y} = \frac{1}{f}\sum_{i=1}^{n}\left|\frac{\partial f}{\partial X_i}\Delta X_i\right| = \sum_{i=1}^{n}\left|\frac{\partial \ln f}{\partial X_i}\Delta X_i\right| \tag{3-19}$$

式中，$\ln f$ 是函数 $Y=f(X_1, X_2, X_3 \cdots X_i \cdots X_n)$ 的自然对数；ΔX_i 是各项自变量 X_i 的绝对误差限值。

式（3-19）就是工程测量中间接测量时系统误差的线性传递公式。从式（3-19）可知，函数的总相对误差等于各变量相对误差的代数和。

2. 间接测量中加、减法运算的误差

（1）加、减法运算的绝对误差限　设 $Y=X_1 \pm X_2$，且分别设 X_1、X_2 的绝对误差限为 ΔX_1 和 ΔX_2。则加减法运算的绝对误差限为

$$\Delta Y = \frac{\partial f}{\partial X_1}\Delta X_1 + \frac{\partial f}{\partial X_2}\Delta X_2 = \Delta X_1 + \Delta X_2 \tag{3-20}$$

由式（3-20）可知，加、减法运算的总绝对误差限等于参加运算的各项绝对误差限之和。

（2）加、减法运算的相对误差限　设 $Y=X_1 \pm X_2$，其中 X_1、X_2 的相对误差限为 γ_{X1} 和 γ_{X2}。则加法运算的相对误差限 γ_Y 为

$$\gamma_Y = \frac{\Delta Y}{Y} = \frac{\Delta X_1}{X_1+X_2} + \frac{\Delta X_2}{X_1+X_2} = \frac{X_1}{X_1+X_2}\frac{\Delta X_1}{X_1} + \frac{X_2}{X_1+X_2}\frac{\Delta X_2}{X_2} = \frac{X_1}{X_1+X_2}\gamma_{X1} + \frac{X_2}{X_1+X_2}\gamma_{X2} \tag{3-21}$$

减法运算的相对误差限的表达式为

$$\gamma_Y = \frac{X_1}{X_1-X_2}\gamma_{X1} + \frac{X_2}{X_1-X_2}\gamma_{X2} \tag{3-22}$$

（3）加、减法运算的误差探讨　由式（3-21）可知，在加法运算中，占比重大的项对加法运算的相对误差影响也大。例如：今有函数 $Y=X_1+X_2$，且已知 $X_1=10$，$X_2=90$，两次测量的相对误差分别为

$$\gamma_{X1}=5\% \text{ 和 } \gamma_{X2}=1\%$$

由式（3-21）则有

$$\gamma_Y = \frac{10}{10+90} \times 5\% + \frac{90}{10+90} \times 1\% \approx 1.4\%$$

若将两个被测量的相对误差限交换一下，$\gamma_{X1}=1\%$，$\gamma_{X2}=5\%$，则

$$\gamma_Y = \frac{10}{10+90} \times 1\% + \frac{90}{10+90} \times 5\% \approx 4.6\%$$

可见这种交换的做法是不合适的。

因此，在加法运算中要求对比重大的量尽可能测得更准确些，有利于减小总误差。

在减法运算中，当测量值 X_1 和 X_2 的差值很小时，式 (3-22) 中的分母将变得很小，从而使函数值变得很大，这显然是很不合理的。

求相对误差的电路如图 3-1 所示，在电路中用了减法运算求出支路电流值并算出其相对误差限 $\gamma\%$。所给定的仪表准确度、量程、测量读数及相对误差限见表 3-2。

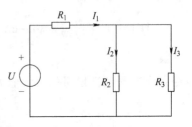

图 3-1　求相对误差的电路

表 3-2　仪表准确度、量程、测量读数及相对误差限

电流	量程/A	读数/A	准确度	相对误差限 $\gamma(\%)$
I_1	10	9.5	1.0	$\frac{10}{9.5} \times 1.0\% = 1.05\%$
I_2	10	9.2	1.0	$\frac{10}{9.2} \times 1.0\% = 1.07\%$

从图 3-1 测量的 I_1、I_2 得到 I_3 为

$$I_3 = I_1 - I_2 = 9.5\text{A} - 9.2\text{A} = 0.3\text{A}$$

由式 (3-22)，其相对误差为

$$\gamma_{13} = \frac{9.5}{9.5-9.2} \times 1.05\% + \frac{9.2}{9.5-9.2} \times 1.07\% \approx 64\%$$

I_3 由减法运算得到，相对误差竟达 64%！

由此可见，在间接测量中，减法运算会造成很大误差。因此，间接测量中力求避免两个接近的量进行减法运算。

3. 间接测量中乘、除法运算的误差

（1）乘、除法运算的绝对误差限　设 $Y = X_1 X_2$ 或 $Y = X_1 / X_2$ 的绝对误差限分别为 ΔX_1、ΔX_2，则乘、除法运算的绝对误差限分别为

$$\Delta Y = \frac{\partial f}{\partial X_1} \Delta X_1 + \frac{\partial f}{\partial X_2} \Delta X_2 = X_2 \Delta X_1 + X_1 \Delta X_2 \tag{3-23}$$

$$\Delta Y = \frac{\partial f}{\partial X_1} \Delta X_1 + \frac{\partial f}{\partial X_2} \Delta X_2 = \frac{X_1}{X_2} \Delta X_1 + \frac{X_1}{X_2} \Delta X_2 \tag{3-24}$$

（2）乘、除法运算的相对误差限　设 $Y = X_1 X_2$ 或 $Y = X_1 / X_2$ 的相对误差限分别为 γ_{X1} 和 γ_{X2}，则乘、除法运算的总相对误差限 γ_Y 为

$$\gamma_Y = \frac{\Delta Y}{Y} = \frac{1}{X_1 X_2}(X_2 \Delta X_1 + X_1 \Delta X_2) = \gamma_{X1} + \gamma_{X2} \tag{3-25}$$

由式 (3-25) 可知，乘、除运算的总相对误差限等于参加运算的各项相对误差限之和。

（3）乘、除法运算的误差探讨　如使用"伏安法"间接测量电阻，电流表为 1.0 级，量

程为 1A，$I = 0.83A$；电压表为 1.0 级，量程为 10V，$U = 8.64V$。则测量电流的相对误差为

$$\gamma_I = \frac{1}{0.83} \times 1\% \approx 1.205\%$$

测量电压的相对误差为

$$\gamma_U = \frac{10}{8.64} \times 1\% \approx 1.16\%$$

总相对误差限为

$$\gamma_Y = \gamma_I + \gamma_U = 1.205\% + 1.16\% = 2.365\%$$

计算电阻为

$$R = U/I = 8.64 \div 0.83\Omega \approx 10.41\Omega$$

测量电阻的绝对误差限为

$$\pm \Delta R_m = R \times \gamma_Y = 0.246\Omega$$

3.3　减小测量误差的方法

3.3.1　减小系统误差的方法

系统误差将直接影响测量结果的准确性。一般来说系统误差不可能消除，但可以尽量减小，通常从以下 3 个方面考虑。

1. 从仪表方面考虑

（1）引入更正值　测量准确度要求较高时，可以事先在仪表标尺的主要分度线上引入更正值或参考仪表校验的更正曲线，即实际使用时只要把仪表在该分度线上的读数和其相应的更正值取代数和就可有效地减小误差。

（2）考虑工作环境　从仪表使用条件方面考虑，仪表给定的准确度是指在一定的条件下达到的测量标准。如果测量工作环境的温度、湿度、电磁干扰等附加因素超过了仪表说明书的标准，就要考虑带来的附加误差。附加误差的大小可从仪表的说明书或表盘符号上得到。

（3）合理选择量程　选择量程与测量量相近的仪表。在仪表准确度已确定的情况下，量程过大就意味着仪表偏转角很小从而增大了相对误差。因此，应合理地选择量程，并尽可能使仪表读数接近满偏转位置。

（4）注意仪表内阻　当使用电压表测量电压时，并接入测量电路的电压表内阻应远大于负载电阻（阻抗），负载电阻 R 与并接入电压表的内阻 R_V 之比应不大于允许相对误差 γ 的 $1/(5 \sim 20)$。当满足 $(R_V/R) \leqslant \gamma/(500 \sim 2000)$ 时，因仪表接入而引起的误差不会超过允许误差 γ 的 20%。

当使用电流表测量电流时，串接于测量电路中的电流表内阻 R_A 应远小于负载电阻（阻抗），否则仪表串接将改变被测电路状态。串接的电流表内阻 R_A 与负载电阻 R 之比应不大于允许相对误差 γ 的 $1/(5 \sim 20)$，即 $(R_A/R) \leqslant \gamma/(500 \sim 2000)$。如果仪表内阻不能满足上述要求就要根据实验要求对测量值进行修正。

2. 从测量方面考虑

（1）选择比较完善的测量方法　根据测量对象选择比较完善的测量方法，在直接测量电流、电压时要考虑仪表阻抗对测量对象的影响；间接测量时力求避免用减法取得最终测量结果，当一定要用减法时，测量中力求避免两个接近的量进行相减运算。

例如，在测量指针式仪表的内阻时，可利用"替代法"有效地减小系统误差，如图 3-2

所示，g_x 是待测仪表；R_x 是替代可调电阻箱；R 是限流
电阻；G 是指零仪表。指零仪表是一块高灵敏度的检流
计，与其他仪表不同之处是它的零位在刻度盘的中间。

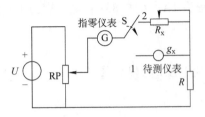

图 3-2　用替代法测量仪表内阻

为测量待测仪表 g_x 的内阻，先将开关 S 接到"1"
上，调节 RP，使待测仪表的指针偏转到某一刻度（一般
是满刻度），同时记下指零仪表的刻度；再将开关 S 转接
到"2"上，调节电阻箱 R_x，使指零仪表仍偏转到上次记
下的刻度，这时读出可调电阻箱 R_x 的数值即是待测仪表
的内阻。为可靠起，可以将开关 S 反复操作几次，进行指零仪表的刻度比对。

"替代法"不要求指零仪表的准确度很高，但测量时读数的有效数字尽量要多，用一个与
被测量相同的可调节的标准量代替被测量，所有测量条件均不变，仅靠变化标准量使仪表读
数仍维持或恢复到第一次测量时的读数。此时标准量的读数就是被测量的实际值。测量仪表
内阻的误差仅与电阻箱的准确度有关，只要选取足够准确度的电阻箱，仪表内阻就能达到与
之对应的精度。

"替代法"测量仪表内阻，还适用于测量电阻。一般用于测量阻值比较高的电阻。

对于准确度较高，但内阻又偏低的电压表，测量时会改变电路的状态，可以考虑用补偿
法测量，如图 3-3 所示。令补偿电源电压略高于测量端
电压 U，测量时调节电位器 RP，使指零仪表 G 中 I_K 为
零。此时由于指零仪表 G 中 $I_K = 0$，a、b 两点等电位。
可见，内阻偏低的电压表所消耗电流是补偿电源提供
的，而 a、b 两点等电位表明：电压表指示值正是待测
量的电压 U。

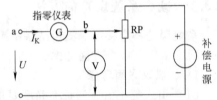

图 3-3　用补偿法测量仪表内阻

（2）用误差相消法　系统误差对测量装置有影响
时，可在不同的实验条件下进行两次测量，取其平均值减小误差，同时也可因此消除某些直
流仪器接头的热电动势的影响。在测量交流参数时为消除外磁场对仪表的影响，可在测量中
进行正反两次位置变换，然后将测量结果取平均值。

3. 从使用者方面考虑

（1）熟悉仪表性能　使用者要熟悉仪表性能，针对测量对象正确选择仪表。

（2）正确使用仪表　在使用仪表测量电路时应合理布局，注意改善测量环境，以及防止
外界因素的干扰；为减少测量者个人习惯和生理因素造成的人身误差，可由不同的测量者对
同一被测量进行测量。

3.3.2　随机误差和处理

1. 随机误差

随机误差是指在相同条件下对同一量进行多次测量时出现的误差，其绝对值的大小及符
号变化均无确定规律，也不可预计，是具有抵偿性的误差。单个随机误差的值是不能预料的，
但其总体是服从一定的统计规律。随机误差是在确定的实验条件下许多实际上存在但暂时未
被掌握或一时不便控制的、相互独立的、微小因素的影响所造成的。例如实验中的温度、湿
度、气压、电磁场、电源、电压、频率等在实验条件所规定的值附近波动。由于随机误差是
由众多的、独立的微小因素造成的，所以出现时其数值不大，在一般实验中，往往很少或不
予考虑。在此简单地介绍其特点及其处理方法。

尽管被测量的真值是不知道的，且测量误差是随机性的，所以无法以某次的随机误差来
评定测量结果的优劣。一般认为测量数据分散程度越小越好，所以随机误差是用方差（均方

根差）或标准差（标准偏差）来表征的。应该注意方差或标准差仅是随机误差的表征参数，并不是随机误差本身的值。

随机误差符合统计规律（按正态分布）。当测量次数足够时，它具有以下的显著特点：

1）误差有正有负，有时也有零值。

2）出现小误差次数比大误差次数多，尤其是出现特大误差的可能性极小。

3）正误差和负误差绝对值相同的可能性相等。

4）当以相等的精密度测量某一量时，测量次数越多误差值的代数和越接近于零。

2. 随机误差的处理

偶然误差只是在进行精密测量时才能发现它。在一般测量中，由于仪器仪表读数装置的精度不够，则其偶然误差往往被系统误差所覆盖而不易被发现。因此，在精密测量中首先应检查和减小系统误差后再来做消除和减少随机误差的工作。由于随机误差是符合概率统计的，可以对它作如下处理。

（1）采用算术平均值计算　因为随机误差数值时大时小、时正时负，采用多次测量求算术平均值可以有效地相互抵消误差的机会增多了。若把测量次数 n 增加到足够多（理论上为无限多次），则算术平均值 X 就近似地等于欲求结果，即

$$\overline{X} = \frac{1}{n} \sum_{i=1}^{n} X_i \tag{3-26}$$

式中，X_i 是某次测量值。

上述算术平均值随测量次数增多而偏离真值越小。但在实际工作中，要维持长时间同一测量条件是有困难的，故常取 n 在 50 次以内（特殊情况例外），许多情况取 20 次已足够了。

（2）采用方根误差或标准差来计算　每次测量值与算术平均值之差称为偏差。用偏差的平均数来表示偶然误差是一种办法，正负偏差的代数和在测量次数增加时趋向于零，为了避开偏差的正负符号，可将每次偏差平方后再将它们相加再除以测量次数后减 1 得到平均偏差平方和，最后再开方得到所谓方根误差或离散度，用 σ 表示，即

$$\sigma = \pm \sqrt{\frac{1}{n-1} \sum_{i=1}^{n} (X_i - \overline{X})^2} \tag{3-27}$$

式中，σ 是反映这组数据中偏差之间差异大小的一个统计数字。式（3-27）称为贝塞尔公式。

为了估计测量结果的精密度，在误差理论中常采用标准差，用 σ_S 表示，即

$$\sigma_S = \pm \frac{\sigma}{\sqrt{n}} \tag{3-28}$$

式（3-28）表明，测量次数 n 越多测量精密度越高。但 σ_S 与 n 的方根成反比，因此精密度提高随 n 增加而减慢。通常 n 取 20 已足够了。随机误差超过 3σ 仅占 1% 以下，而小于 3σ 的机会占 99% 以上。对于标准偏差 σ_S 也是如此，最大随机值不宜超过 $3\sigma_S$。可以将测量结果考虑随机误差后写为

$$X = \overline{X} \pm 3\sigma_S \tag{3-29}$$

3.3.3　疏失误差和处理

1. 疏失误差

疏失误差主要由于测量者对仪表性能不熟悉及粗心大意而使实验的部分或全部结果显著

偏离实际值所对应的误差造成的。因疏失而造成的误差严格地说是错误而不是误差。

对仪表性能不熟悉，如用万用表测量电阻时未调零；有的仪表需自校，使用前没有自校等造成测量数据的错误。

因粗心大意，如未等指针稳定就记录读数；读数时未能使指针与标尺上反射镜的影像重叠而产生视差；读错或记错数据等造成测量数据的错误。

2. 应对措施

疏失误差应该是可以避免的，在测量中尽量做到以下几点：

1）测量前先熟悉仪表的性能，了解操作方法。对未使用过的仪表先详细阅读说明书。

2）在正式测量前可以做理论计算或进行试探性的粗测，掌握测量值的大致范围，以便测量时做参考。

3）测量时加强责任性，力求认真，仔细，而且尽量多测一些数据以便整理。

4）若测量完成后，在有足够多的测量数据情况下，发现其中某个数据明显不符或偏离测量曲线，可以考虑剔除该数据。

3.4 实验数据处理

3.4.1 测量中仪表数据的读取

测量中会遇到大量数据的读取、记录和运算。如果有效数字位数取得过多，不但增加数据处理的工作量，而且会被误认为测量精度很高而造成错误的结论。反之，有效数字位数过少，将丢失测量应有的精度，影响测量的准确度。

1. 指针式仪表数据的读取

指针式仪表在测量中，指针不一定正好在仪表的刻度线上，读取数据时要根据仪表刻度的最小分度，凭借目测和经验来估计这一位数字。这个估计的数字虽然欠准确，但仍属于有意义的。如果超过这一位欠准数字再作任何估计都是无意义的。

例如，有100分度，满量程为10V的电压表。现读出4.22V，则前面两位4和2是可靠的，最后一位的2是靠刻度分配估计出来的，因此末位2有一定的不可靠性，称为欠准数字，但还是有意义的，有可能要保留，因此仍作为一位有效数字。如果读数再多一位，读成4.224V，则末位4就毫无意义了。

另一方面，在读取数据时要考虑测量仪表本身的准确度。有时尽管能读取较多的位数，但还要根据准确度估算决定取的位数与最大绝对误差的位数相一致。

例如，仍为上述100分度仪表，测量4V左右电压。当电压表满量程为10V、准确度为5级时，由于最大绝对误差为±0.5V，故读到4.2V就够了；若准确度为0.5级时，最大绝对误差为±0.05V，则读到4.2V就不够了，应读到4.22V。

若100分度仪表，测量40V左右电压。当电压表满量程为100V、准确度为5级时，由于最大绝对误差为±5V，故读到42V就够了。

可见，指针式仪表在测量中究竟要保留几位有效数字或读到小数点后几位，要根据仪表的分度、准确度和量程来决定。

2. 数字式仪表数据的读取

数字式仪表由于准确度和分辨力较高，读数方便，一般取全部读数，最后再分析、舍取。

3.4.2　有效数字的表示方法和运算

1. 对有效数字的一些规定

数字"0"可以是有效数字，也可以不是有效数字。

1）第一个非零数字之后的"0"是有效数字。

例如，30.10V 是 4 位有效数字；2.0mV 是两位有效数字。

2）第一个非零数字之前的"0"不是有效数字。

例如，0.123A 是 3 位有效数字；0.0123A 也是 3 位有效数字。

3）如果某数值最后几位都是"0"，应根据有效位数写成不同的形式。

例如，14000 若取两位有效数应写成 $1.4×10^4$ 或 $14×10^3$；若取 3 位有效数，则应写成 $1.40×10^4$ 或 $140×10^2$ 或 $14.0×10^3$。

也就是说科学表示法可写成有效位数×10^n，其中 n 为 0，±1，±2，±3…

4）换算单位时，有效数字不能改变。

例如，90.2mV 与 90.2V 所用单位不同，但都是 3 位有效数字。

12.12mA 可换算成 $1.212×10^{-2}$A，但不能写成 $1.2120×10^{-2}$A。

2. 数字的舍入规则

经典的四舍五入法是有缺陷的，如只取 n 位有效数字，那么从 $n+1$ 位起右面的数字都应处理掉，第 $n+1$ 位数字可能是 0~9 共 10 个数字，它们出现的概率相同，按四舍五入规则舍掉第 $n+1$ 位的零不会引起舍入误差；第 $n+1$ 位为 1 和 9 的舍入误差分别是 -1 和 +1，如果足够多次的舍入将引起的误差有可能抵消；同样第 $n+1$ 位为 2 与 8，3 与 7，4 与 6 时的舍入误差在舍入次数足够多时也有可能抵消；当第 $n+1$ 位为 5 时，若仍按上法，只入不舍就不恰当了。因此在测量中目前广泛采用如下科学的舍入规则：

1）所拟舍去数字中，其最左面的第一个数字小于 5 时，则舍去。例如 14.2432 在取 3 位有效数字时，其舍去数字中最左面的第一个数字是 4，应舍去（四舍五入），结果为 14.2。

2）所拟舍去数字中，其最左面的第一个数字大于 5 时，则进 1。例如 14.4843 在取 3 位有效数字时，其舍去数字中最左面的第一个数字是 8，应进 1（四舍五入），结果为 14.5。

3）所拟舍去数字中，其最左面的第一个数字等于 5 时，则将个末位凑成偶数。即当末位为偶数时（0，2，4，6，8），末位不变；即当末位为奇数时（1，3，5，7，9），末位加 1。例如，在取 4 位有效数字时，1.10450 结果为 1.104；6.71151 结果为 6.712。

3. 计算中各有效数字的运算规则

（1）加减法运算规则

1）先对加减法中各项进行修约，使各数修约到比小数点后位数最少的那个数多一位小数。

2）进行加减法运算。

3）对运算结果进行修约，使小数点后位数与原各项中小数点后位数最少的那个数相同。

例如，13.65+0.00823+1.633 = 13.65+0.008+1.633 = 15.291 = 15.29。

以其中小数点后位数最少的为准，其余各数均保留比它多一位。所得的最终结果与小数点后位数最少的那个数相同。

（2）乘除法运算规则

1）先对乘除法中各项进行修约，使各数修约到比有效数字位数最少的那个数多保留一位有效数字。

2）进行乘除法运算。

3）对运算结果进行修约，使其有效数字位数与有效数字位数最少的那个数相同。

例如，0.0121×25.64×1.05782＝0.0121×25.64×1.058＝0.3282＝0.328。

以各数中有效数字位数最少的为准，其余各数或乘积（或商）均比它多一位，而与小数点位置无关。

（3）对数运算规则　所取对数位数应与真数位数相等。

（4）平均值运算规则　若由4个数值以上取其平均值，则平均值的有效位数可增加一位。

3.4.3　实验数据处理

测量数据处理通常包括数据整理、误差分析、绘制曲线等工作。通过对这些数据、曲线和实验现象进行深入的分析，结合相关理论论证实验的成败。以便取得经验和教训，提高分析问题和解决问题的能力。

1．实验数据处理方法

（1）列表　用表格来表示函数的方法，在工程技术上被经常使用。将一系列测量的实验数据列成表格，然后再进行处理，有助于精确分析实验结果。

表格一般有两种：一种是实验数据记录表；另一种是实验结果表。实验数据记录表是实验的原始数据记录，它包括实验目的、内容摘要、实验步骤、环境条件、测量仪表与仪器、原始数据、测量数据、结果分析、参加人员与主持实验负责人员。实验结果表是指只反映实验结果的最后结论，一般只有有限几个变量之间的对应关系，实验结果表应力求简明扼要。

（2）检查数据　根据仪表的准确度估算每次测量的绝对误差 ΔX_m，将计算对测量同一个量的算术平均值设为测量值 X，计算理论值 X_0。对每一个测量的数据进行比对，查验是否满足

$$\Delta X_m = X - X_0 \tag{3-30}$$

对误差偏大者应分析原因，对明显不满足式（3-30）的，在测量数据较多的情况下，可以考虑剔除。

在对测量的数据进行计算时，也经常会遇到诸如 π、e、$\sqrt{2}$ 等无理数，在计算时也只能取近似值，因此得到的数据通常只是一个近似数。如果用这个数表示一个量时，为了表示得确切，规定误差不得超过末位单位数字的一半。例如，末位数字是个位，则包含的误差绝对值应不大于0.5；若末位数字是十位，则包含的误差绝对值应不大于5。

2．实验数据绘制曲线

实验数据用表格表示简单方便，但不易直接看出函数的变化规律，如递增规律或递减规律、最大值或最小值等。尤其是几个函数之间的比较，曲线可以定性地进行分析。因此，绘制曲线图不仅在工程技术上广泛应用，甚至在社会科学、日常生活诸如商业贸易报表、运输报表等中也经常被采用。但是绘制曲线图只能局限于函数变化关系而无法实现更精确的数学分析。

根据不同需要，绘制曲线图有直角坐标、单对数、双对数等方法，但使用最多的是直角坐标法。直角坐标法横坐标为自变量，纵坐标为对应的函数。将各实验数据描绘成曲线时，应尽可能使曲线通过数据点，一般不能逐点连接、不能成为折线，应以数据点的变化趋势将尽可能多的数据点连接成曲线。曲线以外的数据点应尽量接近曲线，两侧的数据点数目大致相等，最后连成的曲线应是一条平滑的曲线。

绘制曲线图一般应做到以下几点：

（1）选坐标　横坐标代表自变量，纵坐标代表因变量；坐标轴末端近旁标明所代表的物理量及其单位，坐标值应采用"量/单位"的形式表示，而不采用"量（单位）"或"量、单位"等其他形式。

（2）正确分度　分度是否恰当，关系到能否反映出函数关系。图上坐标读数的有效数字

位数应大体上与实验数据的有效数字位数相同。分度应以不用计算就能直接读出图线上每一点的坐标为宜，所以通常取 1，2，5，10 等，而不取 3，7，9 等。分度应使图线占图样的大部分，分度过细则图形太大，而分度过粗则图形太小，因此，相同的实验数据可能因分度不同而得出完全不同的图线。

横坐标与纵坐标的分度可以不同，两轴的交点即坐标原点也可以不为零，而取比实验数据中最小值再小一些的整数为开始分度的值。如果实验数据特别大或特别小，可以在数值中提出乘积因子，例如 10^5 或 10^{-2}，注意将这些乘积因子放在坐标轴最大值的端点。

（3）描迹（连点）　实验数据点不醒目且易被描成曲线后遮盖，或者在同一坐标图中有几条曲线时数据点极易混淆，因此通常是以该数据点为中心，用"+""×"" ⊙ ""◆ "等符号来标明。同一种图线上的各数据点应采用同一种符号，不同的图线则采用不同的符号，但最后应在图样的空白处注明符号所代表的内容。连点时除对严重偏离图线的个别点应舍弃外，应尽可能使多的点通过图线，并使数据点均匀地分布于图线两侧。

第4章 电路基本电量的测量

4.1 电压、电流的测量

电路基本电量主要是指电压、电流、功率、电能、相位、频率等参量。其中电压、电流和功率是最主要的电量,这些量的值将直接决定电路的各种性能状态。由于被测电压或电流的量值(大小)、波形差异极大(对于交流电量,波形、频率也各不相同),由此,对于同一种电量,使用不同结构的仪表进行测量时其结果也将不同,以至产生错误甚至危及安全。这里主要涉及仪表的结构、工作原理和仪表的接入可能对被测电路的工作状态产生影响。为此,必须首先分析电流或电压的性质。

4.1.1 电压和电流的波形和分挡

1. 电压和电流的波形

电压和电流的波形决定了它们性质的基本类别。常见各种电量的波形如图4-1所示。恒定直流量可以认为频率是零而周期是无限大的波形,如图4-1a所示。对于交流量则较复杂(我们研究限于周期性的交流量),常分为正弦波和非正弦波两种电量。非正弦波有很多种,常见的如图 4-1c~h 所示。

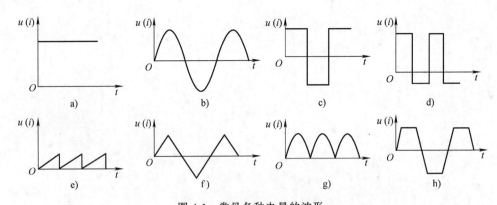

图 4-1 常见各种电量的波形

a) 直流 b) 正弦波 c) 方波1 d) 方波2 e) 锯齿波 f) 三角波 g) 半正弦波 h) 梯形波

测量各种波形的电流或电压所使用的仪表应根据其原理和技术特性来选用。如果盲目使用仪表,将会造成由波形因素所带来的误差。

2. 正弦交流电量

正弦交流电参量如电压,除了通常的有效值 U 外,还有平均值 U_{av}、峰值 U_P 和峰峰值 U_{PP}。正弦交流电压参量如图4-2所示。

在电工测量中,对交流电量的测量如不作特别申明,都默认为频率在 $50\sim60Hz$ 的周期性正弦交流电量,而且都是有效值。

3. 电压和电流的数量级分挡

被测电压和电流的数量级是考虑测量所选用的仪表和测量方法的重要因素之一。电压和电流的数量级分挡的方法有不同版本，通常在电工测量中将电流和电压的数量级分为高压（大电流）、低压（中小电流）和弱电 3 个级别，见表 4-1。

从表 4-1 可知，高、低电压及电流的大小相差悬殊，低压（中小电流）是电工测量中最常见的，其测量技术比较成熟，可以达到较高的准确度；弱电的测量通常要受到测量仪表灵敏度及各种干扰因素的限制；高压（大电流）的测量有时将会受到测量仪表量程或绝缘防护等影响。因此，对于高压和弱电采用一般方法都比较难于实现准确的测量。弱电的测量暂不予讨论。

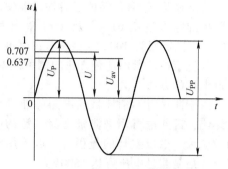

图 4-2 正弦交流电压参量

表 4-1 电流和电压的数量级

	高压（大电流）	低压（中小电流）	弱电
电压/V	$>10^3$	$10^3 \sim 10^{-1}$	$<10^{-1}$
电流/A	$>10^2$	$10^2 \sim 10^{-3}$	$<10^{-3}$

4.1.2 用直读式仪表测量

1. 直读式仪表测量的特点

用直读式仪表测量交、直流电压、电流和功率是电工测量中最常见的方法。测量范围是表 4-1 中的低压（中小电流）参量；测量对象是直流和低频正弦交流；测量方法是直接将电流表串接于待测回路中读出待测电流，将电压表并接于待测元器件上读出待测电压。

用直读式仪表测量优点是直接读数、接线简单、测量方便；缺点是受仪表准确度的限制，其误差范围通常为 0.1% ~ 2.5%，在测量交流时受频率范围的限制。

2. 直读式仪表测量的内阻影响

直读式仪表测量中除仪表的准确度外，还要考虑测量仪表内阻对测量对象（一般是负载电阻）的影响（详见第 3 章 3.3.1 小节）。可以根据仪表内阻与负载电阻的相对比值，选择不同的接线方法，如测量伏安特性时电流表的前接或后接。

当被测线路有接地时，应把电流表接在低电位端；有些电压表端钮上有接地标志，接线时尤应注意。

4.1.3 用直流电位差计精确测量

直流电位差计是用比较法进行直流电压、电流的测量，直接测量范围为 $10^{-4} \sim 2\text{V}$ 和 $10^{-7} \sim 10^4\text{A}$。其优点是可精确测量直流电压（电动势）和电流；缺点是测量方法较复杂，速度较慢。

直流电位差计测量电压（电动势）的电路如图 4-3 所示。其中 E_s 是标准电池的电动势，电阻 R 和 R_s 是可调标准电阻。工作时开关 S 接"1"端，调节电阻 R_s，使检流计 G 的电流为零，电位差计的工作电流为

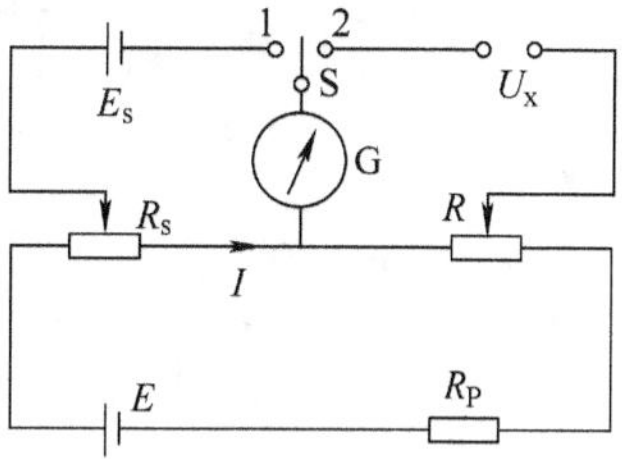

$$I = \frac{E_s}{R_s}$$

图 4-3 直流电位差计
测量电压的电路

再将开关 S 接"2"端，调节电阻 R，再使检流计 G 的电流为零，结果为

$$U_x = RI = E_s \frac{R}{R_s} \tag{4-1}$$

若电动势 E_s 有足够的稳定性，能使工作电流在测量期间维持恒定，则该方法的误差仅取决于标准电动势 E_s 的误差及 R 与 R_s 比率的误差。由于标准电动势的准确度可达 0.0005%～0.01%，稳定度为 100μV/年左右；标准电阻的准确度可达 0.005%～0.02%，具有很高的准确度与稳定性。所以这种方法的测量误差可限制在 0.001%～0.1%的范围内，是一种精确测量直流电压的方法。

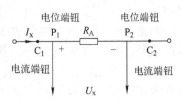

图 4-4 4 端钮的标准电阻

由于测量时不消耗被测电路的能量，所以对被测电路没有影响，因此也可用来测量直流电源的电动势。当被测电压的数值大于电位差计的量程时，可采用电阻分压器来扩大量程，其最高测量电压可达 1500V。

用直流电位差计测量电流，是通过测量被测电流 I_x 流过标准电阻上的压降来完成的。为了减少标准电阻在测量时的接触电阻值，一般采用如图 4-4 所示的 4 端钮标准电阻，图中 P_1、P_2 是标准电阻 R_A 的电位端钮，C_1、C_2 是其电流端钮。

4.1.4 用真有效值表测量交流电量

1. 交流电量的有效值

交流电量的有效值是按"方均根"来定义的，见式（4-2），即用两个相同的电阻，分别通以交流与直流，在同一时间内发出的热量相等，将此直流的大小作为交流的有效值。对于交流电压，有

$$U = \sqrt{\frac{1}{T}\int_0^T u^2 \mathrm{d}t} \tag{4-2}$$

式中，T 是周期，它是瞬时值的平方在一周内积分的平均值再取平方根，简称为方均根值。

2. 真有效值（RMS）的测量

在第 1 章和第 2 章中介绍整流系仪表测量正弦交流电量主要是采用 AC/DC 转换电路，不论采用半波或全波式整流，都是平均值响应，即根据正弦交流电量的平均值与有效值的转换关系式来分度或显示有效值。

由于运算放大器具有"运算"的功能，利用运算放大器电路可以完成方均根的运算，原理框图如图 4-5a 所示，电路原理图如图 4-5b 所示。

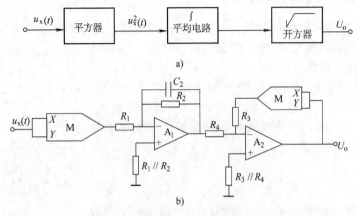

图 4-5 完成方均根运算的原理框图和电路原理图

a）原理框图 b）电路原理图

目前，完成方均根运算的电路已集成为一个专用芯片，加上较少电路元件就完成了有效值的测量。为区别与平均值响应仪表的不同，称这种方式测量的仪表为"真有效值（Root Mean Square，RMS）表"。

在利用运算放大器电路完成方均根运算的基础上，再配上数字显示器或与数字式基本表的输入相连接，就完成了一个真有效值数字表。从式（4-2）可知，真有效值的定义不仅对正弦交流电量，而且符合非正弦周期电量的定义，因此具有真有效值测量功能仪表的读数在理论上与波形无关，其准确度为 0.05% ~ 0.1%。

真有效值数字表测量虽然和波形无关，但与测量电量的频率有关。由于受到仪表内部放大器频带宽度的限制，如在测量方波时，除基波分量外，还有无穷多的谐波分量，高于仪表上限频率的高次谐波将被抑制，从而产生误差。同时当被测非正弦周期电量的尖峰过高时，会受到仪表内放大器动态范围的限制而产生波形误差。

4.2　非正弦电量的测量

4.2.1　利用谐波分析法测量非正弦电流和电压

对于非正弦周期电流和电压的测量，一种方法是上述介绍的使用具有真有效值测量功能的数字表，另一种是对交流电流或电压的波形分析。从理论上说可由傅里叶级数来分析，即所谓谐波分析法。

非正弦周期电量的有效值的计算如下：

设非正弦周期电量 $f(t)$ 的有效值为 F，则有

$$F = \sqrt{\frac{1}{T}\int_0^T \left[f(t)\right]^2 \mathrm{d}t} \tag{4-3}$$

式中，$f(t)$ 可展开为各次谐波

$$f(t) = F_0 + \sum_{k=1}^{\infty} F_\mathrm{m}K\sin(k\omega t + \varphi_K) \tag{4-4}$$

故

$$F = \sqrt{F_0^2 + \left(\frac{F_\mathrm{m1}}{\sqrt{2}}\right)^2 + \left(\frac{F_\mathrm{m2}}{\sqrt{2}}\right)^2 + \cdots} = \sqrt{F_0^2 + F_1^2 + F_2^2 + \cdots} \tag{4-5}$$

式中，F_0 是直流分量；F_1、F_2…分别是基波、二次谐波……的有效值。

由此可见，非正弦周期电量的有效值，是其直流分量和各次谐波分量有效值的平方和的平方根。可分别通过测量直流分量和各次谐波分量有效值来计算非正弦周期电量的有效值。

4.2.2　仪表测量非正弦周期电流和电压

1. 用有效值仪表测量非正弦周期电流和电压

原则上可采用任何有效值仪表（如电动系、电磁系等）测量非正弦量的有效值。实验表明，测量有效值的仪表在反映非正弦量有效值时要考虑频率范围。仪表的频宽越大，则覆盖的谐波次数也就越高，其测量结果可靠性也就越好。例如，某些具有补偿措施的电动系仪表的工作频率范围可覆盖到工频 20 ~ 30 次谐波，而电磁系仪表的频宽则远较上述电动系的低，由于电网中一般不具有直流成分的非正弦量，其谐波含量不大，因此该测量频率性能所引起

的测量误差也不大。但电动系、电磁系仪表内阻较小，会产生方法误差。

2. 用真有效值数字表测量非正弦周期电流和电压

目前，真有效值数字表已广泛应用于电工测量中。尤其是 DMM，测量的交流量全部是真有效值，使电工测量技术有了全面提升，但测量中要充分注意到仪表的频率响应。

4.3 高电压和大电流的测量

4.3.1 用电压互感器测量高电压

使用电压互感器（TV）测量高电压是电力系统及输配电系统常用的测量方法。电压互感器如图 4-6 所示，其结构类似变压器，是由高磁导率的磁心和紧耦合的一、二次绕组构成，其工作状态接近于开路，且一次绕组具有较多的匝数。

电压互感器一次绕组并联被测线路电压 U_1 端，其匝数为 n_1，二次绕组接电压表，其匝数为 n_2。通常电压互感器的二次回路的额定电压规定为 100V。当两绕组紧耦合且不考虑绕组电阻的影响时，有

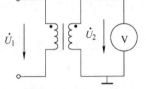

图 4-6　电压互感器

$$U_1 = K_u e^{-j\theta} U_2 \tag{4-6}$$

式中，$K_u = n_1/n_2 = U_1/U_2$，称为电压互感器的电压比；θ 是 U_1 和 U_2 间的相移，称为电压互感器的相位误差。

借助电压互感器通常可测量数十万伏级别的电压。其电压比误差为 0.005% ~ 0.5%，相位误差约为 $0.3' \sim 40'$。

由于其相位误差很小，在忽略的情况下，有

$$U_1 = K_u U_2 \tag{4-7}$$

可见，由于 K_u 是已知的，用交流电压表测出 U_2 即可求得 U_1。

电压互感器也具有将测量回路与高压被测系统隔离开来的作用。但电压互感器绝不允许二次侧短路运行，二次侧回路的负载应是仪表的高阻抗电压线圈。如果二次回路阻抗降低，将使电压比误差增大。另外，为防止由于绝缘损坏使一次侧的高压危及二次侧的安全，二次侧的一个端点必须接地。

4.3.2 大电流的测量

1. 用分流器扩展直流电流表的量程

对于测量大于 30A 的直流大电流，可用仪表外附分流器扩展量程的测量方法。标准的外附分流器是一个具有 4 个端钮的标准电阻器（见图 4-4），测量时将其外侧的一对电流端钮 C_1、C_2 串联在被测的大电流电路中，内侧的一对电位端钮 P_1、P_2 与电流表的测量机构并联。

一般分流器不标明电阻值，只标明额定电流和额定电压值。我国国标规定分流器的额定电压为 30mV、45mV、75mV、100mV、150mV 和 300mV，共 6 种规格。选用分流器时，要使分流器的额定电压等于测量机构的电压量程，如测量机构满刻度电流为 I_g、内阻为 R_g，电压量程为 U_g，则

$$U_g = I_g R_g \tag{4-8}$$

例如一个磁电系仪表测量机构的满刻度电流 I_g 为 50μA，内阻 R_g 为 1.5kΩ，则电压量程为 75mV，要扩展测量 100A 电流，则选择 75mV、100A 的分流器。并联上这种规格的分流器后，电流表量程就可扩展到 100A，仪表读数就按满度 100A 分度。同样要扩展为 500A 的量

程，则选取用 75mV、500A 的分流器，电流表的量程就扩展到 500A，读数就按满度 500A 分度。

2. 用电流互感器（TA）测量交流电流

电力系统中用电流互感器测量交流大电流是最常用的方法，图 4-7 所示是用于测量工频交流大电流的电流互感器。

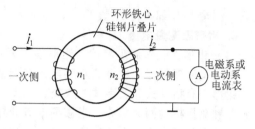

图 4-7 电流互感器

电流互感器除了扩大量程外，还可在测量带有高电压下的大电流时起到安全隔离作用。电流互感器有一次绕组和二次绕组绕在铁心上；一次绕组串联接入被测支路，当被测电流达到额定值时，二次电流也达到额定值（通常标准为 1A 或 5A）；二次绕组直接连接电磁系或电动系仪表，一次和二次电流关系为

$$I_1 = K_I e^{-j\theta} I_2 \tag{4-9}$$

式中，$K_I = I_1/I_2 = n_2/n_1$ 称为电流互感器的电流比；n_1 和 n_2 分别是各绕组的匝数；θ 是 I_1 和 I_2 间的相移，称为电流互感器的相位误差。

借助电流互感器通常可测量数十安到 1 万安的电流。其电流比误差为 0.005%~0.5%，相位误差约为 0.3′~120′。由于其相位误差很小，在忽略的情况下，有

$$I_1 = K_I I_2 \tag{4-10}$$

可见用交流电流表测得 I_2 即可求得 I_1。

由于 I_1 通常是负载电流，其值取决于负载。因此电流互感器的二次电流也将受到一次侧被测负载电流的控制。当二次侧开断的极端情况下二次侧电流消失，与此同时其一次电流却因负载电流的强制而维持不变。这样，电流互感器的铁心由于二次侧无去磁电流而使铁心饱和。这一饱和磁通的波形其前沿和后沿将在二次侧形成很高的尖顶波感应电压从而危及人身安全。而且，由于铁心高度饱和加大了铁损，将导致铁心发热甚至使互感器损坏。因此，测量时当电流互感器一次侧通有电流，其二次侧绝对不允许开路。另外，为防止由于绝缘损坏使一次侧的高压危及二次侧的安全，二次侧的一个端点必须接地。

3. 利用霍尔效应测量电流

霍尔变换器是利用霍尔片（砷化铟半导体元件）在磁场作用下对一个电流产生的霍尔电动势效应来完成变换。利用霍尔效应作变换器，可测量 $10^3 \sim 10^4$A 范围的直流大电流。利用霍尔效应测量电流原理如图 4-8 所示。

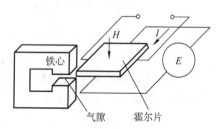

图 4-8 利用霍尔效应
测量电流原理

将霍尔变换器中的霍尔片置于铁心的气隙中，磁场 H 及电流 I 与霍尔电动势 E 三者互相垂直。在磁场 H 中当霍尔片通过电流 I 时，就会产生霍尔电动势 E，则

$$E = KHI \tag{4-11}$$

式中，K 是霍尔常数；H 是气隙中的磁场强度。可见 E 和 H 有单值对应关系。

只要测量霍尔电动势 E，即可求电流 I 的数值。经合理的设计，这种装置既可测量直流，也可测量交流。测量仪误差约为 0.2%~2%。

图 4-9 为另一种利用霍尔效应测量电流的原理。图

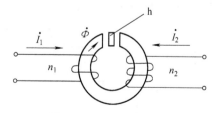

图 4-9 另一种利用霍尔
效应测量电流原理

中 h 为霍尔片，一次绕组 n_1（匝）接通被测电流 I_1，二次绕组 n_2（匝）接通电流 I_2。调节 I_2 使霍尔片输出电动势为 0（即铁心中磁通为 0），则

$$I_1 n_1 = I_2 n_2$$

$$I_1 = I_2 \frac{n_2}{n_1} \tag{4-12}$$

可见，测量出 I_2 即可得 I_1 值。

4. 钳形表测量电流

（1）钳形表工作原理简述　钳形表主要用于在不断电路连线的情况下测量较大的交流电流。其测量原理是建立在电流互感器的基础上。

钳形表有指针式和数字式两大类，如图 4-10 和图 4-11 所示。钳形表的结构主要分为电流互感器和测量机构两大部分。当被测电流的导线穿过钳口（见图 4-10），电流互感器将流过导线的电流在其二次绕组上产生感应电流。测量机构则将感应电流或直接驱动电流表指针偏转，或经 I/U 转换成电压驱动电压表指针偏转，或数字显示。

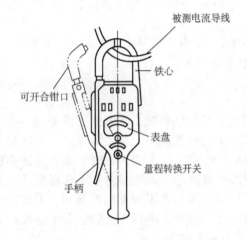

图 4-10　指针式钳形表

图 4-11　数字式钳形表

指针式钳形表的测量机构目前有磁电系和电磁系两种结构，磁电系类似于万用表的交流电压挡，只能测量工频交流；而电磁系则类似于电磁系交流表，故可以交直流两用。

数字式钳形表的测量机构则是数字式基本表，由电流互感器的电流转换成电压进入数字式基本表，因此当数字式钳形表不使用钳口时，可以像数字式万用表一样测量其他电量。

（2）钳形表技术指标　指针式钳形表最大量程为 1000A 左右；频率响应为工频；准确度一般为 5 级。

数字式钳形表由于可以测量多种电量，技术指标参数较全面，以 DM6266 型数字式钳形表为例，技术指标见表 4-2。

表 4-2　DM6266 型数字式钳形表技术指标

测量电量	量　程	准　确　度	分　辨　力
ACA	200A	±（3.0%×读数+5 字）	100mA
	1000A	≤800A 时，±（3.0%×读数+5 字） >800A 时，读数仅供参考	1A
DCV	1000V	±（0.8%×读数+5 字）	1V
ACV	750V		1V

（续）

测量电量	量　程	准　确　度	分　辨　力
Ω	200Ω	±（1 %×读数+3 字）	0.1Ω
	20kΩ	±（1 %×读数+1 字）	10Ω
	20MΩ	±（2 %×读数+2 字）	10kΩ
	2000MΩ	≤500MΩ 时，±（4.0%×读数+2 字） >500MΩ 时，±（5.0%×读数+2 字）	1MΩ

（3）钳形表使用

1）钳形表不能测量裸导线的电流。

2）测量大电流时要戴绝缘手套。

3）测量时不能切换量程，要换量程时先要把被测导线从钳口退出。

4）测量时身体各部分要与带电体保持安全距离（低压系统为 0.1~0.3m）。

4.4　功率的测量

功率的测量通常使用电动系功率表，其工作原理和接线原则已在第 1 章作了介绍。对于直流功率，由于 $P=UI$，故测量时多采用分别测量电压和电流的间接测量方法来求得；若用功率表测量，可参照图 1-15 接线。而对于交流电路的功率则有单相、三相及有功、无功功率之分，其测量方法有所不同，以下主要介绍测量交流电路的功率。

4.4.1　单相功率的测量

交流电路的功率按定义有以下几项：

有功功率（或平均功率）（W）

$$P = UI\cos\varphi \tag{4-13}$$

无功功率（var）

$$Q = UI\sin\varphi \tag{4-14}$$

视在功率（VA）

$$S = UI \tag{4-15}$$

式（4-13）~式（4-15）中，U 和 I 分别是电压和电流的有效值；φ 是负载中电压和电流的相位差角。

通常所说的功率就是指有功功率。采用电动系或铁磁电动系功率表可直接测出工频时的有功功率。较高频率的情况可用热电系或整流系变换机构的功率表。

1. 单相功率的测量

测量单相功率的接线可参照图 1-15，由于仪表偏转仅反映有功功率（电压、电流和功率因数之积），并不能反映当功率因数很低时出现的电压、电流中单一量的过载，故必须用电压表和电流表来监视功率表电压和电流的量程。

为了扩大功率表的量程和保证使用安全，在测量大电流和高电压情况下的功率时可以经过仪用电流互感器和仪用电压互感器来连接，如图 4-12 所示。若电压或电流两者之一需要扩大量程，可以只用一个电压或电流互感器，而另一个不用互感器直接接入电路。接入互感器后测量的功率表读数要乘以互感器的变比才是实际功率。

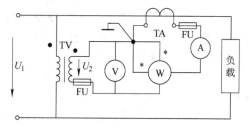

图 4-12　功率表经互感器接入电路

必须指出，用功率表测量交流功率时，除了功率表的电压线圈和电流线圈接入时具有方法误差之外，还存在着频率误差或角误差。由于电压线圈匝数较多，产生的电感使其上的电流与电压有一个很小的相位差 δ，其值为

$$\delta = \arctan \frac{\omega L}{R_V} \tag{4-16}$$

式中，R_V 是电压线圈电阻值；L 是电压线圈的电感值；ω 是电源的角频率。

相位角 δ 的存在使得功率表出现角误差。设 α 代表 δ 为零时功率表的偏转值，再设 α' 代表 δ 不为零时的功率表的偏转值，则由 δ 所引起的相对误差为

$$\gamma_B = \frac{\alpha' - \alpha}{\alpha} \frac{\cos(\varphi - \delta)\cos\delta - \cos\varphi}{\cos\varphi} = \cos^2\varphi + \frac{\sin 2\delta}{2}\tan\varphi - 1 \tag{4-17}$$

式中，$\cos\delta$ 是电压线圈支路的 R_V 与 $\sqrt{R_V^2 + (\omega L)^2}$ 的比值；φ 是负载的电流、电压相位差；$\cos(\varphi - \delta)$ 是电压线圈与电流线圈之间原功率因数受 δ 影响后的情况。在工频范围内测量时，δ 角很小，可以认为 $\cos\delta = 1$ 和 $\sin 2\delta = 2\delta$，则式（4-17）变为

$$\gamma_\beta = \delta\tan\varphi \tag{4-18}$$

式（4-18）表明，测量交流功率时功率表的相角误差不仅与负载频率有关，而且与负载功率因数有关，负载功率因数越低则角误差越大。

通常功率表可理解为按 $\cos\varphi = 1$ 情况下进行标尺分度的，测量对象的功率因数不宜过低，否则角误差会增大；另外在低功率因数下偏转值过小也会使读数误差增大。

为了适合低功率因数（$\cos\varphi = 0.1 \sim 0.2$）测量的需要，厂商专为用户设计一种具有角误差补偿的低功率因数功率表，其额定功率因数为 0.1 或 0.2。这种仪表不论在低功率因数还是高功率因数下均具有较好的准确度。

2. 单相无功功率的测量

单相无功功率的测量一般用电压表、电流表和有功功率表 3 种仪表按照测量有功功率的方法进行，然后间接得到无功功率

$$Q = \sqrt{S^2 - P^2} = \sqrt{(UI)^2 - P^2} \tag{4-19}$$

式中，S 是视在功率；P 是有功功率。

另外，也可直接用单相无功功率表测量。其基本结构和对外的测量接线与有功功率表相同，但其内部接线有所不同。仪表线路使其电压线圈产生的磁通滞后于电压 90°，故可直接指示无功功率。

4.4.2 三相功率的测量

三相功率的测量，可以选用专门测量三相功率的三相功率表，其原理和接法与下面讲述的"二表法"类似，本节主要介绍最常见的用单相功率表测量三相功率。

三相功率的测量，根据三相功率的定义，当负载为丫联结时，有

$$P = U_A I_A \cos\varphi_A + U_B I_B \cos\varphi_B + U_C I_C \cos\varphi_C \tag{4-20}$$

式中，U_A、U_B、U_C、I_A、I_B、I_C 分别是丫联结时的相电压、相电流的有效值；φ_A、φ_B、φ_C 分别是丫联结时的相电压与相电流的相位角，即功率因数角。

当负载为 △ 联结时，有

$$P = U_{AB} I_{AB} \cos\varphi_{AB} + U_{BC} I_{BC} \cos\varphi_{BC} + U_{CA} I_{CA} \cos\varphi_{CA} \tag{4-21}$$

式中，U_{AB}、U_{BC}、U_{CA}、I_{AB}、I_{BC}、I_{CA} 分别是 △ 联结时的线电压、线电流的有效值；φ_{AB}、φ_{BC}、φ_{CA} 分别是 △ 联结时的线电压与线电流的相位角，即功率因数角。

当三相电路对称时，有

$$P = 3U_{\mathrm{P}}I_{\mathrm{P}}\cos\varphi = \sqrt{3}\,U_{\mathrm{L}}I_{\mathrm{L}}\cos\varphi \tag{4-22}$$

式中，下标"P"表示"相"，下标"L"表示"线"。

1. "一表法"测量三相功率

"一表法"是"一功率表法"的简称，它适用于三相三线制或三相四线制对称性负载。

接线方法如图 4-13、图 4-14 和图 4-15 所示。

对于Y联结，从图 4-13 中可见，电压线圈接测的是相电压，电流线圈接测的是线电流，由于Y联结中性线电流等于相电流，故满足式（4-22）。

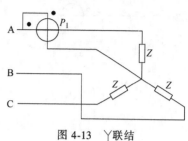

图 4-13　Y联结

对于△联结，从图 4-14 中可见，电压线圈接测的是线电压，电流线圈接测的是相电流，由于△联结中，线电压等于相电压，故同样满足式（4-22）。

所以负载的三相功率为

$$P = 3P_1 \tag{4-23}$$

当Y联结负载的中性点不能引出或△联结负载的一相不能分拆时，采用图 4-15 所示的人工中性点联结。需要注意的是其中两个附加电阻 R_{B}、R_{C} 要等于功率表电压回路的总电阻，以保证人工中性点 N 的电位为零。

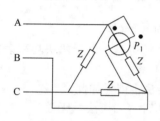

图 4-14　△联结

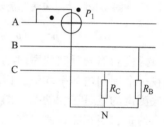

图 4-15　人工中性点联结

2. "二表法"测量三相功率

"二表法"是"二功率表法"的简称，又称为"双表法"，它适用于三相三线制对称或不对称负载，是应用最广泛的功率测量方法。"二表法"测功率常见的 3 种接线方法及感性负载时的相量图如图 4-16 所示。

（1）"二表法"测量原理　以图 4-16a 为例，设负载为Y联结。第一块功率表测得瞬时功率 p_1 为

$$p_1 = u_{\mathrm{AB}}i_{\mathrm{A}} = (u_{\mathrm{A}} - u_{\mathrm{B}})i_{\mathrm{A}} \tag{4-24}$$

第二块功率表测得瞬时功率 p_2 为

$$p_2 = u_{\mathrm{CB}}i_{\mathrm{C}} = (u_{\mathrm{C}} - u_{\mathrm{B}})i_{\mathrm{C}} \tag{4-25}$$

两块功率表反映的瞬时功率之和 p 为

$$p = p_1 + p_2 = u_{\mathrm{AB}}i_{\mathrm{A}} + u_{\mathrm{CB}}i_{\mathrm{C}} = u_{\mathrm{A}}i_{\mathrm{A}} + u_{\mathrm{C}}i_{\mathrm{C}} - u_{\mathrm{B}}(i_{\mathrm{A}} + i_{\mathrm{C}}) \tag{4-26}$$

在三相三线制电路中，由 KCL 定律知

$$i_{\mathrm{A}} + i_{\mathrm{B}} + i_{\mathrm{C}} = 0$$

所以 $i_{\mathrm{A}} + i_{\mathrm{C}} = -i_{\mathrm{B}}$，将其代入式（4-26），得

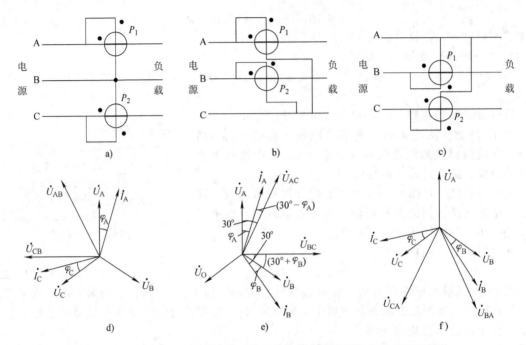

图 4-16 "二表法"测功率常见的 3 种接线方法及感性负载时的相量图

$$p = p_1 + p_2 = u_{AB}i_A + u_{CB}i_C = u_A i_A + u_B i_B + u_C i_C \tag{4-27}$$

显而易见，两块功率表反映的瞬时功率之和即为三相瞬时总功率。由于两块功率表的代数和反映的是在一个周期内的平均值，因此正好反映了三相总功率。

该方法测得的就是三相功率。图 4-16 中的其他两种接法也同样如此。

要注意的是，当三相四线制时，一般 $i_A + i_B + i_C \neq 0$，此时"二表法"无效。

（2）"二表法"读数 由于功率表可动部分的惯性，普通功率表只能反映功率的平均值。如图 4-16 中，第一块功率表反映的功率

$$P_1 = U_{AC}I_A \cos(30° - \varphi_A) \tag{4-28}$$

第二块功率表反映的功率

$$P_2 = U_{BC}I_B \cos(30° + \varphi_B) \tag{4-29}$$

三相总功率

$$P = P_1 + P_2 = U_{AC}I_A \cos(30° - \varphi_A) + U_{BC}I_B \cos(30° + \varphi_B) \tag{4-30}$$

当两电路对称时

$$P = P_1 + P_2 = \sqrt{3} U_L I_L \cos\varphi \tag{4-31}$$

两块功率表的 P_1、P_2 的读数及其之和 P 与负载的功率因数常见有 3 种情况：

1）当 $\cos\varphi = 1$，即 $\varphi = 0°$（纯电阻性负载）时，$P_1 = P_2$，$P_{总} = 2P_1$ 或 $P_{总} = 2P_2$。

2）当 $\cos\varphi = 0.5$，即 $\varphi = \pm 60°$（电感性或电容性负载）时，这时两表中必有一表为零，此时有

$$P = P_1 \text{ 或 } P = P_2$$

3）当 $\cos\varphi < 0.5$，即 $|\varphi| > 60°$ 时，这时两表中必有一表读数为负，这时应将反转的功率表的电流线圈反接，然后在其读数前加负号。若设 P_2 为负，则 $P = P_1 - P_2$，这种情况较多地出

现在测量三相交流电动机空载功率时。

3. "三表法"测量三相功率

"三表法"是"三功率表法"的简称，适用于三相四线不对称负载的功率测量，"三表法"测量三相功率如图 4-17 所示。"三表法"也就是分别测量每相的有功功率，然后相加。

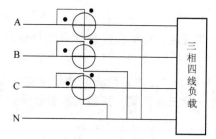

图 4-17　"三表法"测量三相功率

4.4.3　三相无功功率的测量

三相无功功率的测量与有功功率一样，也有专门的三相无功功率表，这里介绍常用单相功率表来测量三相无功功率的方法。

三相电路中的三相无功功率等于各相无功功率之和。当负载为Y联结时，有

$$Q = U_A I_A \sin\varphi_A + U_B I_B \sin\varphi_B + U_C I_C \sin\varphi_C \tag{4-32}$$

当负载为△联结时，有

$$Q = U_{AB} I_{AB} \sin\varphi_{AB} + U_{BC} I_{BC} \sin\varphi_{BC} + U_{CA} I_{CA} \sin\varphi_{CA} \tag{4-33}$$

当三相电路对称时，有

$$Q = 3 U_P I_P \sin\varphi = \sqrt{3}\, U_L I_L \sin\varphi \tag{4-34}$$

1. "一表跨相法"测量三相无功功率

适用于三相对称负载，对于电感性负载（电压超前电流），接线方法如图 4-18 所示。功率表的电流线圈串接在三相电路的任意一相中，其发电机端接在电源侧，而且接在两相中的超前的一相上；电压线圈跨接在其余两相上。从图 4-19 所示电感性负载相量图上可见

$$P = U_{BC} I_A \cos(90° - \varphi) = U_{BC} I_A \sin\varphi = U_L I_L \sin\varphi \tag{4-35}$$

$$Q = \sqrt{3}\, U_L I_L \sin\varphi \tag{4-36}$$

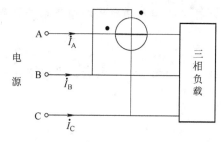

图 4-18　"一表跨相法"测量

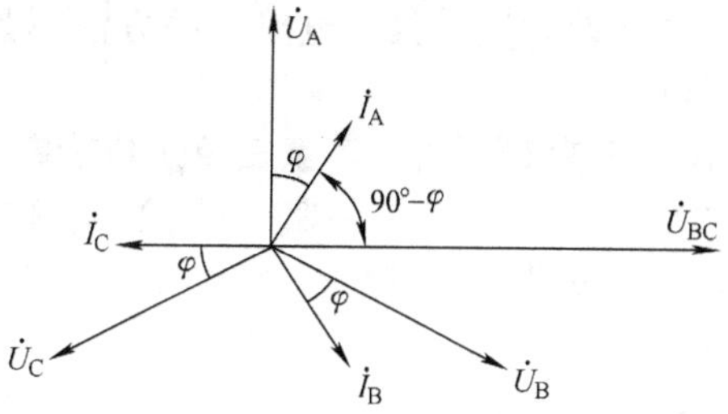

图 4-19　相量图（电感性负载）

由式（4-35）、式（4-36）知，三相无功功率

$$Q = \sqrt{3}\, P \tag{4-37}$$

可见，功率表读数 P 乘以 $\sqrt{3}$ 就可得到三相对称负载的无功功率。

2. "二表法"测量三相无功功率

（1）利用有功功率的"二表法"测量三相无功功率　当三相负载完全对称时，可利用测量三相有功功率的"二表法"的读数间接测量三相三线负载的无功功率。在三相负载完全对称的情况下，当用"二表法"测量有功功率时，读出 P_1 和 P_2，将式（4-28）和式（4-29）两式相减，就有

$$\begin{aligned}
P_1 - P_2 &= \left[U_L I_L \cos(30° - \varphi) \right] - \left[U_L I_L \cos(30° + \varphi) \right] \\
&= U_L I_L \left[\cos(30° - \varphi) - \cos(30° + \varphi) \right]
\end{aligned}$$

$$= U_L I_L \sin\varphi \tag{4-38}$$

由此可见,功率表读数 P 乘以 $\sqrt{3}$ 就可得到三相对称负载的无功功率,即

$$Q = \sqrt{3}(P_1 - P_2) \tag{4-39}$$

(2)"二表跨相法"测量三相无功功率 "二表跨相法"测量三相无功功率适用于完全对称三相三线负载,其接线和相量图如图4-20所示。

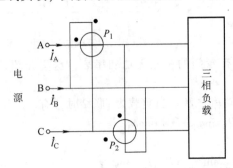
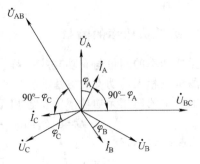

图 4-20 "二表跨相法"测量和相量图(感性负载)

由图4-20可见,两块功率表的读数分别为

$$P_1 = U_{BC} I_{AC} \cos(90° - \varphi_A) = U_{BC} I_A \sin\varphi_A = U_L I_L \sin\varphi$$
$$P_2 = U_{AB} I_{CA} \cos(90° - \varphi_C) = U_{AB} I_{CA} \sin\varphi_C = U_L I_L \sin\varphi$$
$$P = P_1 + P_2 = 2 U_L I_L \sin\varphi$$

可见,只要把两块单相功率表的读数之和乘以 $\sqrt{3}/2$ 就是三相无功功率,即

$$Q = \frac{\sqrt{3}}{2}(P_1 + P_2) \tag{4-40}$$

"二表跨相法"接入电路中的方法不是唯一的,只要保证接入功率表的电流和电压跨相 $90°$ 即可。

3. "三表跨相法"测量三相无功功率

对于三相三线或三相四线制中的对称或不对称负载的三相无功功率测量,可用图4-21所示的"三表跨相法"测量,相量图如图4-22所示。

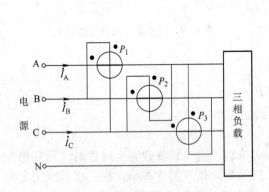
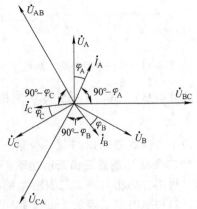

图 4-21 "三表跨相法"测量   图 4-22 相量图(感性负载)

当三相电路完全对称时,3块功率表读数之和为

$$P_1 + P_2 + P_3 = U_{BC} I_A \cos(90° - \varphi_A) + U_{CA} I_B \cos(90° - \varphi_B) + U_{AB} I_C \cos(90° - \varphi_C)$$

$$= U_{BC}I_A\sin\varphi_A + U_{CA}I_B\sin\varphi_B + U_{AB}I_C\sin\varphi_C = 3U_LI_L\sin\varphi \tag{4-41}$$

显然，3 块功率表读数之和乘以 $\sqrt{3}/3$，就得到三相负载的总无功功率，即

$$Q = \frac{\sqrt{3}}{3}(P_1 + P_2 + P_3) \tag{4-42}$$

"三表跨相法"的功率表接入时，电压线圈的发电机端一定要按正相序连接。

4.4.4　数字式功率表简介

数字式功率表是利用传感器将负载的电流、电压和相位参数输入到仪表的输入端，再进行 I/U、φ/U 转换，然后进入乘法器按功率的定义相乘，得到有功功率。大部分数字式功率表采用高精度功率测量芯片，组成的功率测量系统装有软件，具有"智能"功能，所以还能兼测其他电量。种类有安装式、台式和钳形表式等。

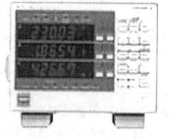

图 4-23　WT230 型
数字式功率表

目前国产的有哈尔滨电工仪表研究所的 PS160（0.1）型单相数字式功率表和 PS180（0.1）型三相数字式功率表、PS200（0.5）数字式功率表。日本横河公司生产的 WT230 型数字式功率表如图 4-23 所示，能测量单相、三相三线、三相四线的负载功率，技术指标较优。

WT210/WT230 型数字式功率表的技术指标如下：

直接输入电压范围：15/30/60/150/300/600V；

直接输入电流范围：5/10/20/50/100/200mA（仅 WT210），0.5/1/2/5/10/20A（WT210/WT230）；

外接输入（选用）：2.5/5/10V 或 50/100/200mV；

频率范围：DC，0.5Hz～100kHz；

基本精度（45Hz≤f≤66Hz）：电压/电流为±（读数的 0.1%+量程的 0.1%），功率为±（读数的 0.1%+量程 0.1%）。

4.5　数字式功率因数表和频率表的简介

4.5.1　数字式功率因数表简介

功率因数是可通过相位/电压（φ/U）转换后用数字式电压表直读来测量。由于大部分数字式功率因数表装有软件，具有"智能"功能，所以数字式功率因数表只是 DMM 测量的一种功能，除了安装式数字式功率因数表外，市场上很少有单独测量功率因数的数字表。ZW5436 型三相安装式数字式功率因数表如图 4-24 所示。

图 4-24　ZW5436 型三相安装
式数字式功率因数表

ZW5436 型三相安装式数字式功率因数表主要技术参数如下。

显示范围：-0.5～1～0.5（-60°～0°～60°）；

负载参数：600V/15A；

频率范围：45～65Hz；

准确度：0.5%；

显示：4 位 LED。

4.5.2 数字式仪表的频率测量

1. 数字式频率表的原理简述

数字式测量频率的方法较多，现在有的数字式万用表也具有测量频率的功能，它是将频率进行 f/U 转换后进入数字式基本表完成测量的。一般测量频率的电压不宜过高，如 DT930F+型数字式万用表，测量频率为 $10Hz \sim 20kHz$；测频的电压为 $50mV \sim 10V$；分辨力为 $1Hz$；准确度为 $\pm（1.0\%rdg+5$ 字） 比较适合于电工测量的范畴。

数字式频率表测量频率具有频率范围宽、输入阻抗高、测量误差小和读数精度高等优点，适合在电工测量中使用。其测量方法通常有电子计数测量频率法和电子计数测量周期法两种。

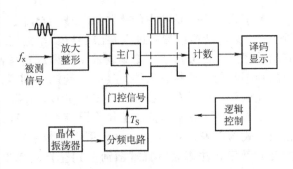

电子计数测量频率法原理框图如图 4-25 所示，它是在某个已知标准时间间隔（时基）T_S 内，测量被测频率 f_x 的重复次数 N，再由公式 $f_x = N/T_S$ 计算出频率，由译码显示电路数字显示测量的频率。

图 4-25　电子计数测量频率法原理框图

电子计数测量频率主要由输入电路（放大、整形）单元、时基电路（晶体振荡器、分频电路、门控信号）单元、主门电路单元、计数译码显示电路单元和逻辑控制电路单元 5 个电路单元组成。

输入电路单元将输入频率为 f_x 的被测周期性信号放大、整形，变换成计数器能接受的计数脉冲信号加到主门电路的输入端。

时基电路单元中的石英晶体振荡器产生频率为 f 的信号，经分频电路得到准确的时基信号 T_S 去控制门控信号。

主门电路单元通常由一个门电路构成，它进行时间或频率的量化比较，完成时间或频率的数字转换。

逻辑控制电路单元产生各种如寄存、复位等控制信号用于控制各个电路单元，使整个电路按部就班地完成测量任务。

计数译码显示电路单元则是对主门输出的脉冲进行计数，然后进行频率的数字显示。

2. 数字式频率表简介

数字式频率表向智能化、高精度、多功能、多通道方向发展，中国测量频率范围从 $0.01Hz \sim 2GHz$，在低频量程的准确度可达 $\pm（1.0\%rdg \pm 0.3\%f.s.）$。例如中国台湾固纬公司生产的 GFC—8270H 型 8 位智能数字式频率表（见图 4-26）测量频率范围为 $0.01Hz \sim 2.7GHz$，在 $1Hz$ 挡时，准确度为（$100nHz$+时基误差）。

在电工测量中还常用安装式数字式频率表，有的还兼有电压或其他测量显示功能（见图 4-27）。

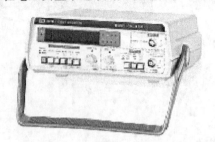

图 4-26　GFC—8270H 型 8 位智能数字式频率表

图 4-27　安装式数字式频率表

第5章 电路元件及参数测量

电路元件一般指电路中无源元件，如电阻器（简称电阻）、电感器（简称电感）、电容器（简称电容）等。这些元件的参数与其材料、结构、形状等有关，其中电感、电容等还与介质有关。几乎所有元件参数还和使用条件及环境因素有关，例如，电感、电容在直流和交流情况下工作是不完全相同的；电阻与工作温度关系密切；同样，电感、电容也与电流或电压的频率之间的关系不可分割。

电阻、电感和电容元件都有线性和非线性之分，若不加说明，则均指线性元件。电路元件均有一定的技术参数和技术指标，它们大部分都按国家标准（国标）有统一的标定方法，由此给电路设计带来很大的方便。

电路元件参数测量的方法较多，尤其是在数字式仪表中，利用数字式电压基本表的功能，将电路元件参数转换成电压或在 DMM 中利用微处理器都能"一表多用"地完成电路元件参数的测量。本章主要介绍一些电路元件的参数及基本测量原理与方法。

对于集成电路外围用的贴片式 R、L、C 元件不在本章的介绍范围。

5.1 电阻元件简介

电阻是电路的基本元件之一，就狭义而言就指最常见的线性二端元件。这一电路元件主要参数有电阻的标称值、准确度和额定功率。在电磁测量中，就广义的角度来说，只要电磁能量形式上不可逆地转化为其他形式能量，这些有功能量或损耗就可用一个等效电阻的概念来表示。例如，电动机将电磁能量转化为机械功，电灯将电磁能量转化为光和热，电器设备中铁心的损耗也都可看成等效电阻的耗能效应。一般不作特殊申明，电阻器是指狭义的电阻。

根据电阻的使用条件，其常分为直流电阻和交流电阻，它们有不同的特点和不同的使用场合。直流电阻工作在直流及工频情况下，一般不考虑其本身存在的电感和电容。而交流电阻一般工作在较高的频率情况下，就必须考虑其本身存在的电感和电容。因为在电路中电阻主要工作在直流及工频的情况下，因此一般不作特殊申明，电阻就指直流电阻。大部分电阻是用金属或非金属材料制成，其种类极其繁多。

5.1.1 电阻的命名和分类

电阻根据国标 GB/T 2470—1981 命名如下：

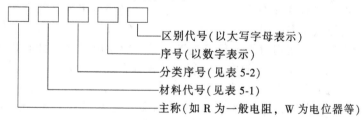

- 区别代号（以大写字母表示）
- 序号（以数字表示）
- 分类序号（见表 5-2）
- 材料代号（见表 5-1）
- 主称（如 R 为一般电阻，W 为电位器等）

表 5-1 电阻的材料代号

字母代号	T	H	S	N	J	Y	I
意 义	碳膜	合成膜	有机实心	无机实心	金属膜	氧化膜	玻璃釉膜

表 5-2　电阻的分类序号

分类序号	1	2	3	4	5	6
分类名称	普通型	精密型	高频型	高压型	高阻型	集成型

5.1.2　电阻的主要技术指标

1. 电阻的标称值

电阻的标称值是以 20℃ 为工作温度来标定的。为了便于工业大量生产和使用者在一定范围内选用，国家规定出一系列的标称值。不同系列有不同的误差等级和标称值；误差越小，电阻的标称值越多，见表 5-3。

表 5-3　电阻标称值

系列	误差（%）	电 阻 标 称 值										
E24	±5	1.0	1.1	1.2	1.3	1.5	1.6	1.8	2.0	2.2	2.4	2.7	3.0
E12	±10	1.0		1.2		1.5		1.8		2.2		2.7	
E6	±20	1.0				1.5				2.2			
E24	±5	3.3	3.6	3.9	4.3	4.7	5.1	5.6	6.2	6.8	7.5	8.2	9.1
E12	±10	3.3		3.9		4.7		5.6		6.8		8.2	
E6	±20	3.3				4.7				6.8			

将表中标称值乘以 10、100、1000… 就可以扩大阻值范围。例如，表中的 "2.2" 包括 2.2Ω、220Ω、2.2kΩ、22kΩ、220kΩ、2.2MΩ 等这一阻值系列。在设计电路时要尽量选择标称值系列。

2. 电阻的准确度

电阻的标称值并不是其实际值，两者之间以其允许的误差表示准确度。电阻的误差范围很大，准确度高的可小于 0.001%，准确度低的达 80% 甚至 100%。电阻的准确度分 0.001、0.0025、0.005、0.01、0.025、0.05、0.1、0.25、0.5 和

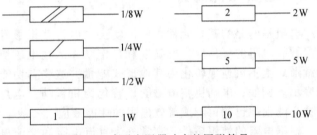

图 5-1　表示电阻器功率的图形符号

1、2、5、10、20、30 诸级及 30 级以上诸级。在周围环境温度 20℃ 和相对湿度小于 80% 时，各级电阻的相对误差的百分数均应小于其准确度级别数，也即 0.5 级标称值为 R 的电阻在 20℃ 和相对湿度小于 80% 条件下，其允许的绝对误差应不大于 0.5%R。

3. 电阻的额定功率

当电流通过电阻时会消耗功率引起温升。一个电阻在正常工作时，其所允许功率是有规定的。额定功率有时以图形符号在电阻上标出，如图 5-1 所示。实际使用功率超过规定值时，会使电阻器因过热而改变阻值甚至烧毁。对一些准确度高的电阻器（如高于 0.1%），为保证其准确度，往往还要降低功率使用。

电阻的允许功率是与其使用时周围环境温度有关，通常电阻标明的允许功率（或允许电流）是指其周围温度在 20℃ 附近时的值。随着周围温度升高其允许功率将下降，当周围温度升到某一数值时，电阻允许的功率将降为零，也就是说这个温度是该电阻的最高允许温度。例如对于 RT 型碳膜电阻该温度为 100℃，RJ 型金属膜电阻为 125℃。因此在电路设计中选用电阻时要注意选用适合允许功率（或电流）的电阻，而并不是仅仅考虑其阻值。

5.1.3　电阻的标示法

目前常用的 4 种电阻标示法如下。

1．直标法

直标法是直接将电阻的标称值标在电阻上，但由于电工材料的发展，同样参数、性能的电阻体积却大大减小，直接将电阻的标称值标在电阻上使用者已很难看得清楚，故现在较少采用。

2．色环标示法

色环标示法是目前采用最广泛的电阻标示法，它在电阻上用不同颜色的 4 个色环来表示电阻的标称值，以紧靠电阻一端的为第一位。色标电阻的标记如图 5-2 所示。

以色环每种颜色代表不同的数字的组合来表示电阻的标称值、幂次数和误差。色环标示法规则见表 5-4。

图 5-2　色标电阻的标记

表 5-4　色环标示法规则

颜色	第一位数	第二位数	幂次数	误差
黑	—	0	$\times 10^0 = \times 1$	±1%
棕	1	1	$\times 10^1 = \times 10$	±2%
红	2	2	$\times 10^2 = \times 100$	±3%
橙	3	3	$\times 10^3 = \times 1000$	±4%
黄	4	4	$\times 10^4 = \times 10000$	—
绿	5	5	$\times 10^5 = \times 100000$	±0.5%
蓝	6	6	$\times 10^6 = \times 1000000$	±0.2%
紫	7	7	$\times 10^7 = \times 10000000$	±0.1%
灰	8	8	$\times 10^8 = \times 100000000$	—
白	9	9	$\times 10^9 = \times 1000000000$	—
金	—	—	$\times 10^{-1} = \times 0.1$	±5%
银	—	—	$\times 10^{-2} = \times 0.01$	±10%
无色				±20%

例如，用 4 个环颜色分别为黄、紫、红、银，则电阻标称值为 4700Ω，误差为 10%；4 个环颜色分别为蓝、灰、黑、金，则电阻标称值为 68Ω，误差为 5%。

3．字母数字混合标示法

字母数字混合标示法用数字与表示电阻单位的字母 Ω、k、M、G、T 混合来表示其标称值。字母左边的数字为整数，字母右边的数字为小数，字母即为电阻的单位，如 Ω1⇒0.1Ω、Ω33⇒0.33Ω、3Ω3⇒3.3Ω、3k3⇒3.3kΩ、3M3⇒3.3MΩ 等。

4．3 位数标示法

3 位数标示法采用前面两位电阻的有效数字，乘以第 3 位幂次数来表示电阻的标称值，如 $112 \Rightarrow 11 \times 10^2 \Omega \Rightarrow 1.1 \text{k}\Omega$、$114 \Rightarrow 11 \times 10^4 \Omega \Rightarrow 110 \text{k}\Omega$ 等。

5.2　电阻的测量

一般来说，电阻根据规格可分为高值、中值和低值电阻：大于 1MΩ 为高值电阻；中值电阻指 10Ω 到 1MΩ 的范围；小于 10Ω 为低值电阻。

5.2.1　中值电阻参数测量

电路中直流电阻占绝大多数，其中 10Ω～1MΩ 的中值电阻是电路中最常见的电阻。以下介绍几种常见的测量方法。

1．直接测量

（1）指针式万用表测量　指针式万用表的电阻挡测量电阻是最简单方便的方法，测量原理和使用方法见第 1 章 1.9.2 小节。电阻挡由于其误差限在标尺各处是不一样的，故选择量程很重要。普通万用表测量范围为 $10\Omega\sim1M\Omega$，其准确度为 2.5 级（在电阻中心值附近）。由于万用表测量电阻准确度不高，故常称为"粗测"。

（2）数字式万用表测量　　数字式万用表电阻挡测量中值直流电阻的原理见第 2 章 2.3.5 小节。$3\frac{1}{2}$ 位数字式万用表测量范围为 $0.1\Omega\sim20M\Omega$，其测量误差为 $\pm(1.0\%,+5$ 字$)\sim\pm(2.0\%,+5$ 字$)$。

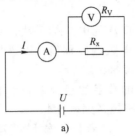 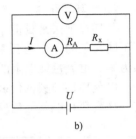

图 5-3　伏安法测量电阻

2. 间接测量

（1）用伏安法测量　　用伏安法测量电阻如图 5-3 所示，先测出元件两端的电压和通过的电流，再由欧姆定律计算出其电阻值。使用伏安法时要考虑仪表内阻对被测电阻的影响。

设 R_V、R_A 分别为电压表、电流表内阻；R_x 为待测电阻；U、I 分别为电压、电流表读数。对于图 5-3a 中，有

$$\frac{U}{I}=\frac{R_V R_x}{R_V+R_x}=\frac{R_x}{1+\dfrac{R_x}{R_V}} \tag{5-1}$$

当 $R_V\gg R_x$ 时，可忽略 R_x/R_V 项，式（5-1）则有

$$R_x=\frac{U}{I} \tag{5-2}$$

对于图 5-3b 中，待测电阻 R_x 为

$$R_x=\frac{U}{I}-R_A \tag{5-3}$$

当 $R_A\ll R_x$ 时，可忽略 R_A 项，式（5-3）则有

$$R_x=\frac{U}{I} \tag{5-4}$$

伏安法测量范围为 $10^{-3}\sim10^6\Omega$，由于测量误差包含了电压表、电流表的误差，所以准确度不高。但伏安法可在正常工作通电情况下进行测量，结果比较可靠。而且测量的电阻值只与工作电流、电压有关，故特别适合测量非线性电阻。

（2）用比较法测量　　通常比较法测量中值电阻主要是采用直流惠斯通电桥，其原理如图 5-4 所示。其中 R_2、R_3 称为比率臂，R_4 称为比较臂，G 为检流计。当检流计 G 指零时，cd 两点等电位，于是待测电阻 R_x 为

$$R_x=\frac{R_2}{R_3}R_4 \tag{5-5}$$

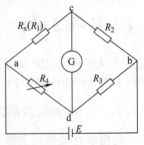

图 5-4　直流惠斯通电桥原理

从原理上讲，只要 G 有足够高的灵敏度，测量结果仅和桥臂电阻 R_2、R_3、R_4 有关，与电源 E、检流计 G 均无关。而桥臂电阻较容易做成高精度和高稳定度，这样就保证了测量电阻值的高准确度。

典型的直流惠斯通电桥如 QJ23，测量范围为 $1\Omega \sim 10^{5}\,\mathrm{k}\Omega$。其测量误差与测量中使用的倍率和阻值有关：当倍率用"×0.1、×1、×10"，测量范围在 $10^{2}\Omega \sim 10^{2}\,\mathrm{k}\Omega$ 时误差为 0.2 %；当用其他倍率时，测量误差为 $\pm(0.5\,\% \sim 1.0\,\%)$。

5.2.2　低值电阻的测量

在小于 10Ω 的低值电阻的测量中，接触电阻和引线电阻的影响将是测量的主要问题。为此小量程的被测电阻一般制作成 4 端钮结构电阻来减小两者的影响，参见图 4-4。常用的测量方法有如下几种。

1. 用伏安法测量

图 5-3 中的伏安法也可用于测量低值电阻，由于阻值小，其相应电压降也很低，因此可用毫伏表测量电压降。

2. 用汤姆逊电桥测量

采用直流汤姆逊电桥测量电阻的方法属于比较测量法，且制作成 4 端钮结构，其测量线路可将接触电阻和引线电阻并入电源支路和大电阻的桥臂中，

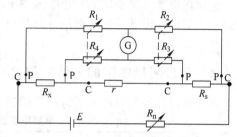

图 5-5　汤姆逊电桥的测量电路

从而消除接触电阻和引线电阻带来的误差。同惠斯通电桥一样，只要桥臂的电阻有足够准确度，就能保证测量精度。汤姆逊电桥的测量电路如图 5-5 所示。

在图 5-5 中，当 $R_1R_3 = R_2R_4$，且 $r/R_2 \ll 1$ 时，被测电阻 R_x 为

$$R_x = \frac{R_1}{R_2}R_s \tag{5-6}$$

式中，r 是外接的一个电阻很小的铜制的短接线片，保证了 $r/R_2 \ll 1$ 的条件。若 r 采用导线连接就要注意其电阻应小于规定的值。在测量时由于 R_s 和 R_x 上的压降都很小，所以线路中的热电动势对测量结果将产生一定的影响。为消除热电动势的影响，提高测量精度，可将电源 E 换向后再进行测量，换向前后两次测量的平均值即为被测电阻的阻值。汤姆逊电桥可用来测量 $10^{-6} \sim 100\Omega$ 的电阻值，其测量误差的范围为 $\pm(0.01\% \sim 2\%)$。

3. 用数字式仪表测量

数字式仪表测量电阻值在 $10^{-1} \sim 10^{6}\Omega$ 内能保证 0.1%的准确度，当小于 0.1Ω 时由于有效数字太少而影响精度。数字式毫欧姆表是以数字式基本表为核心的专用测量小电阻的仪表，它采用比例电阻法的原理，而且测量端制作成 4 端钮结构以减小接触电阻和引线电阻的影响，参见图 4-4。其测量范围为 $10^{-2} \sim 10^{8}\Omega$，误差为 $\pm(0.02\% \sim 0.1\%)$。

5.2.3　高值电阻的测量

高值电阻测量时重要的问题是安全防护和测量防护。某些电阻要求在高电压状态下工作，更应有安全防护的要求。测量某些高电阻时泄漏会对测量结果产生显著的影响，这就有必要进行测量防护。

测量高值电阻时还应认真考虑温度、湿度、试验电压的性质和数值及导电途径等的影响。通常电器或材料的绝缘电阻也属于高阻的范畴。下面介绍两种测量高值电阻的方法。

1. 高阻电桥法

高阻电桥法是利用 6 臂电桥，其测量电阻电路如图 5-6 所示。通过电路变换并结合 4 臂电桥的基本平衡条件就可推导出关系式为

$$R_x = \frac{R_2R_4R_6 + R_2R_5R_6 + R_2R_3R_5 + R_2R_3R_4}{R_3R_6} \qquad (5\text{-}7)$$

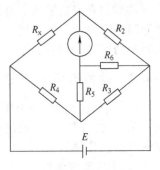

图 5-6　高阻电桥
测量电阻电路

高阻电桥的供电电压范围为 50 ~ 1000V，它可测到 $10^8\Omega$ 以上的电阻。当检流计的电压常数为 0.1mV/mm、被测电阻值在 $10^{12}\Omega$ 以下时，其误差为 ±0.03%；阻值为 $10^{13}\Omega$ 时误差为 ±0.1%；阻值为 $10^{14}\Omega$ 时误差为 ±1%；阻值为 $10^{15}\Omega$ 时误差为 ±10%。

2. 绝缘电阻表法

绝缘电阻表法主要用来测量电气或电工材料的绝缘电阻。使用时要根据电气设备的额定电压选择相应的型号。使用方法参见第 1 章 1.8 节。

5.2.4　常用测量电阻的方法和偏差范围

测量电阻选择的方法及其偏差范围参考表见表 5-5。

表 5-5　测量电阻选择的方法及其偏差范围参考表

测量电阻范围/Ω	测量方法或仪表	偏差范围
$10^{-2} \sim 10^6$	电阻表法	±(0.5% ~ 5%)
$10^{-3} \sim 10^6$	伏安法	±(0.2% ~ 1%)
$10^{-6} \sim 10^2$	汤姆逊电桥	±(0.01% ~ 2%)
$10 \sim 10^6$	惠斯通电桥	±(0.01% ~ 1%)
$10^{-2} \sim 10^6$	电位差计	±(0.005% ~ 0.1%)
$10^{-2} \sim 10^8$	数字电阻表	±(0.02% ~ 0.1%)
$10^{-1} \sim 10^6$	数字表	±(0.02% ~ 0.1%)
$10^6 \sim 10^{12}$	检流计法	±(1% ~ 5%)
$10^{11} \sim 10^{14}$	电容充放电法（冲击法）	±(0.1% ~ 1%)
$10^8 \sim 10^{17}$	高阻电桥法或绝缘电阻表法	±(0.03% ~ 10%)

5.3　电感元件简介

自感和互感统称为电感，都是在电路中由于"电磁感应"而产生电与磁转换的元件。自感是一个线圈自身的感应现象，故称为自感；而互感则是两个（或两个以上）线圈之间的互相感应现象。

常用的自感元件分两类：一类是空心电感，它是用绕在空心圆筒或骨架上的线圈来实现的，其电感量 L 是常数，与工作电流、电压等无关，因而是线性元件；另一类则是含铁心的电感，它是线圈的圆筒或骨架内有铁心（或磁心），其电感量 L 不是常数，与工作电流、电压等有关，是非线性元件。

5.3.1　电感的主要技术指标

1. 电感的标称值

电感的标称值是指在正常工作条件下该电感的自感量或互感量，一般在电感器上都有标明。分挡调节的可变电感器则分挡标出电感量；连续可变的则多用有标度的转盘指示相应位置的电感量。

2. 电感的准确度

电感的准确度等级的定义类似于电阻器，是在规定的使用频率下其误差分别在 ±a% 以内，其中 a 为电感的准确度等级。标准电感的准确度等级有 0.01、0.02、0.05、0.1、0.2、

0.5、1.0。

3. 电感的最大工作电流

电感工作时的电流不得超过其说明书上的允许电流标称值，有些可变电感箱当旋钮在不同示值时的允许电流是不同的，使用时要特别注意其电流标称值。

4. 电感的使用频率与损耗

由于电感的等效参数与频率有较大的关系，所以电感的标称值、准确度等指标都是在指定的频率范围内给出的。各类产品在其说明书上均注明有其适用的频率范围。低频电路中使用的标准电感是在规定的频率下测定的，如 0.05 级以下的电感为（1000±10）Hz，0.01 级和 0.02 级的为（1000±2）Hz。当电感器的使用频率与其测定时所用的频率不同时，电感的标称值和准确度等级都将改变，这点在使用电感器时应予以充分注意。对于自制电感的测定也应注意测定频率与实验使用的频率是否一致。

铁心材料的磁导率和铁心损耗与频率的依赖关系是相当明显，其损耗随频率的增大而增大，磁导率则随频率增大而下降。例如镍锌—2500 型磁心材料，当磁化频率从 10^6 Hz 增至 10^8 Hz 时其相对磁导率则从 $2.5×10^3$ H/m 下降到 1H/m。

5. 空心电感线圈的等效电路

空心电感线圈低频时和高频时的等效电路如图 5-7 和图 5-8 所示。图 5-7 中 L 是电感线圈的标称电感，它取决于线圈的磁路，并与匝数平方成正比，r 则表征了电感线圈的功率损耗电阻。对于低频空心线圈来说，该电阻即为构成线圈的导线电阻。如果电路的频率较高，或线圈的杂散电容（绕组的匝间电容及层间电容）较大，则要用图 5-8 所示的等效电路表征。其中 L 主要是由磁路决定的电感，r 主要由导线的电阻决定，线圈的杂散电容则用一个集中的电容 C 来表征。频率越高杂散电容 C 对电感等效参数的影响越显著，电导 g 则是考虑在高频时线圈周围介质的极化损耗。

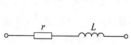

图 5-7　空心电感线圈低频时的等效电路

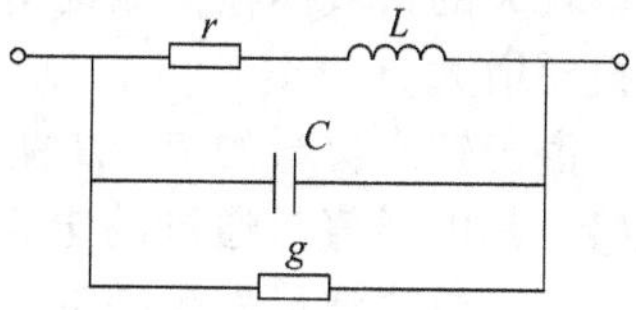

图 5-8　空心电感线圈高频时的等效电路

在图 5-8 中将电感线圈的杂散电容看作一个集中电容 C 与线圈并联，当电感器与其他电容并联时其谐振频率将受电容 C 的影响而下降。

电路实验大多在工频或低频下进行，对于图 5-7 空心电感线圈，其等效阻抗为

$$Z = r + jX_L \tag{5-8}$$

当线圈的尺寸对线圈中电压、电流的波长为不可忽略时，其等效电路则应按分布参数电路考虑。

6. 电感的品质因数

电感的等效阻抗的虚部和实部之比称为该电感器的品质因数，记作 Q_L，即

$$Q_L = \frac{X_L}{R} \tag{5-9}$$

式中，X_L 是电感的等效电抗；R 是电感的等效电阻。

由于电感的等效电抗 X_L 是频率的函数，所以 Q_L 是随频率而变的。若是非线性电感器，品质因数 Q_L 还随电压、电流的大小而变化。

5.3.2 含铁心（或磁心）线圈的特殊问题

通常为了增加电感线圈的电感量，可在线圈中加铁心（或磁心）。铁心的材料有硅钢片、坡莫合金、铁氧体等高磁导率物质。硅钢片材料是低频电路（主要是工频电路）中应用最广的铁心，其最大相对磁导率可达 10^4。坡莫合金则以磁导率高著称，最大相对磁导率达 $10^5 \sim 10^6$，但价格也较高，通常只在电感元件的体积受到限制，需要有小体积的大电感场合，才考虑使用坡莫合金的铁心。由于铁心中的磁滞和涡流的影响，一般硅钢片和坡莫合金只在低频电路中使用，其使用的上限频率为最高音频（20kHz）。铁氧体磁心使用的频率范围很广，根据材料配方的不同，其磁导率的范围也很大。一般音频使用的铁氧体磁心有较高的磁导率，使用频率越高的铁氧体磁心的磁导率越低。

线圈加铁心后虽使其电感值增大，但也带来了一些其他问题。

首先，由于铁心材料的磁滞特性，以及铁心材料的电导率不可能为零，因此当线圈在交流电路中使用时，铁心中将引起损耗。因此增大了电感元件的损耗，即增大了其等效电阻 R。铁心损耗包括磁滞损耗、涡流损耗和介质损耗。这些损耗和材料的性质、几何尺寸、磁感应强度及频率等因素有关。

对于硅钢片、坡莫合金这些金属型铁心，铁心损耗是由磁滞损耗和涡流损耗构成。磁滞损耗正比于材料的磁滞回线的面积和磁化的频率。涡流损耗则与频率平方成正比，与材料的电阻率成反比。

铁心（或磁心）中磁感应强度的振幅 B_{m} 及心片每片的厚度 d 与涡流损耗有关，B_{m} 和 d 越大，涡流损耗也越大。铁氧体由于其电阻率比金属型磁性材料大几万倍，所以铁心中的涡流损耗甚小，这是它能在高频电路中使用的原因。但铁氧体是介质型磁性材料，铁心在工作时除磁化外还被极化引起介质损耗。通常铁氧体磁心的介质损耗是其铁心损耗的主要部分，尤其磁导率较大的铁氧体在低频时介电系数和介质损耗特别大，高频时则又会出现空腔谐振现象也使损耗增大。

其次，由于铁心材料的 $B—H$ 曲线的非线性关系，所以含铁心的电感器，从理论上说都是非线性电感。其电感值与通过的电流有关，电流越大，电感值越小。电感的非线性还使交流电路中的电压、电流波形发生畸变，出现高次谐波（以 3 次谐波最为显著）；铁心越接近饱和畸变越严重。为了减轻铁心线圈的非线性程度，减轻电压、电流波形畸变的程度，线圈的铁心应在低磁感应状态下工作。

最后，在使用含铁心的线圈时，还要注意是否有直流电流通过线圈。因为直流电流会改变铁心的工作点在磁化曲线上的位置，从而改变线圈的电感量（增加）和损耗量。一般线性电感其值与电压和电流无关，而非线性电感则与电压和电流有关。

5.4 电感参数测量

电感参数测量的准确度与工作条件、测试方法和测量工具有关，常见的测量方法如下。

5.4.1 电感的测量

1. 交流电桥测量电感

交流电桥测量电感属于比较法测量，优点是测量准确度较高，一般在 0.5%~5%，而且可以同时测量其品质因数 Q_L（一般在 1000Hz 情况下）；缺点是调节电桥平衡要交流参数中的实部和虚部分别相等，比较困难，所以测量速度较慢。

测量电感的交流经典电桥种类很多：有麦克斯韦电桥、电感比较型电桥、欧文电桥和安德生电桥等。麦克斯韦电桥原理如图 5-9 所示。

麦克斯韦电桥适用于测中值电感，由图 5-9 可得其平衡关系式，其平衡条件为

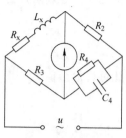

$$\left.\begin{array}{l} L_x = R_2 R_3 C_4 \\[2mm] R_x = \dfrac{R_2 R_3}{R_4} \end{array}\right\} \qquad (5\text{-}10)$$

图 5-9　麦克斯韦
电桥原理

只要调节电桥中的 R、L 或 C，使指零仪指"零"，则可得到待测电感和其直流电阻。

由于一般交流电桥的线路在测量时不能对被测量提供足够的电流，因此对于非线性电感如铁心线圈，通常不能用这些电桥来测量。

2. 数字式仪表测量电感

数字式万用表测量电感是利用数字式电压表的特性，在测量其他电路元件参数时增加了测量电感功能的挡位。其一般准确度为 $(2.5\% \sim 5\%) \pm 5$ 字，测量范围为 $1\text{mH} \sim 20\text{H}$。

3. 相量法测量电感

相量法测量电感又称为"三电压法"，是一种间接测量方法，它不仅可以测量电感，而且常用于测量阻抗，如图 5-10 所示。它利用电路

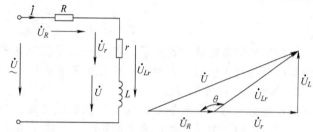

图 5-10　相量法测量电感

原理中相量分析方法进行测量，计算出电感和直流电阻，测量的精度取决于仪表准确度。其优点是测量方便，只要正弦电源和交流电压表即可。

相量法测量电感只要测量有效值 U、U_R、U_{Lr}，就可利用余弦定理计算

$$\theta = \arccos\left(\frac{U_R^2 + U_{Lr}^2 - U^2}{2 U_R U_{Lr}}\right) \qquad (5\text{-}11)$$

$$U_r = U_{Lr} \cos(180° - \theta) \qquad (5\text{-}12)$$

$$U_L = U_{Lr} \sin(180° - \theta) \qquad (5\text{-}13)$$

$$I = \frac{U_R}{R} \qquad (5\text{-}14)$$

$$L = \frac{U_L}{\omega I} \qquad (5\text{-}15)$$

$$r = \frac{U_r}{I} \qquad (5\text{-}16)$$

4. 伏安法测量电感

伏安法是一种间接测量方法，可用于测量线性或非线性电感，如图 5-11 所示。其误差取决于电压和电流表的准确度。

测量时分别对电感元件通以直流和交流，测量其上的直流电压 U_D、直流电流 I_D 和交流电压 U_A、交流电流 I_A。则电感元件的等效电阻为

$$R_x = \frac{U_D}{I_D} \qquad (5\text{-}17)$$

电感元件的等效阻抗为

$$|Z| = \frac{U_A}{I_A} \qquad (5-18)$$

由此可得电感值 L_x 为

$$L_x = \frac{\sqrt{\left(\frac{U_A}{I_A}\right)^2 - \left(\frac{U_D}{I_D}\right)^2}}{2\pi f} \qquad (5-19)$$

图 5-11 伏安法
测量电感

式中，f 是交流电源的频率。

当感抗 $|Z_x| \gg$ 电阻 R 时，可以近似于

$$L_x = \frac{U_A}{2\pi f I_A} \qquad (5-20)$$

用伏安法测量电感时要注意，电流一定要在电感的额定范围内，尤其是接入直流时，先要估算电感的直流电阻，否则会导致电感在测量中损坏。

5. 其他测量电感的方法

测量电感还可结合所学习的电工知识组成电路进行测量，通常有电流、电压、功率表的"三表法"及 RLC 串联或并联的"谐振法"等测量方法。

5.4.2 互感系数的测量

1. 电流表、电压表法测量互感系数

图 5-12 所示为测量互感系数的电路，只要在 U_1 端接入正弦交流电源，再分别测出一次线圈的电流 I_1 和二次线圈的开路电压 U_2，然后代入下式计算，即可得到互感系数

$$M_x = \frac{U_2}{\omega I_1} \qquad (5-21)$$

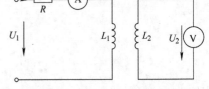

式中，ω 是电源角频率。

2. 正反串联法测量互感系数

先利用测量电感的各种方法（如电桥法、相量法

图 5-12 测量互感系数的电路

等），分别测出互感线圈一次与二次两个线圈的正向串联的等效自感 L' 和反向串联的等效自感 L''，如图 5-13 所示。

然后代入式（5-21）计算，即可得到互感系数 M_x。

$$M_x = \frac{L' - L''}{4} \qquad (5-22)$$

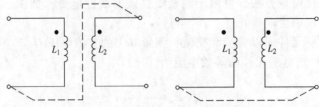

图 5-13 正反串联法测量互感系数

5.5 电容元件简介

电容器简称电容，是由极间放有绝缘电介质的两金属电极构成。其电介质有真空、气体（空气、氮气、六氟化硫、二氟二氯甲烷等）、云母、纸、高分子合成薄膜（聚苯乙烯、聚碳酸酯、聚酯、尼龙、聚四氟乙烯等）、陶瓷、金属氧化物等。

电容按其工作电压可分高压电容和低压电容，高压电容两极板间的距离相对较大，两极之间可以承受较高的工作电压；低压电容两极板间的距离相对较小，只能承受较低的电压。按电容量与电压的关系来分，电容分为线性电容和非线性电容，以空气、云母、纸、油、聚苯乙烯等为介质的电容是线性电容；以铁电体陶瓷为介质的陶瓷电容是非线性电容，它虽有较大的电容量，但由于铁电体陶瓷的介电系数 ε 不是常数，所以其电容量会随所加的电压的大小而改变。

5.5.1 电容命名和介质代号

电容根据国标 GB/T 2470—1981 命名如下：

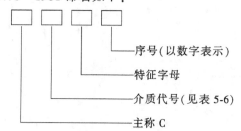

序号（以数字表示）
特征字母
介质代号（见表 5-6）
主称 C

表 5-6 电容介质代号

字母代号	Y	V	Z	J	L	Q	H	D
介 质	云母	云母纸介	纸介	金属化	涤纶	漆膜	复合	铝电解
字母代号	T	N	A	G	B	H	S	E
介 质	钛电解	铌电解	钽电解	合金电解	聚苯乙烯	合成膜	有机	其他材料

5.5.2 电容的主要技术指标

1. 电容的标称值

电容的标称值是指该电容器在正常工作条件下的电容量。与电阻一样，除特殊电容外，固定电容也是由国家定出一系列的标称值。不同系列有不同的误差等级和标称值，见表 5-7。通常电容的电容量是在 pF（皮法）级至 $10^4\mu F$（微法）级的范围内。

表 5-7 固定电容误差等级和标称值

系列	误差（%）	电 容 标 称 值										
E24	±5	10	11	12	13	15	16	18	20	22	24	27	30
E12	±10	10		12		15		18		22		27	
E6	±20	10				15				22			
E24	±5	33	36	39	43	47	51	56	62	68	75	82	913
E12	±10	33		39		47		56		68		82	
E6	±20	33				47				68			

2. 电容的准确度

通常实验中使用的电容和电容箱的准确度均低于 0.1 级，其误差多按 ±0.2%、±0.5%、±1%、±5%、±10%分级，有的甚至可达±20%；作量具的电容（标准电容）和电容箱的准确度分为 0.01、0.02、0.05、0.1 和 0.2 级；电解电容的准确度是极低的，其误差可在 50% ~ 100%，而且与使用及贮存的时间有关，一般只作旁路滤波用。

3. 电容的介质损耗和损耗角

在正弦交流电路中，可以将一个电容等效为一个理想电容和一个表示介质损耗的电阻 R 并联。电容的等效电路如图 5-14 所示。

电容器介质损耗角 δ 如图 5-15 所示，有

$$\tan\delta = \frac{P}{Q_C} \tag{5-23}$$

或

$$\delta = \arctan \frac{P}{Q_C} = \arctan \frac{1}{\omega RC} \tag{5-24}$$

式中，ω 是电源的角频率；P 是电容的有功功率；Q_C 是电容的无功功率；$\tan\delta$ 是电容的介质损耗，δ 是电容的损耗角。可见，在正弦交流电路中电容上电流与电压的相位差不为 90°。$\tan\delta$ 是电容的一个重要技术指标。

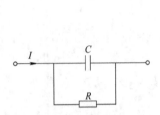

图 5-14　电容的等效电路

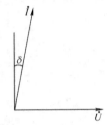

图 5-15　电容器的介质损耗角

电容的介质损耗主要是指电容极板间的介质损耗，包含泄漏电阻损耗和介质极化损耗。电容的泄漏电阻也就是电容在恒定直流电压作用下的漏电阻，电路的频率越低，该电阻的影响越大。在直流电路中电容两端的稳态电压就是由泄漏电阻决定的，而不是由电容决定的。在积分电路中电容器的泄漏电阻会影响积分的正确性。在工频电路中常看作 $\delta = 0$，随着电路频率的增大，电容器介质中的极化损耗也相应增大，逐渐成为电容器损耗的主要成分。

通常电容的介损 $\tan\delta$ 很小，在 $10^{-4} \sim 10^{-2}$ 数量级。空气电容在射频时的 $\tan\delta$ 为 10^{-4}，云母电容为 $(20 \sim 50) \times 10^{-4}$，聚苯乙烯电容为 5×10^{-4}，高频陶瓷电容约为 $(2 \sim 10) \times 10^{-4}$，纸介电容为 $(1 \sim 5) \times 10^{-2}$。原则上说中性的和极性弱的高分子薄膜有较小的 $\tan\delta$。电解电容的介质损耗很大，50Hz 时其 $\tan\delta$ 可达 $0.01 \sim 0.1$。作为工作基准的电容，当频率为 1000Hz 时 $\tan\delta$ 为 10^{-5} 数量级。

4. 电容的额定电压

电容的额定电压表示其两端能承受的最高直流电压，对于交流电压是指其最大值而非有效值。

通常在电容上都标有额定电压，低的只有几伏，高的可达数万伏。使用时要注意选择合适额定电压的电容，避免因工作电压过高而使电容器击穿造成短路。例如工频 220V 中使用的电容，由于其电压最大值为 220×1.414V = 311V，故选电容器的额定电压要大于此值（一般至少大于最大工作电压的 1.2 倍）。

一些容易被瞬间电压击穿的瓷介电容器应尽量避免接于低阻电源的两端。有些电容器经不太严重击穿后，虽仍可恢复其绝缘，但容量和准确度都将降低。

电解电容的耐压与贮存时间有很大关系，长期不使用的电解电容耐压水平会下降；重新使用时应先加半额定电压，一段时间后才能恢复原有的耐压水平。

5. 电容的使用频率范围

由于电容器的介损 $\tan\delta$ 与频率有关，而且所用介质不同，电容的使用频率范围也不相同。常用电容的使用频率范围如下。

铝（钽）电解电容：$0 \sim 10^{3 \sim 5} \text{Hz}$；

纸与金属化纸介电容：$100 \sim 10^{5 \sim 6} \text{Hz}$；

高频陶瓷电容：$1000 \sim 10^{5 \sim 6} \text{Hz}$；

聚酯电容：$100 \sim 10^{6 \sim 7} \text{Hz}$；

云母、聚苯乙烯、玻璃、低损陶瓷电容：$100 \sim 10^{9 \sim 10} \text{Hz}$。

电解电容由于介质损耗大、杂散电感大，使用的频率上限很低，所以在用电解电容旁路时，还需并联小容量的其他电容以降低高频时的总阻抗。

5.5.3　电容的标示法

目前出现的 4 种电容的标示法如下。

1. 直标法

直标法是直接将电容的标称值、额定电压标在电容上。由于这种方法直观、方便，对体积较大的电容目前大多使用这种标示方法。

2. 色环标示法

色环标示法与电阻的标示方法相同，参见表 5-4。这种方法由于读数不直观，在电容上较少采用。

3. 字母数字混合标示法

用数字与表示电容单位的字母 p、n、μ（R）、m、F 混合来表示其标称值：字母左边的数字为整数，字母右边的数字为小数，字母即为电容的单位。例如 p1 $\Rightarrow$ 0.1pF、1p0 $\Rightarrow$ 1pF、3p3 $\Rightarrow$ 3.3pF、3n3 $\Rightarrow$ 3300pF、10n $\Rightarrow$ 10000pF、3.3n $\Rightarrow$ 3300pF、μ33（或 R33）$\Rightarrow$ 0.33μF、1m $\Rightarrow$ 1000μF、10m $\Rightarrow$ 10000μF、3F3 $\Rightarrow$ 3.3F 等。

4. 3 位数标示法

用数字前面两位表示电容标称值的有效数字，第 3 位表示幂次数，单位为 pF。例如 332 $\Rightarrow$ $33 \times 10^2 \text{pF} = 3300\text{pF}$、114 $\Rightarrow$ $11 \times 10^4 \text{pF} = 110000\text{pF}$ 等。

5.6　电容参数测量

电容的量值可大致分为高（大）、中、低 3 类：通常 100pF 以下称为低值；100pF ~ 1000μF 称为中值；1000μF 以上称为高值。实际工作中有时把几百微法的电解电容也当作大电容的范围。

5.6.1　中值电容的测量

1. 伏安法测量电容

采用伏安法测量电容如图 5-16 所示，当电路加上频率为 f 的正弦交流电源后，只需测量电压 U 和电流 I，在忽略电容本身的损耗时，即有

$$C_\text{x} = \frac{I}{2\pi f U} \tag{5-25}$$

式中，当电流单位为 A、电压单位为 V 时，电容单位为 F。

2. 交流电桥测量电容

交流电桥测量电容类似交流电桥测量电感，优点是测量准确度较高，一般在 $0.5\% \sim 2\%$，而且可以同时测量其介质损耗 $\tan\delta$（一般是在 1000Hz 情况下）；缺点是调节电桥平衡要交流参数中的实部和虚部分别相等，比较困难，所以测量速度较慢。

图 5-17 是常见的交流电桥，其中 C_x 是被测电容、R_x 为引起损耗的等效电阻，C_N 为已知的标准电容、R_2 为可调电阻。检流计 G 电流为零时电桥平衡，有

$$\left(\cfrac{1}{\cfrac{1}{R_x}+j\omega C_x}\right)R_4 = \left(\cfrac{1}{\cfrac{1}{R_2}+j\omega C_N}\right)R_3 \tag{5-26}$$

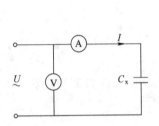

图 5-16 伏安法测量电容

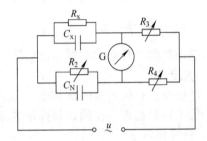

图 5-17 交流电桥

经整理后有

$$R_2R_3 + j\omega R_2R_3R_xC_x = R_xR_4 + j\omega R_2R_4R_xC_N \tag{5-27}$$

要电桥平衡，必须满足方程

$$\left.\begin{aligned} R_3C_x &= R_4C_N \\ R_2R_3 &= R_xR_4 \end{aligned}\right\} \tag{5-28}$$

式（5-28）可写成

$$\left.\begin{aligned} C_x &= C_N\frac{R_4}{R_3} \\ R_x &= R_2\frac{R_3}{R_4} \end{aligned}\right\} \tag{5-29}$$

被测电容的损耗因数为

$$D_x = \tan\delta_x = \frac{1}{\omega C_x R_x} \tag{5-30}$$

将式（5-29）代入式（5-30），得

$$D_x = \tan\delta_x = \frac{1}{\omega C_N R_2} \tag{5-31}$$

由此可见，由式（5-29）和式（5-31）可同时测量到被测电容值 C_x 及在一定频率 f 时的损耗因数 D_x。

5.6.2 数字式表测量电容

测量电容的数字式仪表层出不穷，目前常见的有专门测量电容的数字式电容表和其他数字式表中附加测量电容的功能。

1. 数字式电容表简介

数字式电容表具有准确度高、测量速度快等优点。它是经过 C/U（电容/电压）转换器将待测电容量转换成直流电压，然后直接由数字式电压表测量电压来表示电容量。其关键技术就是 C/U 转换电路。它是用晶体振荡的方法取得精确的方波频率作为控制信号来控制电容向电阻的充放电时间，当待测电容 C_x 充电到 U_+ 后放电，设放电时间为 t，则放电电流 $I = C_x U_+ / t$，在放电电压 U_+ 和放电时间 t 一定时，C_x 和放电电流 I 成正比。只要测出电流 I 流过放电电阻上的电压 U，C_x 就可知。

使用数字式电容表测量电容前，一定要将电容充分放电，以免测量时电容上的残余电压向表内元器件放电而损坏仪表。

2. 数字式仪表测量电容

数字式仪表测量电容的方法之一是将待测电容量转换成直流电压，再利用数字电压表测量出电压，以完成 C/U 的转换。这样在测量其他电路元器件参数时就可增加测量电容功能的挡位。

数字式仪表测量电容的另一种常采用的方法是脉宽调制法（PWM）。基本原理是利用被测 C_x 电容的充放电过程去调制一个频率 f 和占空比 D 均固定的脉冲波，使其占空比 D 与 C_x 的值成正比，经过滤波电路后得到直流电压 U_0 送到 A/D 转换器，转换成数字量并显示。

数字式电容表的准确度一般为 $(0.5\% \sim 1\%) \pm 1$ 字，测量范围为 $1\mathrm{pF} \sim 2000\mu\mathrm{F}$，转换速度小于 1s。

第 6 章 Multisim 软件应用简介

6.1 软件主窗口及菜单栏

6.1.1 软件特点

电子设计自动化（Electronic Design Automation，EDA）在电工电子设计电路中已被广泛应用。NI Multisim 14.0 是美国国家仪器（NI）有限公司推出的以 Windows 为基础的仿真工具。Multisim 将业界标准的 SPICE 仿真与交互式电路图设计环境集成在一起，可立即查看和分析电子电路，具有强大的电路仿真和分析功能。它采用图形方式创建电路，使用虚拟仪器、仪表进行电路参数测试，软件简便易学，受到用户欢迎。该软件具有以下特点。

1. 系统高度集成，界面直观，操作方便

整个操作界面就像一个电子实验工作台，绘制电路所需的元器件和仿真所需的测试仪器均可直接轻点鼠标拖放到屏幕上，使用导线将它们连接起来。软件仪器的控制面板和操作方式都与实物相似。测试、分析结果可在测量仪表上直接读出。

2. 元件库中元件的模型和信息资源丰富

软件提供了虚拟元件库和实际元件库两套元器件资源，包括目前大部分的数字、模拟及数字/模拟混合电路。虚拟元件库的元器件参数不受标准限制，可以任意设置；实际元件库中的元器件参数则是厂商提供的标准参数，不可任意更改。这样便于根据不同的设计需要选用元器件资源，既满足了不同要求，又增加了仿真电路的实用性。

3. 测量仪器、仪表完备，使用方便

软件提供了数字万用表、功率表、函数信号发生器、波特仪等 20 多种常用虚拟电子仪器和电工仪表。所有测量仪器、仪表可以同时、多次调用，而且使用的方法与实际仪器、仪表几乎相同，给学习这些仪器、仪表的使用带来了便利。

4. 具有数字、模拟及数字/模拟混合电路的仿真

软件以 XSPICE 内核作为仿真引擎，在软件中既可以对数字或模拟电路进行仿真，也可以对数字和模拟电路构成的混合电路进行仿真。

5. 电路分析手段完备

Multisim 提供了电路的直流工作点分析、瞬态分析、傅里叶分析和失真分析等常用电路仿真分析，并具有后处理功能。利用软件的后处理器可完成对仿真结果和波形的数学和工程运算，如算术运算、代数运算、布尔代数运算、矢量运算等。

6.1.2 软件主窗口

打开软件，直接进入如图 6-1 所示的软件主窗口。它由菜单栏、系统工具栏、元件库栏、电路绘图窗口和仪表工具栏等组成。

6.1.3 菜单栏

菜单栏与 Windows 的基本功能相似，提供了 12 个菜单几乎涵盖了所有的功能命令。

菜单栏　元件库栏　设计工具箱　系统工具栏　　　仿真按钮栏　电路绘图窗口　　　仪表工具栏

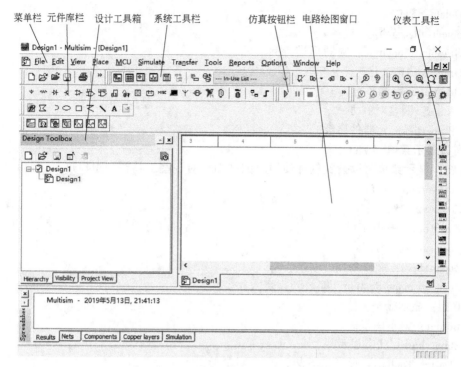

图 6-1　软件主窗口

1. 文件菜单（File）

文件菜单中包含了对文件和项目的基本操作以及打印等命令。

1）New：建立新文件。

2）Open：打开文件。

3）Close：关闭当前文件。

4）Save：保存。

5）Save as：另存为。

6）Snippets：分享电路内容。

7）Projects and packing：对项目打包处理。

8）New project：建立新项目。

9）Open project：打开项目。

10）Save project：保存当前项目。

11）Close project：关闭项目。

12）Print：打印。

13）Recent designs：最近编辑过的设计。

14）Recent projects：最近编辑过的项目。

15）Exit：退出 Multisim。

2. 编辑菜单（Edit）

编辑菜单主要在电路绘制过程中使用，对电路和元器件进行技术处理。

1）Undo：撤销编辑。

2）Cut：剪切。

3）Copy：复制。

4）Paste：粘贴。

5）Delete：删除。

6）Select all：全选。

7）Graphic annotation：对图形进行标注。

8）Order：调整次序。

9）Orientation：调整方向。

10）Align：调整对齐方式。

11）Properties：元器件属性。

3. 窗口显示菜单（View）

通过窗口显示菜单可以设置软件使用时的视图，对一些工具栏和窗口进行控制。

1）Full screen：全屏。

2）Zoom in：放大显示。

3）Zoom out：缩小显示。

4）Zoom area：缩放区域。

5）Zoom sheet：缩放界面。

6）Zoom to magnification：缩放到指定大小。

7）Grid：显示栅格。

8）Border：显示图框。

9）Status bars：状态显示栏。

10）Design Toolbox：设计工具箱。

11）Circuit Parameters：调整电路参数。

12）Toolbars：确定各种工具栏是否显示。

4. 放置菜单（Place）

通过放置菜单可以在电路绘图窗口中放置元器件、连接点、总线和文字等。

1）Component：放置元件。

2）Probe：放置探头。

3）Junction：放置节点。

4）Wire：放置导线。

5）Bus：放置总线。

6）Connectors：放置连接器。

7）New hierarchical block：新建层次模块。

8）Hierarchical block from file：从文档中提取层次块。

9）New subcircuit：新建子电路。

10）Multi-page：建立电路图新页。

11）Comment：添加注释。

12）Text：添加文本。

13）Graphics：添加图形。

14）Title block：添加标题块。

5. MCU 菜单（MCU）

用于进行单片机仿真。

1）Debug view format：调式模式的显示格式。

2）MCU windows：MCU 窗口。

3）Line numbers：行号。

4）Pause：暂停。

5）Step into：步入。

6）Step over：跳过。

7）Step out：步出

8）Run to cursor：运行到光标。

9）Toggle breakpoint：断点设置。

10）Remove all breakpoints：移除所有断点。

6. 仿真菜单（Simulate）

通过仿真菜单执行仿真分析命令。

1）Run：执行仿真。

2）Pause：暂停仿真。

3）Stop：停止仿真。

4）Analyses and simulation 分析和仿真设置。

5）Instruments：添加仪表至电路。

6）Mixed-mode simulation settings：混合模式仿真设置。

7）Probe settings：探头设置。

8）Postprocessor：后处理器。

9）Simulation error log/audit trail：仿真错误记录信息窗口。

10）Load simulation settings：加载仿真设置。

11）Save simulation settings：保存仿真设置。

12）Clear instrument data：清除仪器数据。

7. 文件输出菜单（Transfer）

文件输出菜单提供的命令可以让 Multisim 产生其他 EDA 软件需要的文件或接收其他文件。

1）Transfer to Ultiboard：将所设计的电路图转换为 Ultiboard（Multisim 中的电路板设计软件）的文件格式。

2）Forward annotate to Ultiboard：正向注解到 Ultiboard。

3）Backward annotate from file：从文件反向标注。

4）Export to other PCB layout file：输出成其他 PCB 设计文件。

5）Export SPICE netlist：导出 SPICE 网表。

8. 工具菜单（Tools）

工具菜单主要是一些电路设计时需要的工具，如针对元器件的编辑与管理的命令，电器规则检查等。

1）Component wizard：元件向导。

2）Database：数据库管理。

3）Circuit wizards：电路向导。

4）Replace components：替换元件。

5）Update components：更新电路图上的元件。

6）Electrical rules check：进行电路电器规则检查。

7）Clear ERC marker：清除 ERC 标记。

8）Toggle NC markers：标记没有连接节点。

9）Symbol Editor：符号编辑器。

10）Title Block Editor：标题块编辑器。

11）Capture screen area：屏幕抓图。

9. 报告菜单（Reports）

产生当前电路的各种报告。

1）Bill of materials：产生当前电路中元件的清单。

2）Component detail report：产生当前电路中元件的详细信息。

3）Netlist report：产生元件网表。

4）Cross reference report：交叉信息。

5）Schematic statistics：产生电路图的统计信息。

6）Spare gates report：产生电路图中未使用门的统计信息。

10. 选项菜单（Options）

通过选项菜单可以对软件的运行环境进行定制和设置。

1）Global options：设置全局选项。

2）Sheet properties：设置电路图属性。

3）Lock toolbars：锁定工具栏。

4）Customize interface：设置自定义界面。

11. 视窗菜单（Window）

用于关闭、新建窗口，提供软件窗口显示的管理。

1）New window：新建窗口。

2）Close：关闭。

3）Close all：全部关闭。

4）Cascade：层叠。

5）Tile horizontally：横向平铺。

6）Tile vertically：纵向平铺。

7）Next window：下一个窗口。

8）Previous window：上一个窗口。

9）Windows：窗口。

12. 帮助菜单（Help）

帮助菜单提供了对 Multisim 的在线帮助和辅助说明。

1）Multisim help：Multisim 的在线帮助。

2）New Features and Improvements：该版本 Multisim 的新特点和改进。

3）Getting Started：Multisim 的入门指导。

4）Patents：Multisim 的专利。

5）About Multisim：关于 Multisim 相关信息。

6.2 工具栏

6.2.1 系统工具栏

系统工具栏放置很多快捷图标，又可分为文件工具栏、元件库栏等。

1. 文件工具栏和编辑工具栏

文件工具栏和编辑工具栏包含了软件主窗口文件菜单和编辑菜单中介绍的基本功能按钮，常用按钮如图 6-2 所示。图标和操作方法与 Windows 相同。

2. 元件库栏

元件库栏包含了设计电路时常用的各种元器件库，常用的元器件库图标如图 6-3 所示。

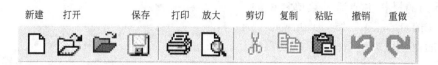

新建
打开
保存
打印
放大
剪切
复制
粘贴
撤销
重做

图 6-2　文件工具栏和编辑工具栏

3. 仿真按钮栏

当线路设计完成，单击图 6-4 所示左边“三角形”按钮，启动仿真进程，单击“正方形”按钮结束进程。

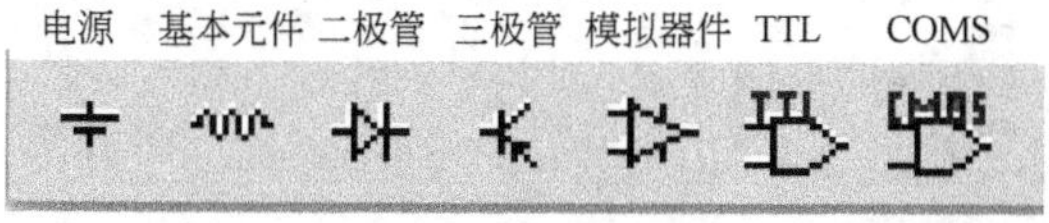

电源
基本元件
二极管
三极管
模拟器件
TTL
COMS

图 6-3　元件库栏

Interactive

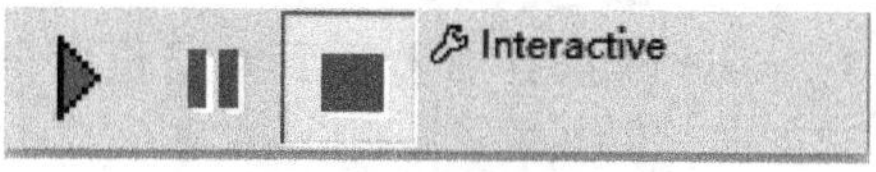

图 6-4　仿真按钮栏

6.2.2　仪表工具栏

仪表工具栏里有许多常用的电工和电子虚拟仪表（图 6-5 列出了最常用的 13 种），每种虚拟仪表的使用方法与实际仪表相同。

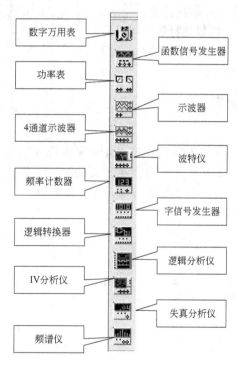

数字万用表
函数信号发生器
功率表
示波器
4通道示波器
波特仪
频率计数器
字信号发生器
逻辑转换器
逻辑分析仪
IV分析仪
失真分析仪
频谱仪

图 6-5　仪表工具栏

6.3　创建原理图

6.3.1　定制用户界面

为方便电路原理图的创建和对电路的仿真分析，在创建原理图前一般先要定制用户界面。

定制用户界面的操作主要通过菜单栏中的 Options 中"Global options""Sheet Properties""Customize interface"对话框中提供的各项选择功能实现。图 6-6 为"Sheet Properties"对话框，对话框中各选项卡的功能如下：

1）Sheet visibility：用于设置元器件、网络名称、连接器、总线入口的显示属性。

2）Colors：用于改变背景、文本、元器件、导线等颜色。

3）Workspace：用于改变电路页面的大小和方向，以及网格、边界的显示。

4）Wiring：用于改变导线、总线的宽度。

5）Font：用于设置元器件的标识和参数值、节点、引脚名称、原理图和元器件属性等文字字体属性。

6）PCB：用于 PCB 的一些参数设置，如 PCB 的接地方式、电路板层数选择等。

7）Layer settings：用于添加、删除图层。

图 6-6 "Sheet Properties"对话框

6.3.2 元器件选取和放置

1. 元器件选取

（1）方法一 单击图 6-1 元件库栏的相应元件库图标，如选取"Basic"元件库图标，出现图 6-7 所示"元件选择"对话框。然后，在"Family"列表框中选择元器件所在的系列库，如 RESISTOR 电阻系列库。最后单击所需具体元件，如选取 1k 电阻元件。

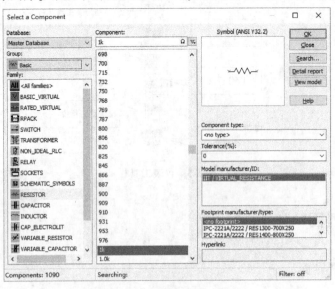

图 6-7 "元件选择"对话框

（2）方法二　单击菜单栏中的"Place"→"Component"命令，也可直接打开"元件选择"对话框。选择元件所在的 Group 库、Family 库，设置具体元件类型和参数，最后单击"OK"按钮。

2. 元器件放置与参数值设置

1）打开元器件所属的库，然后单击所需元器件。对于虚拟元器件，一般每个元器件都有一个默认值。单击"OK"按钮，移动鼠标至电路绘图窗口合适位置，单击鼠标左键，放置元器件于绘图窗口中。

2）双击电路图中的元器件图标，可打开其"属性"对话框，设置元器件参数值。

以虚拟电阻为例，在电路图中选中 1kΩ 电阻，双击该电阻图标，可打开其"属性"对话框，如图 6-8 所示。在对话框的 Value 选项卡中可以设置电阻值。

图 6-8　元件参数设置

6.3.3　电压、电流与功率探头的选取和放置

在"Place"菜单栏中选择"Probe"选项，可看见可以放置的各类探头，分述如下。

1. Voltage 电压探头

放置电压探头于电路的节点上，在默认情况下，探头测得的是该节点到接地点的电压信息。电压探头读数也可通过双击图标进行设置，可改为读取电压探头到参考点的电压。

2. Current 电流探头

放置电流探头于电路的导线上，该探头可以测得支路电流的相关信息。

3. Power 功率探头

放置功率探头于电路的元器件上，该探头可以测得该元器件平均功率。

4. Differential voltage 两点电压探头

放置电压探头正极于电路的一节点上，负极于电路的另一节点上，探头可测得该两点的电压。

5. Voltage and Current 电压电流探头

同时放置电压和电流探头。

6. Voltage reference 电压参考点符号

放置电压的参考点于电路中。双击放置的电压探头符号，在显示的窗体中，可以选择不同的参考点。

7. Digital 数字电压探头

放置数字电压探头于电路的导线上。数字电压探头主要用于电路中的电平检测，当电压高于一个阈值，探头显示 1；电压低于一个阈值，探头显示 0。双击数字电压探头可进行阈值设置。

6.3.4　指示器元件库元器件的选取和放置

在"Place"菜单中选择"Component"选项，出现"元件选择"对话框，在 Group 库中选择指示器（Indicators）元件库。指示器元件库中含有电压表、电流表、电平探测器、蜂鸣器、灯泡、虚拟灯泡、数码管和电压指示条共 8 类元器件。

1. 电压表和电流表

电压表并联在电路中，电流表串联在电路中。电压表和电流表有不同的类型，不同之处是表的正负极性和引出线的上下、左右位置不同而已。电压表和电流表默认为直流仪表，通过左键双击仪表可进入属性对话框。在对话框中可以设置仪表内阻，并可以将仪表设置为交流仪表。

2. 电平探测器

指示器元件库中的电平探测器有无色及红、绿、蓝等不同颜色，只有一个接线端，测量时，只需将该接线端直接接入待测点处，主要用来测量电路中某点的电平。双击电平探测器，可以设置阈值电压，当电压高于阈值电压电平探测器显示颜色或闪烁。

3. 蜂鸣器

蜂鸣器是利用计算机自带的扬声器来发出声音的。蜂鸣器的工作参数可根据需要设置，双击蜂鸣器可以改变蜂鸣器电压、电流和频率设定值。电压是指设定蜂鸣器开始工作时的门限电压，当加在其端口的电压超过设定电压时，蜂鸣器就按设定的频率鸣响。频率设置得不要太高，以免声音太刺耳。电流按驱动蜂鸣器的电路负载能力来设置。

4. 灯泡

灯泡的额定电压和额定功率不同，种类较少。虚拟灯泡可以任意设定参数值。

5. 数码管和电压指示条

数码管用于十六进制数字显示。电压指示条可以设置电压，当电压为设置电压时指示条满格显示，其余电压指示条按比例显示。

6.3.5 元器件的编辑和连线

1. 元器件的编辑

元器件的编辑是指对其进行删除、旋转和改变颜色等操作。可以通过鼠标右键单击元器件，然后在弹出的快捷菜单中选择选项来完成，如图 6-9 所示。

2. 元器件的连接

1）两元器件之间的连接。选择"Place"（放置）菜单中"Wire"（导线）选项，将鼠标指针移近元器件引脚一端，鼠标指针自动转变为 ●（黑色点），单击鼠标左键，使导线与该引脚相连。移动鼠标指针可见导线，移动中若想改变布线方向，可单击鼠标左键。移动至另一元器件的引脚，可见引脚出现 ●（红色点），此时单击鼠标左键，系统就连接好了两个引脚之间的线路。

2）元器件与某一导线连接。从元器件引脚开始，移动鼠标指针移近该引脚，见 ●（黑色点）单击鼠标左键，然后至所要连接的导线处，见 ●（红色点）出现后单击鼠标左键。系统连好了两个点，同时在所连接导线的交叉点上自动放置一个节点。

3）若需在导线任意位置上放置一个节点，则需使用菜单"Place→Junction"命令，鼠标左键单击所要放置连接点的位置。

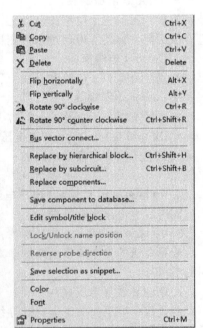

图 6-9　鼠标右键单击元器件弹出的快捷菜单

4）若需删除某根连线，则用鼠标左键单击该连线，再按"Delete"键，也可单击鼠标左键选中该连线后，再单击鼠标右键，在弹出的快捷菜单中选择"Delete"命令。

6.4　虚拟仪表的使用

　　虚拟仪表位于软件主窗口右侧，选择时用鼠标左键单击具体仪表，移动鼠标至电路设计窗口中合适位置，再次单击鼠标左键放置好仪表。仪表的图标在测量中只起连接测量点的作用，如果需要使用仪表，如选择量程和查看测量的数据等，则需用鼠标左键双击仪表图标，出现仪表的面板。在仪表面板上，可以对仪表进行操作。

6.4.1　虚拟数字万用表

　　虚拟数字万用表自动显示数据，其作用与实际数字万用表相同，图标和面板如图 6-10 所示。面板用以完成交直流电压、电流和电阻的测量显示。虚拟数字万用表的使用方法和实际数字万用表基本相同，只是不用选择量程，数据直接由仪表的面板读出。

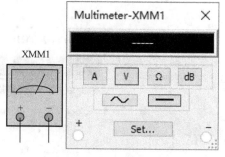

图 6-10　虚拟数字万用表图标和面板

6.4.2　函数信号发生器

　　函数信号发生器的图标和面板如图 6-11 所示，信号从面板相应的接线端输出。

1. 面板简介

（1）Waveforms（波形）区　用来产生正弦波、方波和三角波信号。

（2）Signal options（信号设置）区　对 Waveforms 区选取的信号设置相关参数。

1）Frequency：设置频率，范围在 1Hz~999MHz。

2）Duty cycle：设置方波的占空比，范围在 1%~99%。

3）Amplitude：设置输出峰值，范围在 1μV ~ 999kV。

4）Offset：设置偏移量，即将要输出的电压波形上叠加一个偏置直流电压后输出。

2. 图标的连接

1）输出用+和 Common（公共端）时，输出为正极性。当波形是正弦电压波形时，输出最大值是振幅（Amplitude）。

2）输出用–和 Common（公共端）时，输出为负极性。当波形是正弦电压波形时，输出最大值是振幅（Amplitude）。

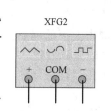

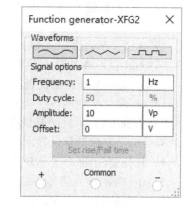

图 6-11　函数信号发生器的图标和面板

3）输出用+和–时，当波形是正弦电压波形时，输出最大值是振幅（Amplitude）设定值的两倍。

6.4.3　功率表（瓦特表）

　　功率表用于测量交、直流电路的平均功率和功率因数，其图标和面板如图 6-12 所示。功率表有两组端子，左边两端子为电压输入端子，与所要测量的电路并联；右边两个端子为电流输入端子，与所要测量的电路串联。接线示例如图 6-13 所示。

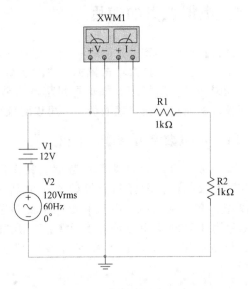

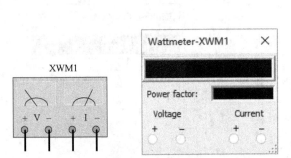

图 6-12　功率表信号发生器的图标和面板　　　　图 6-13　功率表的接线示例

6.4.4　双踪示波器

双踪示波器用来观察信号波形并可测量信号振幅、频率及周期等参数，其图标和面板如图 6-14a、b 所示。

1. 面板简介

（1）Timebase 区　设置 X 轴方向的时间基线。

1）Scale：X 轴时间刻度，每格表示的时间。

2）X position：X 轴方向时间扫描的起始位置。

3）Y/T：Y 轴方向显示 A、B 通道的输入信号，X 轴方向为时间基线。这是最常用的设置。

4）B/A：A 通道作 X 轴扫描，B 通道信号施加于 Y 轴。

5）Add：X 轴方向按设置时间扫描，Y 轴方向显示 A、B 通道输入信号之和。

（2）Channel A 通道设置区　设置 Y 轴方向为 A 通道输入信号。

1）Scale：Y 轴刻度，每格表示的电压值。

2）Y position：时间基线在显示屏中上下的起点位置。

3）AC：表示屏幕仅显示输入信号的交流分量。

4）DC：表示屏幕显示输入信号含交、直流分量。

5）0：表示输入信号对地短接。

（3）Channel B 通道设置区　设置 Y 轴方向为 B 通道输入信号，其余与"（2）Channel A 通道设置"相同。

（4）Trigger 触发区　设置触发方式。

1）Edge：以输入信号的上升或下降沿作为触发信号。

2）Level：触发电平的大小。

3）A、B：用 A 通道或 B 通道的输入信号作为同步触发信号。

4）Ext：使用外触发信号作为同步触发信号。

5）Single：当触发电平高于所设置的触发电平时，示波器触发一次，只有再次单击

Single，才会再次刷新。

6）Normal：只要触发电平高于所设置的触发电平时，示波器就触发。

7）Auto：自动触发。这是最常用的选择。

8）None：无触发。

（5）Reverse 区　改变屏幕背景的颜色，黑或白。

（6）波形显示测量区　波形显示区可以显示波形，显示区中可以用鼠标设置两根标尺读取数据。数据显示在波形显示区下方的数据显示区。

T1、T2 所在行：显示时间及对应时间相应通道的电压值。

T2 - T1 所在行：显示 T2 和 T1 的时间差值及相应通道所对应时刻的电压差值。

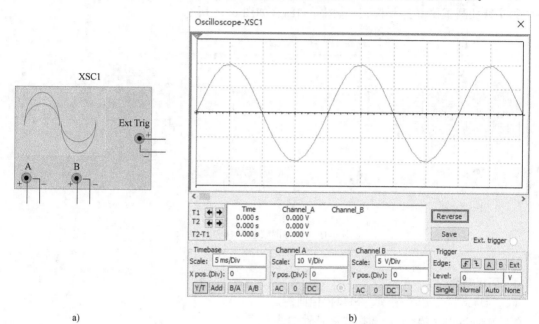

a)　　　　　　　　　　　　　　　　　　　　b)

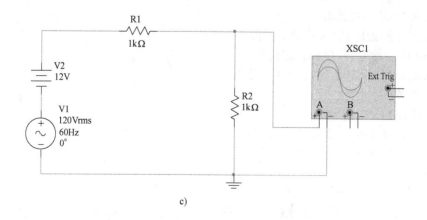

c)

图 6-14　双踪示波器的图标、面板和接线

a）图标　b）面板　c）接线示例

2. 示波器的连接

双踪示波器的接线示例如图 6-14c 所示，其中 A、B 为两个通道，通道 "+" 端接探测信号参考正极，通道 "-" 端接探测信号参考负极。该虚拟示波器与现实示波器的连接方式稍有不同，连接规则：

1）A、B 两个通道分别只有一根线与被测点相连，测量的是该点与 "地" 之间的波形。

2）通道 "-" 端通常接地，但当电路中已有接地符号，也可不接。

6.4.5 波特图仪

波特图仪用来测量和显示一个电路、系统或放大器的幅频特性和相频特性，类似于实验室的频率特性测试仪（扫频仪），其图标和面板如图 6-15 所示。

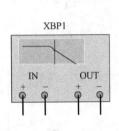

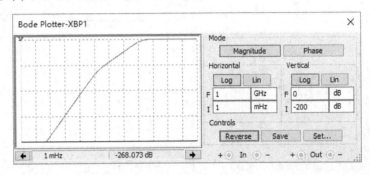

图 6-15 波特图仪的图标和面板
a）图标 b）面板

1. 面板简介

（1）Mode 区 选择幅频、相频特性曲线。

1）Magnitude（幅频）：选择幅频特性曲线。

2）Phase（相频）：选择相频特性曲线。

（2）Horizontal 区 设定 X 轴（频率）范围。

1）Log（对数）：对数坐标。

2）Lin（线性）：线性坐标。

3）F（Finish 终止值）：坐标的终止值。

4）I（Initial 初始值）：坐标的起始值。

（3）Vertical 区 设定 Y 轴（幅度）范围。

1）Log（对数）：对数坐标。

2）Lin（线性）：线性坐标。

3）F（Finish 终止值）：坐标的终止值。

4）I（Initial 初始值）：坐标的起始值。

（4）Controls 区

1）Save（保存）：以 BOD 格式保存。

2）Set（设置）：设置扫描分辨率。选择数值越大，读数精度越高，但运行时间将增加。

（5）测量读数 可移动波形显示区的标尺或单击波形显示区下面的左右箭头来读取数据。

2. 波特图仪的连接

波特图仪的连接如图 6-16 所示。其图标包括 4 个接线端，左边 IN 是输入端口，其+、-分别与电路输入端的正负端子相接；右边 OUT 是输出端口，其+、–分别与电路输出端的正负端子连接。由于波特图仪本身没有信号源，所以在使用波特图仪时，必须在电路的输入端口示意性地接入一个交流信号源（或函数发生器），且无须对其参数进行设置。

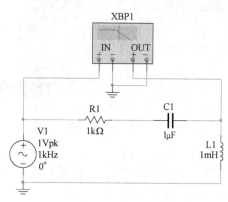

图 6-16 波特图仪的连接

6.5 对电路的进一步编辑

6.5.1 修改元器件的序号

元器件的序号是建立电路时自动给定的，为符合使用习惯，常需自选或修改。方法是双击该元器件，在出现如图 6-17 所示的对话框后，在 Label 选项卡中修改元器件 RefDes 文本框中的数字。

6.5.2 调整、删除元器件和文字标注的位置

若某些元器件放置的位置需要调整，对于单个元器件，只要单击选中后就可用鼠标任意拖动。对于多个元器件甚至整个电路或文字标注的位置需要调整或删除，则先使用鼠标对该电路拖出一个虚线框，然后用鼠标任意拖动虚线框到所需的位置；如要删除的话，在拖出虚框后，单击键盘的"Delete"键即可。

6.5.3 修改元器件或连线的颜色

修改元器件或连线的颜色常用的方法是：将鼠标指针指向该元器件或连线，单击右键，在弹出的快捷菜单中选择"Net color"选项，在弹出的"颜色"对话框中即可选择所需要的颜色，如图 6-18 所示。

6.5.4 电路的保存

在设计电路及调试时，有时会因一些特殊

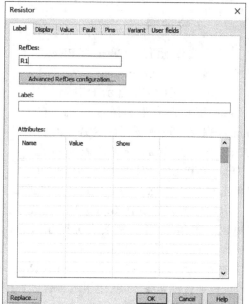

图 6-17 元器件序号修改

情况而导致软件系统异常终止，因此，建议边建立电路边保存，以免所设计的电路"前

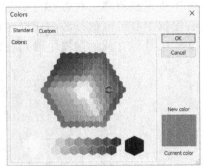

图 6-18 "颜色"对话框

功尽弃"。

电路完成后，保存时，文件名自动生成扩展名（后缀）为 .ms14，在修改文件名时，扩展名不可修改，否则 Multisim 软件会"不认识"而打不开。

6.5.5 电路的复制和粘贴

使用鼠标对要复制的电路拖出一个虚线框，然后单击主工具栏中的"复制"图标，再单击主工具栏中的"粘贴"图标，即可在电路图绘制窗口中出现复制的内容。

6.6 应用举例——验证基尔霍夫电流定律

6.6.1 实验电路图

按图 6-19 连接电路，验证基尔霍夫电流定律。

6.6.2 实验步骤

（1）放置元件 单击"Place"（放置）菜单中"Component"（元件）选项，弹出如图 6-20 所示的对话框。在 Group 下拉列表中选择 Sources，在 Family 列表框中选择 POWER_SOURCES，在 Component 列表框中选择 DC_POWER。双击 DC_POWER 或单击右上方"OK"按钮，进行电源的放置。

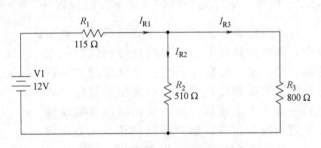

图 6-19 霍夫电流定律实验电路

以同样的方法，在 Group 下拉列表中选择 Basic，在 Family 列表框中选择 RESISTOR，放置电阻。在 Group 下拉列表中选择 Indicators，在 Family 列表框中选择 AMMETER，根据需求可以选择不同形式的电流表进行放置。

放置好元件后，右击元件，可在弹出的快捷菜单中选择"Rotate 90°clockwise""Rotate 90°counter clockwise"（或使用组合键"Ctrl+R""Ctrl+shift+R"）对元件进行旋转，得到元件合适的朝向。双击元件，可在"Value"菜单栏中选择相关选项修改元件属性参数。放置好的元件如图 6-21 所示。

（2）连接引脚 在菜单栏中选择"Place"→"Wire"选项，将鼠标指针移近元件引脚一端，单击鼠标左键，移动鼠标指针至另一元件的引脚，再次单击鼠标左键，则两个引脚连接完成。

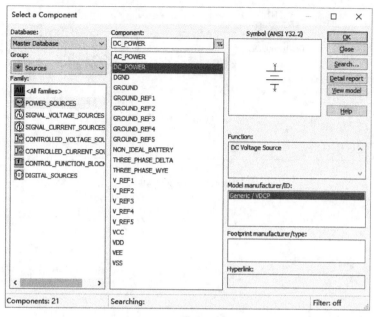

图 6-20　放置直流电源

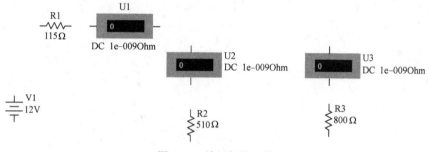

图 6-21　放置好的元件

（3）放置接地符号　Multisim 软件中电路不接地将会出现错误，无法进行模拟仿真。在元件选择对话框中，设置"Group"为 Sources，设置"Family"为 POWER_ SOURCES，在电源列表框中选择元件 GROUND，放置接地符号。

（4）仿真　连接好的电路如图 6-22 所示，单击仿真栏的绿色"三角"按钮 ▷ 进行仿真，单击 ❙❙ 按钮暂停仿真，单击 ▣ 按钮停止仿真。仿真结果如图 6-23 所示，有 $I_{R1} = I_{R2} + I_{R3}$。

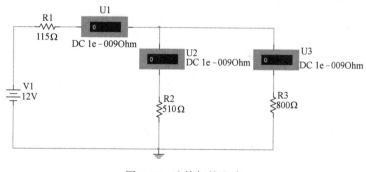

图 6-22　连接好的电路

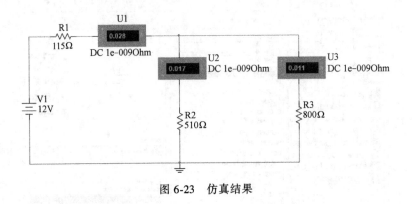

图 6-23　仿真结果

第 7 章　电路实验技术

7.1　用电安全简述

电对人类的巨大贡献是众所周知的，它与水和空气一样已不可缺少。水能载舟，也能覆舟，电也如此，与电相伴时，对其要有充分的认识。

7.1.1　电对人体的伤害

电对人体的伤害有两种，一是电击伤，二是电灼伤。电击伤是电流通过人体影响呼吸、心脏和神经系统，使人体内部的组织破坏乃至死亡。电灼伤是指电流或电弧对人体外部造成的局部性伤害，如烧伤等。触电事故伤害程度与通过人体电流的大小、持续时间、途径，电流的频率及人体本身的健康状况等因素有关。

1. 电伤害

通过人体电流的大小是电击伤害程度的决定性因素。工频（50Hz）交流 1mA 或直流 5mA 的电流通过人体就会引起麻感或痛感，但自己还能摆脱电源；如果通过人体的工频交流超过 20~25mA 或直流超过 80mA 时就会引起电麻痹、呼吸困难，自己不能摆脱电源以致危及生命。所以一般认为工频交流 30mA 以下，直流 50mA 以下为安全电流。

通过人体的电流还决定于人体电阻及外加电压。人体表皮有 0.05~0.2mm 厚的角质层具有很高的电阻，一般为 1000~2000Ω，但角质层极易被破坏，此时人体电阻仅为 600~1000Ω 左右。在皮肤潮湿、多汗、有损伤或接触面积加大、接触压力增加等情况下也会降低人体电阻。外加电压取决于不同的触电情况，如单相触电、两相触电或跨步电压触电等。其中单相触电指人体站在地面或某接地体上，身体其他部位触及一相带电体时的触电。

在交流变压器中性点接地的三相系统中，单相触电电压接近 220V。两相触电是指人体部位有两处同时触及两相带电体的触电，一般外加电压达 380V。跨步电压触电指当带电体接地并有电流流入地下时，电流在接地点周围土壤中产生电压降，人体接近接地点时，两脚跨步之间承受跨步电压，其大小与人的两脚位置即跨步的大小及距接地体位置等因素有关。

由于人体电阻取决因素很多，所以各国规定的安全电压均是根据具体条件确定的。规定安全电压，能限制触电时通过人体的电流在较小的范围之内，从而在一定程度上保障人身安全。

（1）电击伤　电击伤是指电流通过人体对细胞、神经、骨骼及器官等造成的伤害。这种伤害通常表现为针刺感、压迫感、打击感、肌肉抽搐、神经麻痹等，严重时将引起昏迷、窒息，甚至心脏停止跳动而死亡。电击伤害主要在人体内部。

对电击造成触电伤亡的主要原因，目前较一致的看法是电流流过人体引起心室纤维颤动，使心脏功能失调、供血中断、呼吸窒息，从而导致死亡。

（2）电灼伤　电灼伤是电流的热效应、化学效应、机械效应对人体造成的伤害，如电烧伤、电弧烧伤、电烙印、皮肤金属化、机械损伤、电光眼等。电灼伤一般是在电流较大和电压较高的情况下发生，严重的电灼伤同样造成触电伤亡。局部性电灼伤一般会在肌体表层留下明显伤痕。在触电伤亡事故中纯电灼伤或带电灼伤性质约占 75%。

2. 电流通过人体时的影响

所谓安全电流如果长时间通过人体仍然是有危险的。一般讲电流通过人体的时间越长，人体电阻越降低，后果就越严重。此外，人体心脏收缩及扩张的中间约有0.1s的时间间隙，如果电流恰好在这一瞬间通过心脏，即使电流很小也会引起心脏颤振，所以电流持续时间大于1s则必然会与心脏最敏感的时间间隙重合，危险很大。

3. 电流通过人体途径的影响

触电情况是多种的，通过人体途径造成电击中最危险的途径是从人体的左手到右脚（或右手到左脚），因为它可能通过心脏引起心脏房室纤颤或停跳，也可能通过脊髓造成肢体瘫痪；其次是手到手的途径；再次之则是脚到脚的途径。虽然脚到脚的途径危险性小，但易引起痉挛摔倒造成坠落摔伤或导致电流通过全身的严重的二次事故。

4. 电流频率及人体健康状况对电伤害的影响

通常采用的工频交流电源对设计电器设备较理想，但对人体却最为危险。偏离这个频率范围电击伤害的严重性将显著减小。据统计，电流频率在50~100Hz时对人体伤害的影响约有45%死亡率，频率在125Hz时则降为20%的死亡率，而频率大于200Hz时基本上可消除触电的危险。当然高频高压电的电击伤害危险性还是很大的。

此外，人的健康状况及生理素质对电击伤害有很大影响，例如患有心脏病、肺结核或神经系统疾病的人，在受到与正常人同等程度的电击伤害时，要远比正常人的伤害严重得多，甚至危及生命。

7.1.2 实验室安全防护和安全用电

用电不当，除了对人体会造成伤害外，还会对实验设备、测量仪表、生产设备等造成损坏甚至造成严重灾害。在设计实验和操作设备时必须考虑安全防护和安全用电。

1. 实验室安全防护

(1) 安装自动断电保护装置　自动断电保护装置是一种新型用电安全设施，有漏电保护、过电流保护、过电压保护、短路保护等功能。当发生触电或线路、设备故障时，自动断电装置能在规定时间内自动切断电源，保护人身安全和设备安全。

(2) 采用安全操作电压　安全操作电压是指人体较长时间接触带电体而不发生触电的电压。国际电工委员会（IEC）规定上限为50V。我国规定：对50~500Hz的交流电的安全电压有效值为42V、36V、24V、12V、6V五个等级，且任何情况下有效值均不得超过50V。目前采用较多的安全电压是交流12V和36V。但采用安全操作电压会使使用的低压电器设备不经济，且体积较大而笨重，因此安全操作电压大多用于局部照明或电气保护、控制电路中。

(3) 设立防护屏障　对于高压设备，悬挂警告牌，装设信号装置，采用屏护遮拦，采取设备的保护接零、保护接地等妥善接地方法。

(4) 保证安全距离　设备的布置或安装要考虑操作的安全距离，在任何情况下必须保证人体与带电体之间、人体与设备之间的安全距离。

(5) 加强安全教育　在实验室必须严格遵守实验室守则，养成良好的、科学规范的操作习惯。严格执行操作规程和工艺规范，是保障用电安全、预防和避免触电事故的重要措施之一。

2. 实验室安全用电

(1) 尽量避免带电操作　在接线或检查时应尽量避免带电操作，特殊情况要带电作业时，注意绝缘。

(2) 不过载　在设计实验时要充分考虑设备和电路中元器件的电流、电压和功率，确保每种设备、每个元器件运行在额定功率范围之内。使用任何电器设备时必须严格遵守使用条件，切不可随意过载运行。

(3) 人走时断电　实验结束后，关闭所有与实验有关的电源，方可离开。

7.2 漏电保护和过电流保护

7.2.1 漏电断路器的原理

漏电断路器使用于低压配电系统中，主要用于人身安全防护。在用电过程中，当人体接触带电体时漏电断路器能快速切断电源，保障人身安全。

漏电断路器实际上是一个零序电流互感器与机械的组合，以单相漏电断路器结构（见图 7-1）为例。在正常情况下，根据 KCL，流经零序电流互感器的线、相电流大小相等、方向相反，零序电流互感器铁心磁通为零，其二次绕组无感应电压输出，漏电断路器开关闭合，线路正常供电。

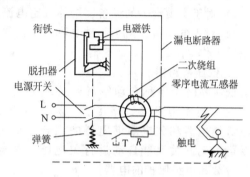

图 7-1 单相漏电断路器结构

当发生触电等故障时，相电流的一部分经人体流入大地，致使零序电流互感器产生零序电流，而后在二次绕组产生电流，流经脱扣器线圈。当电流到达某一规定值时，脱扣器动作，推动主开关跳闸，切断电源。T 为试验按钮，与电阻 R 串联组成一个试验回路，按下按钮 T 可使互感器二次绕组感应出电流，模拟接地故障，以检查漏电断路器动作是否正常。

由于 50Hz 的交流电压，对人身的安全电流为 30mA 以下。漏电断路器一般漏电动作电流在 30mA 左右，动作时间小于等于 0.1s。

7.2.2 漏电断路器的选择

当在干线上安装漏电断路器时，只需一个漏电断路器，所含支线的漏电故障都能得到保护，但停电涉及面大，寻找故障点困难。支线多了，误动作可能性大，而且动作电流不能小于 30mA，削弱了预防触电的能力。在支线上安装漏电断路器时，保护范围小，寻找漏电故障快，且不影响其他支路的运行。支线上的电气设备发生触电机会较多，应选漏电动作电流略小于 30mA 的漏电断路器。

7.2.3 过电流保护

过电流保护主要用于设备安全保护。当电气设备（或线路）发生漏电或接地故障时，很快自动切断电源，可有效地防止漏电引发的火灾等事故。

1. 熔断器

熔断器俗称为保险丝，是一种传统的过电流保护器，其结构简单、使用方便、价格低廉，主要用于短路保护。熔断器的熔体由铅、锡、锌或铅锡合金组成，当电流过载时，能在较短的时间内熔断；当电路短路时，能在瞬间熔断。

（1）熔断器的特性曲线　熔断器的熔体通过电流时产生热量，其与电流的平方和电流通过的时间成正比，电流越大，熔体熔断时间越短。熔断器熔体的这一特性称为熔断器的安秒特性，特性曲线如图 7-2 所

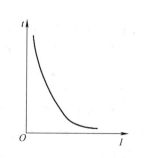

图 7-2 熔断器的安秒特性曲线

示。熔断器熔断电流与额定电流 I_N 和熔断时间的数值关系见表7-1。

表 7-1　熔断器熔断电流与额定电流 I_N 和熔断时间的数值关系

熔断电流	$(1.25\sim1.3)I_N$	$1.6I_N$	$2I_N$	$2.5I_N$	$3I_N$	$4I_N$
熔断时间	∞	1h	40s	8s	4.5s	2.5s

（2）熔断器的选择

1）对于实验台上的设备，熔体额定电流应略大于或等于设备上标定的电流。

2）对于电动机，由于起动电流要比正常工作电流大 3~10 倍，熔体额定电流应为电动机正常工作电流的 1.5~2.5 倍。

2. 低压断路器

低压断路器俗称自动空气开关或空气开关。它相当于刀开关、熔断器、热继电器、过电流继电器和欠电压继电器的组合，是一种既可手动开关又能自动进行欠电压、失电压、过载和短路保护的电器。

低压断路器是实验系统中常用的保护电器，不仅可分断额定电流、一般故障电流，还能分断短路电流，但单位时间内允许的操作次数较低。

（1）低压断路器的结构　低压断路器主要由主触头和过电流脱扣器、失（欠）电压脱扣器、热脱扣器等各种脱扣器和操作机构组成。它的结构示意图如图7-3所示。

（2）低压断路器的工作原理　低压断路器的主触头依靠操作机构手动或电动合闸，

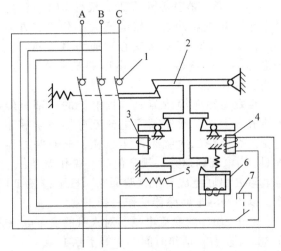

图 7-3　低压断路器的结构示意图
1—主触头　2—自由脱扣机构　3—过电流脱扣器
4—分励脱扣器　5—热脱扣器　6—失电压脱扣器
7—按钮

主触头闭合后，自由脱扣机构将主触头锁在合闸位置上。过电流脱扣器的线圈及热脱扣器的热元件串接于主电路中，失电压脱扣器的线圈并联在电路中。当电路发生短路或严重过载时，过电流脱扣器 3 的衔铁被吸合，使自由脱扣机构 2 动作。当电路过载时，热脱扣器 5 的热元件产生很大的热量使双金属片向上弯曲，推动自由脱扣机构动作。当电路发生欠电压或失电压故障时，失电压脱扣器 6 的电压线圈中的磁通下降，使电磁吸力下降或消失，失电压脱扣器的衔铁在弹簧作用下释放，也使自由脱扣机构动作。自由脱扣机构动作时自动脱扣，使断路器自动跳闸，主触头断开而分断电路。安装分励脱扣器 4 后，可通过按钮 7 来远距离分断电路。

（3）低压断路器的选用　低压断路器的主要技术参数有额定电流、额定电压及各种脱扣器的整定电流、极数、允许分断的极限电流等。

低压断路器的选用原则：主要根据被控电路的额定电压、短路容量及负载电流的大小来选用相应额定电压、额定电流及分断能力的断路器。这就要求所选用的断路器的额定电压和额定电流不小于电路的正常工作电压和工作电流；极限分断电流要大于等于电路的最大短路电流；欠电压脱扣器额定电压应等于主电路额定电压；热脱扣器的整定电流应与所控制电动机的额定电流或负载额定电流相等；过电流脱扣器的瞬时脱扣整定电流应大于负载电路正常工作时的尖峰电流，保护电动机时取起动电流的 1.7 倍。

7.3　实验设计的基本方法和故障排除

7.3.1　实验设计的基本方法

实验设计是指给定某个实验课题的任务和要求下，确定实验方案，组合实验仪器设备进行实验，并解决实验中遇到的各种问题，对方案进行修正，最后得到满足要求的结果。一般可分 3 个步骤。

1. 确定实验方案

根据实验课题的目的、要求、任务，选择可行的实验方案，既要考虑可靠的理论依据，又要考虑方案的可行性，这就要综合考虑准备阶段的各种情况。实验方案能否确定，是实验设计的成败关键。有时会出现这样的情况，往往看起来是极简单的实验课题，而在实验时却很复杂，也有偏废正确的测量方案却一味追求高精度仪表、仪器，反而得不到预期的效果，达不到预期目的。因此确定实验方案需要充分查阅资料，综合理论知识及实际经验，并把两者融合在一起，才有可能做出能付诸实施的方案，而且收到事半功倍的效果。确定方案常分为以下步骤：

（1）可行性论证　在明确实验课题目的的前提下，查阅相关资料。应充分运用现代科技，如通过网络、光盘等检索文献资料，了解前人已做的工作。在充分掌握实验原理及与实验原理有关的理论知识的情况下，对实验方法与实验方式反复进行可行性论证，以初步确定实验方案。

初步确定实验方案是实验能力、独立工作能力的综合锻炼，是检验理论与实践相结合的依据。因此，要能较好地完成实验设计，必须要有坚实的理论基础，有一定的实验技能、实践知识和经验，同时需要有较强的思维能力和对工作的高度责任感。

（2）元器件与仪器设备的选择　由初步确定的实验方案和对实验最终误差的要求先行估算，对元器件参数进行计算，确定元器件各种参数和根据测量要求选择相应的测量仪表的种类、性能和准确度。

（3）实验条件的确定　在实验中应考虑实验条件如信号源电压、频率、测试范围和接地条件等。对于精度要求高的通常还应考虑温度、湿度、气压、屏蔽等因素。

2. 实验进行中的问题

在可能的条件下，运用 EDA 软件进行仿真是一种值得提倡的方法。例如用第 6 章的 Multisim 软件先进行虚拟实验，以确定实验参数的可行性。实验进行时可能会出现以下 3 种情况：

（1）得不到预期的实验结果　先检查电路、仪器设备、实验方法、实验条件和测量方法等，如果这些都没有问题则需要检查实验方案，仔细推敲每一步。必要时部分修改甚至重新制订实验方案。

（2）出现与理论很不一致的情况　这时需要仔细观察并和理论值逐点对照，比较分析数据并找出原因。必要时对元器件和仪表进行校验。

（3）误差偏大　这时需要分析产生误差的原因，如设备本身没有问题，则重点分析是人员对仪表不熟悉还是实验中环境变化造成的，从中找出减小误差的方法。必要时对数据重新测量一遍。

3. 对实验结果的期望

这是实验的最后阶段，它对整个实验的重要性是不言而喻的，最好的结果是完全满足设计要求。同样的实验方案经不同的方法记录和整理可能获得不同的结果，产生不同的曲线。因此实施实验前先要对实验结果有所重视、有所期望，对应取的数据有充分了解或预先做好数据表格，以便测量时运用。如用 Multisim 软件进行仿真实验，可以使实验的设计更趋完善。

7.3.2　实验步骤与故障排除

1. 实验前的准备

（1）熟悉规则　实验前必须先熟悉实验室守则和安全操作规程。

（2）确定实验方案　根据要求认真准备，反复推敲已经确定的实验方案，力求完善，必要时可准备两套实施方案。

（3）认真预习　对实验内容、被测量、实验可能的结果等有一个事先的分析和估计，要做到心中有数。选择仪器设备时要注意量程、容量，工作电压与电流不能超过额定值。仪表类型、量程、准确度、灵敏度等要合适，使测量仪表对被测电路的工作状态影响最小。

2. 实验中的工作

（1）合理布局仪器设备　仪器设备的布局原则是安全、方便、整齐和防止相互影响。一般情况是，需要直读的仪表、仪器放在操作者左侧；调压器、稳压电源等应靠近电源刀开关；示波器、信号源等测量仪器则放在操作者右侧。仪器设备，尤其是仪表要按表盘上的符号要求放置，严禁歪斜，重叠。

（2）正确接线　接线应根据电路特点，选择合理的接线步骤，一般是先接串联电路，后接并联电路；先从电源一端出发，依串联回路次序连接各段仪表、设备等，最后返回另一端。走线要合理，导线的长短粗细要合适，导线之间尽量少交叉、跨越、搭接；接线柱或接线点不宜使用超过两个以上接线片、接线插；仪表接头上一般不得接入两根以上导线；插头、插针应接插良好，不可用手拽拔导线；拧紧接线柱用力应得当，切不可无目的或追求所谓最小接触电阻而使劲拧损伤接线柱；测量表笔在不使用时要注意放置，不能任意乱放，避免造成人为短路事故。

（3）检查调整　接好线之后，务必要认真查线，确认接线无误后应全面检查或调整仪器、设备或实验线路参数。有时认为接线无误时，即合上电源，因参数不当造成事故屡见不鲜。因此要认真检查电路参数是否已调整到实验所需值，分压器、调压器是否放在安全位置或起始位置，仪表机械调零是否已经调好。尤其是一些可调电阻器或电路中限流限压的装置是否已放在正确位置，切不可误以为它们在零位就是正确的，以免因它们起始设定值太小而造成接通电源后即烧毁或电流过大引起元器件、设备损坏。

（4）安全科学地操作与读取数据　操作时应手合电源，眼观全局，先看现象，再读数据。严禁实验合闸时打闹说笑。合上电源后，应仔细观察现象，例如负载是否正常工作，电路有无异常现象等，如果一切正常即应迅速开始读取数据。读取数据时，对常用指针式仪表要做到"眼、针、影连成一线"，姿势要正确，务必做到只读取实测数据的实际偏转格数，不可直读含有单位的读数值。凡用手操作或读取数据时，切不可使人体部位碰撞或接触电路带电部位，多个数据读取又共用一块多量程仪表时，一般应断开电源切换量程，尤其电流较大时，更不可带电切换开关或多量程挡位插销。

数据应记录在事先准备好的原始记录数据表格中，再记下所用仪表仪器倍率，做完实验后应根据实测仪表偏转格数乘以倍率得出读数值，比较其与事先判断或估计值是否接近，有无偏差过大或异常数据。要根据所选用仪表量程和刻度盘实际情况，合理取舍读数的有效数字。不可盲目增多或删除有效位数。原始数据不得随意修改，要尊重事实。最后应将原始数据连同实验报告一并附上。

（5）记录所用仪器设备的铭牌、规格、量程和编号　记录设备编号是必要的，以便测试结束整理数据时发现数据有误或异常，可以按原编号设备查对核实。

3. 一般故障原因分析

（1）电路连接点接触不良，导线内部断线。

（2）元器件、导线裸露部分相碰造成短路。

（3）电路连接错误。

（4）测试条件错误。

（5）元器件参数不合适。

（6）仪器或元器件损坏。

4. 一般故障排除

排除故障是锻炼实际工作能力的一个重要方面，需具备一定的理论基础、较熟练的实验技能及具有丰富的实际经验。一般排除故障的原则或步骤如下：

（1）出现故障应立即切断电源，避免故障扩大。

（2）根据故障现象，判断故障性质　故障一般可分两大类：一类属破坏性故障，可使仪器、设备、元器件等造成损坏，其现象常常是烟、味、声、热等。另一类属非破坏性故障，其现象是无电流、无电压或电流、电压的数值不正常，波形不正常等。

（3）根据故障性质，确定故障的检查方法　对破坏性故障，不能采用通电检查的方法，应先切断电源，然后用电阻表检查电路的通断，有无短路、断路或阻值不正常等。对非破坏性故障，可采用断电检查，也可采用通电检查。通电检查主要是用电压表，检查电路有关部分的电压是否正常，或采用两者相结合的方法。

（4）故障检查　进行故障检查时首先应对电路各部分在正常情况下的电压、电流、电阻值等量值心中有数，然后才可用仪表进行检查，逐步缩小产生故障的区域，直到找出故障所在的部位。

7.4　实验报告及论文书写

7.4.1　实验报告书写

完成了实验中的定性观察和定量测量后，对数据资料进行认真整理和分析，去伪存真、由此及彼，对实验现象和结果得出正确的结论和认识，对加强本课程的理解和提高工作能力是十分重要的。

实验报告是实验工作的全面总结，要用简明的形式，将实验结果完整地表达出来、将实验现象真实地表述出来。因此实验报告的质量对实验的评估、经验交流、成果推广或学术评价起着至关重要的作用。完成实验后，能不能写好实验报告，也是体现工作和研究能力的一个有力佐证。

1. 要求

对实验报告的要求可用 24 个字来表征：文理通顺、简明扼要、字迹端正、图表清晰、分析合理、结论正确。

实验报告书写用纸应力求格式正规化、标准化，选用学校规定的实验报告用纸，曲线绘制用坐标纸，切忌大小不一。

为便于保存，最好用钢笔书写，避免用圆珠笔造成油污或字迹、数据模糊。曲线必须注明坐标、量纲、比例。

2. 实验报告内容

（1）实验目的　根据实验要求，列出通过本实验达到的目的。

（2）实验原理及方法　详细介绍实验所涉及的电路原理（包括公式、定理等）和实方法。

（3）实验线路　画出实验线路并标出每个元器件的参数及测量电参数的位置、参考方向。

（4）使用设备及编号　记录实验中使用的实验台编号，设备名称、型号、编号、准确度。

（5）数据、图表及计算　全部数据应一律采用国际单位制（SI）。要充分发挥曲线和表格的作用。数据按一定规律进行整理形成表格曲线。特别是曲线，它可以给人明确概念，迅速地发现规律，发现一些异常的数据，有助于分析问题和最后解决问题。

（6）数据的误差处理　首先应对这些数据和现象进行去粗存精、去伪存真的处理工作，确定数据的准确程度和取值的范围（即误差分析）。然后根据所选用实验仪表的准确度，分析实验的误差。

（7）讨论、总结或体会　根据实验的要求及数据处理的结果讨论完成的情况，对实验出现的一些现象和问题进一步探讨或保留意见，反思是否达到本次实验提出的目的。

实验总结应包括：对实验结果的理论解释；实验误差的分析；实验方案的评价与改进意见；解决实际问题的体会；总结实验的收获。这一部分应是实验报告的重点，不可疏漏。

7.4.2　论文书写

1. 标题和副标题

标题即题名，要简短明了，能具体、确切反映论文的内容。标题字数不宜太多，切忌冗长空泛。应使用研究内容的专业学术名称，便于专业人员检索、查阅、编制题目索引。

副标题往往会增加标题总字数，比较少用，但有以下情况时可用副标题：

1）题意未尽，用副标题说明论文特定内容。

2）论文分册或分篇出版，用副标题提示特定内容，以示区别。

3）其他必须用副标题引申题名或说明题名的情况。

2. 摘要

摘要是论文内容不加注释和评论的简短陈述，学术论文和学位论文一般有外文摘要，以便国际交流。若无目次，摘要一般置于论文作者名与正文之间。

（1）摘要的作用

1）报道作用。摘要即摘取论文的主要内容，读者看了摘要后就可决定是否读全文，以方便读者。

2）索引作用。摘要是二次文献的著录内容，同时有利于文摘报刊转载。

（2）摘要的内容　摘要应有论文同等量的情报信息，应该说明研究的缘起、问题及重要性、试验过程与方法、研究成果或结论、应用范围及意义等。

（3）摘要写作要求

1）简短。摘要字数以 200~300 字为宜，约为论文正文字数的 3%。ISO5966 建议少于 250字，最多不超过 500 字。对评审的学位论文或论文，节缩全文写成的详细摘要，可单独印发，字数可达 2500~3000 字，写作上要求突出新见解的内容。

2）自含性。摘要要概括论文的主要内容信息，并有结论。

3）独立性。摘要是一篇短文，能独立使用，可以引用或编文摘卡片等。

4）不评论性。摘要必须忠实原文内容，无须对正文作评论或解释。

5）特殊性。摘要中一般不用图表、化学结构式、非公知公用的符号和术语，一般只用标准科技名词术语。

（4）外文摘要　一般写在中文摘要后面，可附在正文后面，写作要求同中文提要，使不懂中文的外国读者知道论文的主要内容。外文摘要中的动词时态一般用现在时，语态一般用被动态。

3. 关键词

关键词是为了文献标引工作从科技论文中选取出来用以表示全文主题内容信息的单词或术语。每篇论文选取 3~8 个词作为关键词，另立一行排在摘要左下方，并要求尽量用《汉语主题词表》提供的规范词。

4. 引言

引言又叫绪言或绪论等，引言是全文的"帽子"，也是论文的一部分，写在正文之前，有的论文也可以不写引言。引言的目的是把读者的注意力集中到本文上来，引言要简捷，不必写入一些谦虚客套话等。其内容包括：

1）提出课题的情况与背景及课题的性质、范围与重要性。

2）研究目的和要解决的问题。

3）前人实验或研究的成果及其评价。

4）达到研究成果的研究方法和实验设计。

5）实验或研究工作的新发现等。

5. 正文

正文是论文的主体，所有完成的工作信息主要由这部分反映。因此，正文的水平标志论文的学术水平。正文部分特别要注意内容正确、先进，要求论点明确，论据充分，文字力求明确具体。美国 MIT 对科技论文提出的 Clearity（明晰）、Accuracy（准确）、Completeness（完整）、Neatness（简洁）4 个要求，可资借鉴。

正文是全篇论文的主体，对于实验论文其内容包括：

（1）实验材料与设备装置　叙述工作中所选用的材料和仪器设备，注明其规格型号、生产厂名。对实验装置、原理和方法的要点应详细介绍，以便他人能重复这一实验，并对文中实验结果做出检验。自己设计的仪器或装置则须详细说明并附上线路图或照片等。

（2）实验过程　如果是采用他人的研究或试验方法，只需说明出处并注明参考文献，不必详述具体方法或程序。如果是自己设计的方法，应详细叙述方法、程序及判断其结果的准确度。

（3）结果　结果很重要，是全篇论文的价值所在，应包含质的评价和量的结果两个方面。数据一定要完整，计量单位要采用统一的国际单位制，可采用表格、图表或照片等方法来表示。

结果中的数据要注意单位与量的一致，不要使用非标准化的缩略语表示单位，如电流单位的"A"不可用"amps"表示，电压单位的"mV"不能写成"MV"等。

（4）结果的讨论　在讨论时要根据各个问题所处的地位、相关性、因果关系及例外或相反的结果等，有顺序地并务求合乎逻辑地说明问题。最后要对数据结果进行反复研究，然后做出判断和推理。推理与事实应用科学观点分清界限，他人或权威学者的意见不能看成是事实。如果还能对课题提出下一步研究的设想，提出纲要和打算，这将对读者是有启发帮助的。

6. 结论

结论，是全篇论文的归结，是对引言提出问题的呼应。结论从内容上讲，不是实验结果的简单重复，而是更深一步的认识，是从正文全部材料出发，经过推理、判断、归纳等过程而对论点的有力证实。

结论应总括全文，列举重点，指出本课题的核心及实用价值。在结果讨论中未提到过的内容不要写在结论中，证据不足时也不要轻率否定或批评他人的结果；结论的叙述要有说服力，恰如其分，用词要确切，决不可含糊其词，模棱两可。

在论文结论中，若对下一步实验、研究工作有新的设想，在实验、研究中有新的问题，如仪器设备改进、留给后人解决的问题等，可在结论中提出建议，有助于实验或研究的进一步改进或提高。

7. 致谢

致谢放在结论之后，凡在研究过程或撰写论文中，有过实质帮助的人，依贡献大小排列名单以最简单的词句表示谢意，以示尊重他人的劳动。对论文的指导者、协作人员等应在参考文献之前专列一项。

8. 参考文献

参考文献著录是论文的重要组成部分。在论文的篇末列出所引用的参考文献是反映研究工作的依据，也有利于读者了解此领域里前人做过的工作，便于查找有关文献。

凡论文中作者亲自引用前人的文章、数据、结论等资料时，均应按文中出现的先后次序，列出参考文献表。这样做，足以反映出科学依据的出处和严肃的科学态度，尊重前人的科学成果。

在正文中引用参考文献的某个观点、实验数据时，应在所应用的段落或句子的右上角用方括号脚注，并用阿拉伯数字注明序号。脚注数字序号应与参考文献著录的序号相对应。

参考文献列出所引用的文献应是公开出版物，包括书籍、杂志、论文集、专利文献及报告等，内部刊物一般不引用。

第8章 基础性电路实验

基础性电路实验的目的是一方面加强理论与实践的联系，促进学生对相关电路理论知识的深入理解；另一方面促进学生掌握基本实验技能，培养发现问题、分析问题和运用所学知识解决问题的能力。

为了达到上述目标，在基础性电路实验部分，以实验目的、实验内容为核心，给出了详细的实验原理、实验步骤，对实验的各种问题和应用电路给出了较详细的指导。本章实验给出了实验电路元件参数的参考值，同学们可以根据实验任务、实验平台条件、电路理论对元件参数进行调整，也可自拟实验电路图和选择元件参数，制定实验方案。在实验中定性、定量观察各种现象和变化规律。在完成实验后，反思通过实验是否达到了预期的实验目的。

要求同学们在每次实验前都预习，并撰写预习报告。实验平台所提供的仪器仪表配置、参数和使用方法，请参阅附录B。希望同学们发挥个性，对同一个实验内容做出不同的实验电路和参数，充分珍惜每一次实验机会。

实验1 直流电路电流、电压和电位的实验研究

1. 实验目的
1）加深对基尔霍夫电流、电压定律的理解。
2）掌握电流、电压参考方向的意义和电位参考点的概念。
3）熟悉直流电源和直流仪表的使用方法。
4）学习直接测量中仪表的误差分析方法。

2. 实验器材
直流稳压电源、直流电流表、直流电压表、可调节电位器、电阻、导线。

3. 实验原理
（1）基尔霍夫定律
1）基尔霍夫电流定律。在任意时刻，任意节点上所有支路电流的代数和恒等于零。基尔霍夫电流定律的表达式，即 KCL 方程为 $\sum I = 0$。

2）基尔霍夫电压定律。在任意时刻，沿任意回路，该回路上所有支路电压的代数和恒等于零。基尔霍夫电压定律的表达式，即 KVL 方程为 $\sum U = 0$。

（2）电位
1）电路中任意一点的电位等于该点到参考点的电压。

2）参考点。事先指定的计算电位的起点叫作参考点，或零电位点，用"⊥"表示。习惯上，常规定大地的电位为零，也可以是机器的机壳，或许多元件汇交的公共点等。

3）电路中各点的电位高低与参考点的选择有关。电路中任意两点间的电压与零电位点的选择无关。

4）等电位点。所谓等电位点，是指电路中电位相同的点。等电位点之间电压差等于0。若用导线或电阻将等电位点连接起来，导线中没有电流通过，不影响电路原来的工作状态。

4. 实验内容
（1）KCL 的研究
1）按图 8-1 所示搭建电路。其中 $U_{S1} = 10\text{V}$、$U_{S2} = 5\text{V}$、$R_1 = 300\Omega$、$R_2 = 1\text{k}\Omega$、$R_3 = 100\Omega$、

$R_4 = 200\Omega$、$R_5 = 300\Omega$。

2）对 a、b 两个节点验证 KCL。用直流电流表测量 a、b 两个节点的相关电流，将相关数据填入表 8-1，验证节点 a、b 处电流的代数和等于零（$\sum I = 0$），并计算测量误差。

表 8-1 KCL 电路实验数据

电流	I_1/mA	I_2/mA	I_3/mA	I_4/mA	I_5/mA	a 点 $\sum I$	b 点 $\sum I$
测量值							
理论值							
误差							

（2）KVL 的研究

1）按图 8-2 所示搭建电路。其中 $U_{S1} = 10\text{V}$、$U_{S2} = 15\text{V}$、$R_1 = 300\Omega$、$R_2 = 200\Omega$、$R_3 = 300\Omega$、$R_4 = 560\Omega$、$R_5 = 200\Omega$。

2）对整个闭合回路验证 KVL。根据电压的参考方向，用直流电压表测量各个电阻上的电压，将相关数据填入表 8-2，验证闭合回路中的所有支路电压的代数和等于零（$\sum U = 0$），并计算测量误差。

3）对假想回路验证 KVL。在图 8-2 所示的电路中选取假想回路 $cdefgc$，根据电压的参考方向，用直流电压表测量电压 U_{gc}，填入表 8-2，验证假想回路中的所有支路电压的代数和等于零（$\sum U = 0$），并计算测量误差。

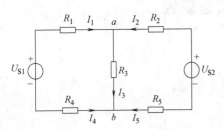

图 8-1 KCL 实验电路

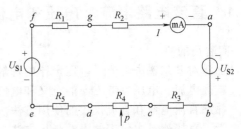

图 8-2 KVL 实验电路

表 8-2 KVL 电路实验数据

电流/电压	I/mA	U_{ab}/V	U_{bc}/V	U_{cd}/V	U_{de}/V	U_{ef}/V
测量值						
理论值						
误差						

电压	U_{fg}/V	U_{ga}/V	U_{gc}/V	对回路 $abcdefga$ $\sum U$	对假想回路 $cdefgc$ $\sum U$
测量值					
理论值					
误差					

（3）等电位与电位的研究

1）参考图 8-2 所示电路，以某一节点为参考点（如图 8-2 中的 p 点），测量其他各点对参考点的电位（注意电位的极性），设计表格并记录数据。

2）参考图 8-2 所示电路，选参考点为 p 点，选择合适的元件参数，使该电路能够验证等位点。在电路中选择合适的两个点（至少相隔三个元件），使该两点的电位能够通过调节电位器 p 点位置而达到等电位。设计表格并记录数据，说明等电位现象。

5. 注意事项

1）根据实验电路给定的元件参数，先计算出实验要求测量的各个参数的理论值，并根据理论值选择电路仪表的量程及极性。

2）由于实验提供的所有电源都只能输出功率，故设计电路时，电源电流只能流出而不能流入。

3）注意电源的正负极，熟悉直流稳压电源的使用，使用时稳压电源不得短路。

4）熟悉直流数字式电压（流）表和指针式电压（流）表的使用，注意仪表的量程和极性选择。

实验 2　电路基本定理（一）——直流叠加定理和替代定理研究

1. 实验目的

1）研究直流叠加定理和替代定理。

2）加深了解定理的适用范围。

3）进一步掌握测量和误差分析方法。

2. 实验器材

直流稳压电源、直流稳流电源、直流电流表、直流电压表、电阻、导线。

3. 实验原理

（1）叠加定理　在线性电路中，任一支路电流（电压）都是电路中每个独立源单独作用时，在该支路产生的电流（电压）的叠加。

叠加定理是线性电路的一个重要原理，它反映了线性电路的基本性质（即叠加性与齐次性两方面），是分析线性电路的基础。叠加定理不仅是线性电路的一种分析方法，而且根据叠加定理还可以推导出线性电路的其他重要定理。

在应用叠加定理进行电路分析时，当考虑该电路中某一独立源单独作用时，其余独立源都要置零值，即独立电流源电流为零，将其"断路"；独立电压源电压为零，将其"短路"。对于电压源和电阻的串联组合或电流源和电导的并联组合构成的实际独立源，当考虑它们不起作用时，仍需把其电阻或电导保留在电路中，仅对独立源置零值。叠加时要注意电流、电压的参考方向，每个独立源单独作用时某支路电流（电压）的参考方向与所有独立源共同作用时该支路电流（电压）的参考方向一致，则在叠加时该支路电流（电压）分量取"+"号，否则，取"-"号。

叠加定理只适用于线性电路，不适用于非线性电路。另外，由于功率不是电流的线性函数，所以功率计算不满足叠加定理。

（2）替代定理　如果已知电路中第 k 条支路的电压为 u_k 或电流为 i_k，则该支路可以用一个电压等于 u_k 的电压源，或用一个电流等于 i_k 的电流源替代，替代后电路中全部电压和电流都将保持原值不变。

特别是电压等于零的支路可以用"短路"替代。电流等于零的支路可以用"开路"替代。

替代定理的支路也可以是复杂支路，推广到单口网络。例如，如图 8-3a 所示，电路由一个单口网络 N 和一个单口网络 N_L 连接而成，如果电路在端口处电压为 u 和电流为 i，则可以：

1）如图 8-3b 所示，用值为 u 的电压源来替代单口网络 N_L，不会影响单口网络 N 内的电压和电流。

2）如图 8-3c 所示，用值为 i 的电流源来替代单口网络 N_L，不会影响单口网络 N 内的电压和电流。

证明如下：N_L 支路被一个值等于该支路电压 u 的电压源替代后，新电路图 8-3b 和原电路图 8-3a 的连接是完全相同的。因此，两个电路的所有 KCL 方程和 KVL 方程也是相同的。两个电路仅有一条支路不同，一条为 N_L 支路，一条为电压源支路，但两条支路端口电压相同。由

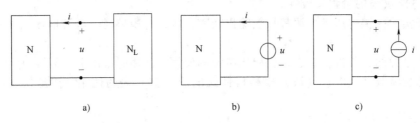

图 8-3　替代定理

a）原电路　b）电压源替代 N_L　c）电流源替代 N_L

于电路图 8-3a 中各支路电压、电流有唯一解，故原电路中的支路电流和电压就是新电路中的支路电流和电压，将保持唯一而不变。同样，可以类似地证明对电路 N_L，被一个电流值等于 N_L 支路电流 i 的电流源替代后，新电路中全部支路电流和电压仍保持唯一而不变。

4．实验内容

（1）叠加定理验证

1）自行设计实验电路或如图 8-4 所示连接一个含有两个电压源、一个电流源的线性两网孔电路。

2）如图 8-5a、b、c 所示，分别测量在电流源 I_S、电压源 U_{S1} 和 U_{S2} 单独作用下的各支路电压和电流，将实验数据填入表 8-3。

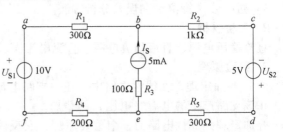

图 8-4　叠加定理实验电路

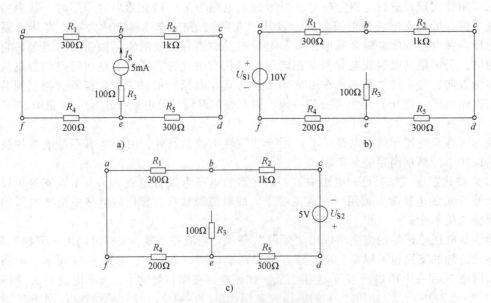

图 8-5　各电源单独作用电路

a）电流源单独作用电路　b）10V 电压源单独作用电路　c）5V 电压源单独作用电路

3）如图 8-4 所示，在 U_{S1}、U_{S2}、I_S 三电源共同作用下，测量各支路电压，将实验数据填入表 8-3 中，验证叠加定理的正确性，并进行误差分析。

4）在原网络上任意将其中的一个电阻元件，例如 R_2，用二极管代替构成非线性网络，重复上述操作，将实验数据填入表 8-4，验证此时叠加定理是否成立。

表 8-3　叠加定理实验记录（一）

项目＼电压	U_{ab}	U_{bc}	U_{de}	U_{be}	U_{ef}
I_S 单独作用					
U_{S1} 单独作用					
U_{S2} 单独作用					
三电源共同作用					
理论计算值					
误差					

表 8-4　叠加定理实验记录（二）

项目＼电压	U_{ab}	U_{bc}	U_{de}	U_{be}	U_{ef}
I_S 单独作用					
U_{S1} 单独作用					
U_{S2} 单独作用					
三电源共同作用					
理论计算值					
误差					

（2）替代定理的验证　自行设计一个两个网孔及以上的电路或使用如图 8-6 所示内含独立电源、电阻元件的电路，先测量出各支路的电压 U 和电流 I，填入表 8-5。任选一条支路，如支路 bd，用一个输出电压等于该支路电压的电压源（或用一个输出电流等于该支路电流的电流源）替代该支路，得到如图 8-7 所示电路。再测量各支路的电压 U 和电流 I，记录数据并填入表 8-5，验证替代定理。

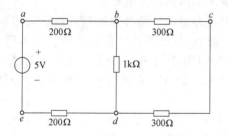

图 8-6　使用替代定理前的实验电路

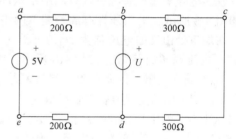

图 8-7　使用替代定理后的实验电路

表 8-5　替代定理实验记录

	支路	ab	bc	cd	de	bd
替代前	支路电压/V					
	支路电流/A					
支路 bd 用电压源替代,$U=$　　V	支路电压/V					
	支路电流/A					
误差	支路电压/V					
	支路电流/A					

5. 注意事项

1）设计电路时，应该注意各元件、仪表的额定值，不得过载。

2）实际使用时，电压源不得短路。

3）电流源接入电路前，将电流调节旋钮调至最小，接入电路后，由小到大调整电流值到所需值，以防电流超过元件额定值。也可将电流源两端短路，调整电流源电流值至所需值，然后接入电路。

4）各电源单独作用时，电压源应从电路中脱离开，原位置用导线在电路中短路。电流源也应关闭并从电路中脱离开，电路中原电流源的位置开路。

实验3 电路基本定理（二）——戴维南定理及诺顿定理研究

1．实验目的
1）学习测量线性有源一端口网络的戴维南等效电路参数。
2）用实验证实负载上获得最大功率的条件。
3）探讨戴维南定理及诺顿定理的等效变换。
4）掌握间接测量的误差分析方法。

2．实验器材
直流电压源、直流电流源、直流电流表、直流电压表、电阻、导线。

3．实验原理
（1）戴维南定理及诺顿定理　任何一个线性含源网络，如果仅研究其中一条支路的电压和电流，则可将电路的其余部分看作是一个二端网络（或称为一端口网络）。

戴维南定理：任何一个线性有源一端口网络，对外电路而言，它可以用一个电压源和电阻的串联组合电路等效，该电压源的电压等于该有源一端口网络在端口处的开路电压，而与电压源串联的电阻等于该有源一端口网络中全部独立源置零值后的输入电阻。

诺顿定理：任何一个线性有源一端口网络，对外电路而言，它可以用一个电流源和电导的并联组合电路等效，该电流源的电流等于该有源一端口网络在端口处的短路电流，而与电流源并联的电导等于该有源一端口网络中全部独立源置零值后的输入电导。

如图8-8所示，N_S为线性有源一端口网络，它与外电路连接。将外电路断开后，如图8-9所示，在端口处出现的电压称为N_S的开路电压U_{OC}。把N_S中全部独立源置零值，即电压源"短路"、电流源"断路"，如图8-10所示。将无源一端口网络N_0用一个等效电阻R_{EQ}替代，它就是N_0的输入电阻。因此有源一端口网络N_S，对外电路而言，它可以用如图8-11所示的电压源U_{OC}和电阻R_{EQ}的串联组合等效。

同理使用诺顿定理，如图8-12所示，测量短路电流I_{SC}，可以得到如图8-13所示的电流源I_{SC}和电导G_{EQ}相并联的等效电路。等效前后，外电路中电流和电压仍保持原值。

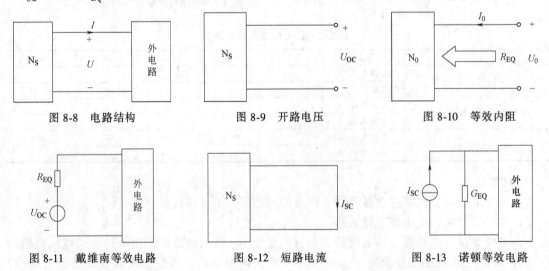

图8-8　电路结构　　　　图8-9　开路电压　　　　图8-10　等效内阻

图8-11　戴维南等效电路　　　图8-12　短路电流　　　图8-13　诺顿等效电路

（2）等效电路参数的计算与测量

1）等效电路参数的理论计算方法。

开路电压的计算方法：有等效变换法、节点电压法、回路电流法等。

等效电阻的计算方法：有电阻串并联和 Y-△ 等效变换法、外加电源法（将 N_S 中全部独立源置零，在端口加一电压源 U_0 得端口处电流 I_0，则等效电阻为 $R_{EQ} = U_0 / I_0$）、开路电压和短路电流法（算出开路电压和短路电流，则 $R_{EQ} = U_{OC} / I_{SC}$）等。

2）等效电路参数的测量方法。

① 开路电压的测量。

外电路断开法：将电压表接在外电路端口两端直接测量 U_{OC}。

补偿法：当被测有源一端口网络的输入电阻 R 较大时，用电压表直接测量开路电压的误差较大，这时采用补偿法测量开路电压则较为准确。

图 8-14 中点画线框内为补偿电路，U_S 为另一个直流电压源，可变电阻器 R_{RP} 接成分压器使用，G 为检流计。当需要测量网络 A、B 两端的开路电压时，将补偿电路 A'、B' 端分别与 A、B 两端短接，调节分压器的输出电压，使检流计的指示为零，被测网络即相当于开路，此时电压表所测得的电压就是该网络的开路电压 U_{OC}。由于这时被测网络不输出电流，网络内部无电压降，测得的开路电压数值较前一种方法准确。

② 短路电流的测量。将被测一端口网络短路并接入电流表测量短路电流 I_{SC}。

③ 等效电阻的测量。

a）开路电压、短路电流法：

$$R_{EQ} = \frac{U_{OC}}{I_{SC}}$$

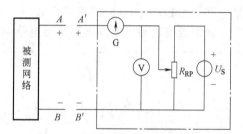

图 8-14 补偿法测量开路电压

b）两点法：除开路、短路情况外，调整电路，测出 AB 端口处，任意两点的电流 I_1、I_2 和对应电压 U_1、U_2，由端口伏安关系知

$$U_1 = U_{OC} - I_1 R_{EQ} \tag{8-1}$$

$$U_2 = U_{OC} - I_2 R_{EQ} \tag{8-2}$$

由式（8-1）、式（8-2）解得

$$R_{EQ} = \frac{U_2 - U_1}{I_1 - I_2} \tag{8-3}$$

$$U_{OC} = U_1 + I_1 R_{EQ} = U_1 + \frac{U_2 I_1 - U_1 I_1}{I_1 - I_2} \tag{8-4}$$

利用式（8-3）、式（8-4）计算 U_{OC} 和 R_{EQ}。注意两负载值应相差较大，以减小误差。

c）半电压法：如图 8-15 所示，$U_L = \dfrac{R_L}{R_L + R_{EQ}} U_{OC}$。当负载电压为开路电压的一半 $U_L = \dfrac{1}{2} U_{OC}$ 时，负载电阻的值即为被测有源一端口网络的等效内阻值，即 $R_{EQ} = R_L$。

d）半电流法：如图 8-16 所示，$I_L = \dfrac{R_{EQ}}{R_L + R_{EQ}} I_{SC}$。当负载电流 I_L 为短路电流的一半，即 $I_L = \dfrac{1}{2} I_{SC}$ 时，负载电阻的值即为被测有源一端口网络的等效内阻值，即 $R_{EQ} = R_L$。

e）外加电源法：将有源一端口网络内所有独立源置零，在端口加一电压源 U_0 得端口处

电流 I_0，则等效电阻为 $R_{EQ} = \dfrac{U_0}{I_0}$，可改变外加电压的值，测出多组数据，做出 I_0-U_0 曲线，应为过原点的直线，直线斜率为 $\dfrac{1}{R_{EQ}}$，如图 8-17 所示。

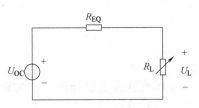

图 8-15　半电压法原理

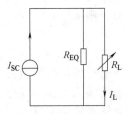

图 8-16　半电流法原理

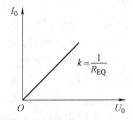

图 8-17　外加电源法测电导

（3）应用　戴维南定理和诺顿定理可将含线性元件的有源一端口网络简化为简单的独立源与电阻元件的组合，在复杂的电路中可以多次使用戴维南定理使电路得到简化。另外戴维南定理对于分析惠斯通电桥有很大作用，一旦在桥架 a、b 端求出戴维南等效电路，对桥架上任何负载电阻 R_L，可以很容易地确定其电压与电流。惠斯通电桥 a、b 端的戴维南等效参数测量电路如图 8-18 、图 8-19 所示。

由戴维南定理，可得出简化后电路如图 8-20 所示。

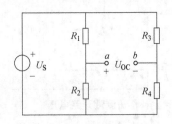

图 8-18　惠斯通电桥 a、b 端
　　　　　开路电压

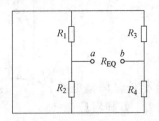

图 8-19　惠斯通电桥 a、b 端
　　　　　等效电阻

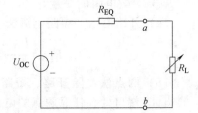

图 8-20　惠斯通电桥等效电路

其中

$$U_{OC} = \left(\frac{R_2}{R_1+R_2} - \frac{R_4}{R_3+R_4} \right) U_S$$

$$R_{EQ} = \frac{R_1 R_2}{R_1+R_2} + \frac{R_3 R_4}{R_3+R_4}$$

4. 实验内容

（1）参数的测量　如图 8-21 所示电路，用实验原理中的方法测定戴维南等效电路的等效参数。

1）开路电压、短路电流法。在有源一端口网络输出端开路时，用电压表直接测其输出端的开路电压 U_{OC}，然后再将其输出端短路，用电流表测短路电流 I_{SC}，则其等效电阻 $R_{EQ} = \dfrac{U_{OC}}{I_{SC}}$，并将测得的数据填入表 8-6。

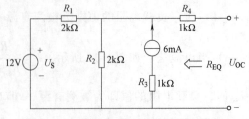

图 8-21　戴维南等效电路待测电路图

表 8-6　开路电压、短路电流法

U_{OC}/V	I_{SC}/mA	R_{EQ}/Ω

该方法最简便，但是对于不能将外部电路直接短路（短路电流大）的电路，可以采用下面的方法。

2）两点法。如图 8-22 所示电路，改变两次负载电阻 R_L 的值，测量流过 R_L 上的电流、电压，将测得的数据填入表 8-7，应用式（8-3）、式（8-4）计算 R_{EQ} 和 U_{OC}。

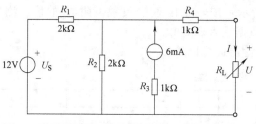

图 8-22　戴维南定理实验电路

表 8-7　两点法

R_L/Ω	U/V	I/mA

$U_{OC} = \underline{\hspace{2cm}}$ V　$R_{EQ} = \underline{\hspace{1cm}}$ Ω

3）半电压法。采用表 8-6 中的数据 $U_{OC} = \underline{\hspace{2cm}}$ V。电路如图 8-22 所示，调节负载电阻 R_L 的值使 R_L 上的电压 U_L 为开路电压 U_{OC} 的一半，测量数据填入表 8-8，并计算 R_{EQ}。

4）半电流法。采用表 8-6 中的数据 $I_{SC} = \underline{\hspace{2cm}}$ mA。电路如图 8-22 所示，调节负载电阻 R_L 的值使 R_L 上的电流 I_L 为短路电流 I_{SC} 的一半，测量数据填入表 8-9，并计算 R_{EQ}。

表 8-8　半电压法

U_{OC}/V	U_L/V	R_L/Ω

$R_{EQ} = R_L = \underline{\hspace{2cm}}$ Ω

表 8-9　半电流法

I_{SC}/mA	I_L/mA	R_L/Ω

$R_{EQ} = R_L = \underline{\hspace{2cm}}$ Ω

5）外加电源法。参考电路图 8-21，将图中电源置零，外加电压源，调整电压源电压值，分别测量参数填入表 8-10。

表 8-10　外加电源法

U_0/V	3	4	5	6	7	8	9	10
I_0/mA								
$R_{EQ} = \left(\dfrac{U_0}{I_0}\right)/\Omega$								

表中 R_{EQ} 的平均值 $\overline{R}_{EQ} = \underline{\hspace{2cm}}$。

在 Excel 中绘出图 8-23 所示的 $I_0\text{-}U_0$ 平面图，并做出 $I_0\text{-}U_0$ 特性线。

得斜率 $k = \underline{\hspace{2cm}}$，$R_{EQ} = \dfrac{1}{k} = \underline{\hspace{2cm}}$ Ω。

（2）测量有源一端口网络的外特性　电路如图 8-22 所示，按照表 8-11 改变负载电阻 R_L 的值，测出输出端口处 R_L 上的 U、I 值，将数据填入表 8-11。由表中数据，在 Excel 中绘出图 8-24 所示的 $I\text{-}U$ 平面图，并做出 $I\text{-}U$ 外特性线。

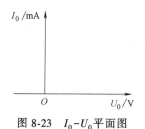

图 8-23　$I_0\text{-}U_0$ 平面图

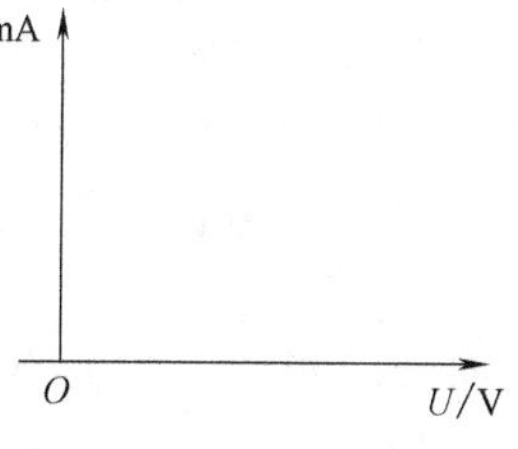

图 8-24　$I\text{-}U$ 平面图

表 8-11　测量有源一端口网络的外特性

$R_L/k\Omega$	0.2	0.3	0.51	1	1.5	2	2.4	3	4.7	10
U/V										
I/mA										

（3）负载最大功率的获得　电路如图 8-22 所示，按表 8-12 改变负载电阻 R_L 的值，测出输出端口处 R_L 上的 U、I 值，并计算其功率，将数据填入表 8-12。

找出负载上获得最大功率时 R_L 的值，并与理论值进行比较。

表 8-12　负载获得最大功率

$R_L/k\Omega$	0.01	0.2	0.3	0.5	0.75	1	1.5	2	2.4	3	4.7	10	15
U/V													
I/mA													
P/W													

由表 8-12 中数据，在 Excel 中绘出图 8-25 所示的平面图，并做出 P_L-R_L 曲线。可得 P_L 在 $R_L = $ _____ 处取得最大值 _____ mW。

（4）验证戴维南定理　如图 8-26 所示，用本实验中任意一种方法测出的戴维南等效电路参数与负载电阻 R_L 组成等效电路，改变负载电阻 R_L，测量负载电阻 R_L 上的电压、电流值，并将测量数据填入表 8-13。

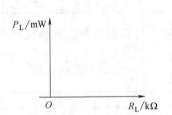

图 8-25　负载获得最大功率

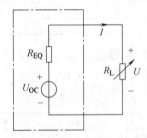

图 8-26　验证戴维南定理电路

选择"（1）参数的测量"中的 _____ 法测出的等效参数：

$U_{OC} = $ _____ V　$R_{EQ} = $ _____ Ω

表 8-13　验证戴维南定理

$R_L/k\Omega$	0.22	0.33	0.51	1	2	2.2	2.3	4	5
U/V									
I/mA									

将表 8-13 中实验测得的数据标注在有源一端口网络的外特性线上。可以发现各组数据均大致 _____ 有源一端口网络的外特性线上，成功地验证了戴维南定理。

（5）验证诺顿定理　如图 8-27 所示，用本实验中测出的诺顿等效电路参数与负载电阻 R_L 组成电路，改变负载电阻 R_L，测量负载电阻 R_L 上的电压、电流值，填入表 8-14，并与表 8-13 中的数据进行比较。

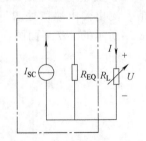

图 8-27　验证诺顿定理电路

选择"（1）参数的测量"中测出的等效参数：

$I_{SC} = $ _____ mA　$R_{EQ} = $ _____ Ω

表 8-14　验证诺顿定理

$R_L/k\Omega$	0.22	0.33	0.51	1	2	2.2	2.3	4	5
U/V									
I/mA									

将表中实验测得的数据标注在有源一端口网络的外特性线上。可以发现各组数据均大致_____有源一端口网络的外特性线上，成功地验证了诺顿定理。

5. 注意事项

1）实验台电流源与电压源都只能发出功率而不能吸收功率。

2）测量电流时应注意电流表量程的更换。

3）改接电路时，要先关掉电源。

6. 实验思考题

1）在求戴维南等效电路时，做短路实验，测 I_{SC} 的条件是什么？如果实验的精度要求高，实验中可否直接做负载短路实验？

2）说明测等效电路内阻的几种方法并说明其优缺点。

3）如何证明戴维南定理。

实验 4　电路基本定理（三）——特勒根定理与互易定理研究

1. 实验目的

1）通过对直流拓扑网络参数的测量研究，进一步理解特勒根定理。

2）加深了解单一激励不含受控源的线性电阻网络的互易性质。

2. 实验器材

直流电压源、直流电流源、直流电流表、直流电压表、电阻、电容、导线。

3. 实验原理

（1）特勒根定理　特勒根定理是一个具有普遍意义的定理，它适用于任何集中参数电路，不论该电路中包含的元件是线性的还是非线性的、无源的还是有源的、时变的还是非时变的，也不论该电路包含什么类型的激励。

定理 1（功率守恒定理）：对于一个具有 n 个节点和 b 条支路的电路，假设各支路的电流和电压取关联参考方向，且 $(i_1, i_2, i_3 \cdots i_b)$、$(u_1, u_2, u_3 \cdots u_b)$ 分别为 b 条支路的电流和电压，则对任何时刻 t，有 $\sum\limits_{k=1}^{b} u_k i_k = 0$。

定理 2（拟功率守恒定理）：如果有两个具有 n 个节点和 b 条支路的电路，它们具有相同的图（拓扑结构），但可以由元件不同的支路构成，假设各支路的电流和电压取关联参考方向，并用 $(i_1, i_2, i_3 \cdots i_b)$、$(u_1, u_2, u_3 \cdots u_b)$ 和 $(\hat{i}_1, \hat{i}_2, \hat{i}_3 \cdots \hat{i}_b)$、$(\hat{u}_1, \hat{u}_2, \hat{u}_3 \cdots \hat{u}_b)$ 表示两个电路中相同编号的 b 条支路的电流和电压，则对任何时刻 t，有 $\sum\limits_{k=1}^{b} u_k \hat{i}_k = 0$，$\sum\limits_{k=1}^{b} \hat{u}_k i_k = 0$。表达式中的每一项虽有功率的量纲，但却未形成真实的功率，故称为拟功率。

（2）互易定理　对一个仅含电阻的二端口网络 N_0，其中一个端口加激励源，另一个端口作为响应端口，在只有一个激励源的情况下，特定激励与特定响应互换位置时，所产生的响应相同。具体存在三种情况，分述如下。

互易定理 1：如图 8-28a、b 所示电路中，N_0 为仅由电阻组成的线性电阻电路，则有

$$\frac{i_2}{u_S} = \frac{\hat{i}_1}{\hat{u}_S}$$

互易定理 1 表明，对于不含受控源的单一激励的线性电阻电路，互易激励（电压源）与响应（电流）的位置，其响应与激励的比值仍然保持不变。当激励 $u_S = \hat{u}_S$ 时，则 $i_2 = \hat{i}_1$。

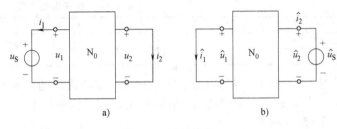

图 8-28　互易定理 1

互易定理 2：如图 8-29a、b 所示电路中，N_0 为仅由电阻组成的线性电阻电路，则有

$$\frac{u_2}{i_S} = \frac{\hat{u}_1}{\hat{i}_S}$$

互易定理 2 表明，对于不含受控源的单一激励的线性电阻电路，互易激励（电流源）与响应（电压）的位置，其响应与激励的比值仍然保持不变。当激励 $i_S = \hat{i}_S$ 时，则 $u_2 = \hat{u}_1$。

互易定理 3：如图 8-30a、b 所示电路中，N_0 为仅由电阻组成的线性电阻电路，则有

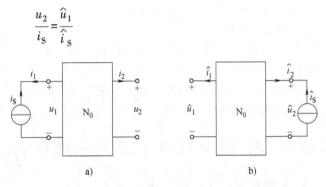

图 8-29　互易定理 2

$$\frac{i_2}{i_S} = \frac{\hat{u}_1}{\hat{u}_S}$$

互易定理 3 表明，对于不含受控源的单一激励的线性电阻电路，互易激励与响应的位置，且把原电流激励改换为电压激励，把原电流响应改换为电压响应，则互易位置前后响应与激励的比值仍然保持不变。当激励值相等，即 $i_S = \hat{u}_S$ 时，则响应值相等，即 $i_2 = \hat{u}_1$。

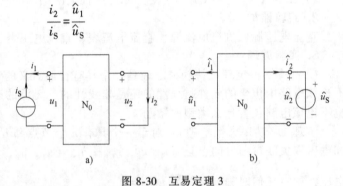

图 8-30　互易定理 3

4．实验内容

（1）直流电路特勒根定理的测量研究

1）电路如图 8-31a、b 所示，分别测量并记录电路中各支路的电压值 U、U' 和电流值 I、I'，将数据分别填入表 8-15 和表 8-16。注意表中的电压和电流取关联参考方向。计算相应的

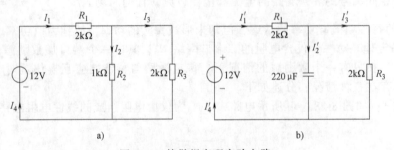

图 8-31　特勒根定理实验电路

支路功率，验证特勒根功率守恒定理。

表 8-15 功率守恒验证（一）数据记录

电流/mA	I_1	I_2	I_3	I_4
电压/V	U_1	U_2	U_3	U_4

$\sum\limits_{k=1}^{4} U_k I_k =$

表 8-16 功率守恒验证（二）数据记录

电流/mA	I'_1	I'_2	I'_3	I'_4
电压/V	U'_1	U'_2	U'_3	U'_4

$\sum\limits_{k=1}^{4} U'_k I'_k =$

2）将表 8-15 和表 8-16 中的数据分别填入表 8-17、表 8-18 中。计算相应的电路拟功率，验证特勒根拟功率守恒定理。

表 8-17 拟功率守恒验证（一）数据记录

电流/mA	I'_1	I'_2	I'_3	I'_4
电压/V	U_1	U_2	U_3	U_4

$\sum\limits_{k=1}^{4} U_k I'_k =$

表 8-18 拟功率守恒验证（二）数据记录

电流/mA	I_1	I_2	I_3	I_4
电压/V	U'_1	U'_2	U'_3	U'_4

$\sum\limits_{k=1}^{4} U'_k I_k =$

（2）单一激励不含受控源的线性电阻网络互易定理的研究　电路如图 8-32a 所示，测出电路中 R_3 上的电流响应 I，填入表 8-19；电路如图 8-32b 所示，测出电路中 R_1 上的电流响应 I'，填入表 8-19 。观察激励与响应位置和参数的变化，通过数据研究互易定理的正确性。

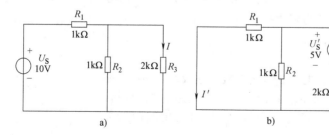

图 8-32 互易定理实验电路

表 8-19　互易定理验证

电流/mA	I		I'	
电压/V	U_S		U'_S	
	10		5	

得 $\dfrac{I}{U_S}=$　　　　　　$\dfrac{I'}{U'_S}=$

5. 注意事项

1）注意元件的额定功率及仪表的量程和极性。

2）实验电路中的支路电压和支路电流取为关联参考方向。记录数据时，注意实际方向与参考方向是否一致。

3）特勒根定理与元件性质无关。

6. 实验思考题

1）实验时各支路电压和支路电流取成关联参考方向。如果支路电压和支路电流取成非关联参考方向，研究特勒根定理时要注意什么问题？

2）特勒根定理是否适用于非线性电路？互易定理呢？

实验5　一阶电路的暂态响应

1. 实验目的

1）学习用一般电工仪表观察和分析一阶 RC 电路的暂态响应，并掌握从响应曲线中求出时间常数 τ 的方法。

2）观察 RL、RC 电路在周期方波电压作用下的暂态响应。

3）掌握示波器的使用方法。

2. 实验器材

手机、直流稳压电源、信号发生器、示波器、数字式直流电压表、数字式直流电流表、电容、电阻、电阻箱、导线。

3. 实验原理

（1）一阶 RC 电路的暂态响应　如图 8-33 所示的 RC 电路，开关处于位置 1 且达稳态，在 $t=0$ 时刻将开关从位置 1 置于位置 2，直流电源经 R 向 C 充电，有方程

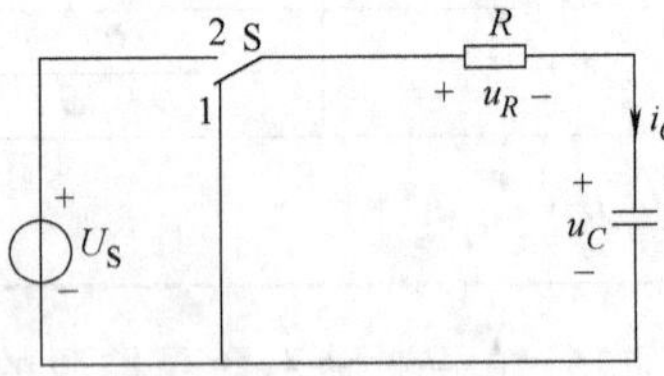

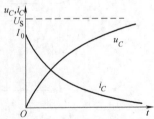

$$RC\frac{\mathrm{d}u_C}{\mathrm{d}t}+u_C=U_S \qquad t\geqslant 0$$

解此微分方程得

图 8-33　一阶 RC 电路

$$u_C=U_S\left(1-\mathrm{e}^{-\frac{t}{RC}}\right) \qquad t\geqslant 0$$

又由 $U_S-u_C=u_R$ 及欧姆定律得

$$i_C=\frac{u_R}{R}=\frac{U_S}{R}\mathrm{e}^{-\frac{t}{RC}} \qquad t\geqslant 0$$

式中令 $\tau=RC$，称为电路的时间常数，它反映了 RC 电路过渡过程时间的长短。又 $u_C(0_-)=0$，此时电路的响应叫作一阶 RC 电路的零状态响应。u_C 和 i_C 随时间变化的曲线如图 8-34 所示。

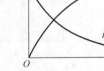

如图 8-33 所示的 RC 电路，开关处于位置 2 且达稳态，

图 8-34　一阶 RC 电路零状态响应

在 $t=0$ 时刻将开关从位置 2 置于位置 1，电容放电。由 KVL 方程得

$$u_C + RC \frac{\mathrm{d}u_C}{\mathrm{d}t} = 0 \qquad t \geq 0$$

可以得出电容上的电压和电流随时间变化的规律：

$$u_C(t) = u_C(0_-)\mathrm{e}^{-\frac{t}{RC}} \qquad t \geq 0$$

$$i_C(t) = -\frac{u_C(0_-)}{R}\mathrm{e}^{-\frac{t}{RC}} \qquad t \geq 0$$

此响应过程中无输入激励源，称为一阶 RC 电路的零输入响应。

（2）一阶 RL 电路的暂态响应 图 8-35 为一阶 RL 电路，开关处于位置 1 且达稳态，在 $t=0$ 时刻将开关从位置 1 置于位置 2，由 KVL 方程得

$$U_S = L \frac{\mathrm{d}i_L}{\mathrm{d}t} + Ri_L \qquad t \geq 0$$

解微分方程得

$$i_L = \frac{U_S}{R}(1 - \mathrm{e}^{-\frac{t}{L/R}}) \qquad t \geq 0$$

$$u_L = U_S - Ri_L = U_S\mathrm{e}^{-\frac{t}{L/R}} \qquad t \geq 0$$

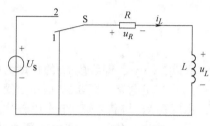

图 8-35 一阶 RL 电路

式中令 $\tau = L/R$，称为该电路的时间常数，它反映了 RL 电路过渡过程时间的长短，又 $i_L(0_-) = 0$，此时电路的响应称为一阶 RL 电路的零状态响应。

当开关处于位置 2 且达稳态，在 $t=0$ 时刻将开关置于位置 1，由 KVL 方程得

$$L \frac{\mathrm{d}i_L}{\mathrm{d}t} + Ri_L = 0 \qquad t \geq 0$$

解方程得

$$i_L = \frac{U_S}{R}\mathrm{e}^{-\frac{t}{L/R}} \qquad t \geq 0$$

$$u_L = -U_S\mathrm{e}^{-\frac{t}{L/R}} \qquad t \geq 0$$

由于此时电路无输入激励源，称此时电路的响应为一阶 RL 电路的零输入响应。

（3）一阶 RC 微分电路和一阶 RL 积分电路 对于如图 8-33 所示的电路，如果将输入电压改为方波，并保持 RC 电路的时间常数 τ 远小于方波周期 T，即 $\tau \ll T$，此时 $u_R \ll u_C$，即 $u_C \approx U_S$，则电阻 u_R 与输入电压 U_S 的关系近似为微分关系，这种电路称为微分电路，输出电压 u_R 的表达式为

$$u_R(t) = RC \frac{\mathrm{d}u_C}{\mathrm{d}t} \approx RC \frac{\mathrm{d}U_S}{\mathrm{d}t}$$

对于如图 8-35 所示的电路，当输入电压为方波时，选择合适的 R，L，使 RL 电路的时间常数 τ 远大于方波周期 T，即 $\tau \gg T$，此时 $u_L \gg u_R$，即 $u_L \approx U_S$，电阻电压 u_R 与输入电压 U_S 关系近似为积分关系，输出电压 u_R 的表达式为

$$u_R(t) = \frac{R}{L}\int u_L \mathrm{d}t \approx \frac{R}{L}\int U_S \mathrm{d}t$$

（4）图解法求时间常数 一阶电路的瞬态响应满足三要素法。任意响应 $u(t)$ 的三要素法公式为

$$u(t) = u(\infty) + [u(0_+) - u(\infty)]\mathrm{e}^{-\frac{t}{\tau}}$$

假设其曲线如图 8-36 所示。在曲线上任取一点 a，作切线交于 e。

图中

$$\mathrm{tg}\varphi = \frac{\overline{ad}}{\overline{bc}} = \frac{u(t_b) - u(\infty)}{\overline{bc}}$$

又因

$$\mathrm{tg}\varphi = -\mathrm{tg}(\pi - \varphi) = -\frac{\mathrm{d}u}{\mathrm{d}t}\bigg|_{t=t_b}$$

$$= -\frac{\mathrm{d}(u(\infty) + [u(0_+) - u(\infty)]\mathrm{e}^{-\frac{t}{\tau}})}{\mathrm{d}t}\bigg|_{t=t_b}$$

$$= \frac{1}{\tau}[u(0_+) - u(\infty)]\mathrm{e}^{-\frac{t}{\tau}}\bigg|_{t=t_b}$$

$$= \frac{u(t_b) - u(\infty)}{\tau}$$

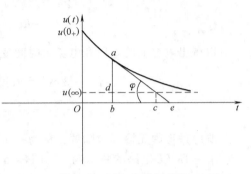

图 8-36　图解求时间常数

所以，$\tau = \overline{bc}$，即线段 bc 的长度为时间常数。

（5）应用电路　图 8-37 是一个简单的 RC 晶体管时间继电器电路图，它用 RC 作为延时环节，稳压管 VS 与晶体管 VT 作比较放大环节，电磁继电器 KA 作为执行环节。

当 $t = 0$ 时，合上开关 S，电源通过电阻 R 开始向电容 C 充电，此时 VS 不能导通，继电器 KA 线圈处于失电压状态，该电路此时为一阶电路零状态响应过程。

经过时间 t_1，当 u_C 增加到晶体管开启电压与稳压管稳定电压之和 U_1 时，稳压管反向击穿，晶体管导通，电源经 R 与 VS 供给 VT 以基极电流 I_b，经过放大后推动继电器 KA 得电，达到延时动作的目的。

4. 实验内容

1）测定 RC 一阶电路在单次激励过程中的零状态响应，并绘制一阶 RC 电路的零状态响应的 $i_C\text{-}t$ 和 $u_C\text{-}t$ 曲线。

由于使用秒表计时以及一般电工仪表测量过程很难做到时间与读数同步，因此本实验采用智能手机录像，录像设备自带时钟且可回放并任意暂停，是一种较好的实验方法。

电路如图 8-38 所示，开关先置于位置 1 且达稳态，电压表接在电容两侧。当电容电压为零时，开关合向位置 2，此时电路为零状态响应。实验中取 $R = 4.7\mathrm{k}\Omega$、$C = 1000\mu\mathrm{F}$、$U_S = 10\mathrm{V}$。记录数据于表 8-20 中。

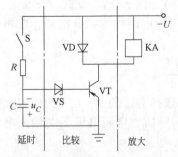

图 8-37　一阶 RC 应用电路时间继电器电路图

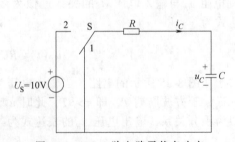

图 8-38　RC 一阶电路零状态响应

表 8-20　RC 一阶电路零状态响应

时间/s	0	2	4	6	8	10	15	20
u_C/V								
i_C/mA								

使用 Excel 对上述数据作 $u_C(t)$-t、$i_C(t)$-t 曲线图。

由零状态电压响应可知，经过 τ 时间长度，电容电压 u_C 上升到终值的 63.2%。由零状态电流响应可知，经过 τ 时间长度，电流 i_C 下降到初值的 36.8%。所以，分别由 u_C、i_C 录像读得 $\tau_u = $ ____ s、$\tau_i = $ ____ s。根据图解法求时间常数，由所作两条曲线图得到 $\tau'_u = $ ____ s、$\tau'_i = $ ____ s。

2）测定 RC 一阶电路在单次激励过程中的零输入响应，并绘制一阶 RC 电路的零输入响应的 i_C-t 和 u_C-t 曲线。如图 8-38 所示，当开关置于位置 2 电压稳定后，开关再由位置 2 合向位置 1。此时，电路为零输入响应。继续录像，读取数据，将数据填入表 8-21。

表 8-21　RC 一阶电路零输入响应

时间/s	0	2	4	6	8	10	15	20
u_C/V								
i_C/mA								

使用 Excel 对上述数据作 $u_C(t)$-t、$i_C(t)$-t 曲线图。

由零输入电压响应可知，经过 τ 时间长度，电容电压 u_C 下降到初值的 36.8%。由零输入电流响应可知，经过 τ 时间长度，电流 i_C 变化到初值的 36.8%。所以，分别由 u_C、i_C 录像读得 $\tau_u = $ ____ s、$\tau_i = $ ____ s。根据图解法求时间常数，由所作两条曲线图得到 $\tau'_u = $ ____ s、$\tau'_i = $ ____ s。

3）观察 RC 一阶电路在周期方波作用下的响应。按图 8-39 所示连接电路，使信号发生器输出方波，$U_{0m} = 2V$，频率设为 1.5kHz，R_L 为电阻箱，将电阻箱分别调至 10Ω、100Ω、1kΩ、10kΩ，电容 C 为 0.01μF，取样电阻 r 可以设置为零。将时间常数填入表 8-22。

表 8-22　RC 一阶电路时间常数

R_L/Ω	10	100	1000	10000
τ/μs				

用示波器观测 u_R 波形并绘出。

4）观察 RL 一阶电路在周期方波作用下的响应。按图 8-40 连接电路，使信号发生器输出方波，$U_{0m} = 2V$，频率设为 1kHz，R_L 为电阻箱，将电阻箱分别调至 10Ω、30Ω、60Ω、100Ω、1kΩ，电感为 100mH，取样电阻 r 可以设置为零。将时间常数填入表 8-23。

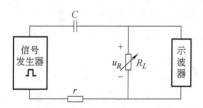

图 8-39　RC 一阶周期方波作用电路

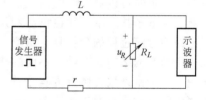

图 8-40　RL 一阶周期方波作用电路

表 8-23　RL 一阶电路时间常数

R_L/Ω	10	30	60	100	1000
τ/ms					

用示波器观测 u_R 波形并绘出。

5. 注意事项

1）实验前请充分预习示波器和信号发生器的使用方法。

2）用示波器观察波形时注意各仪器的共地连接。

3）观察一阶电路的响应时，需要测电流时在电路中串入取样电阻 r，以使电流信号转换为电压信号进行测量。

4）测量时注意仪表的极性。

5）在单次激励过程的零状态响应实验中，为便于观察，一般取较大 τ 值，故导致 R、C 的取值都很大。为使电容充电的电流初始值 I_0 较大（$I_0 \geq 1\text{mA}$），可适当提高电源电压。

6）为了读取时间常数 τ 和绘制曲线，可预先测算好 1τ、2τ、3τ 的 t 值。

7）使用电解电容时，注意电解电容有极性，极性千万不可接错。

8）开始零状态实验时，电容要放电，可将电容的两端用导线连至一个电阻。

6. 实验思考题

1）在观察 RC 一阶电路的方波响应时，须使方波的半个周期与电路的时间常数保持 5：1 的关系时，能够观察到零状态响应和零输入响应，为什么？

2）观察 RL 一阶电路在周期方波作用下的响应过程中，随着电路时间常数 τ 的减小，所测波形越来越接近方波，但发现在边缘产生毛刺，试解释原因。

实验 6　二阶电路的暂态响应

1. 实验目的

1）观察二阶电路在过阻尼、临界阻尼和欠阻尼三种情况下的响应波形，研究电路元件参数对二阶电路暂态响应的影响。

2）学会二阶电路各种参数求取的方法。

3）观察二阶电路状态变量轨迹。

2. 实验器材

信号发生器、示波器、电容、电感、电阻箱、电阻、导线。

3. 实验原理

当电路中含有储能元件（如电容、电感）且电路的结构或元件参数发生改变时，电路的工作状态将由原来的状态向另一个稳定状态转变。由于能量是不能突变的，所以这种转变一般来说不是即时完成的，需要经历一个过程，这个过程被称作瞬态过程或过渡过程，简称暂态。电路的暂态虽然短暂，但是在暂态时间内，电路有时会出现过电压或过电流现象。过电压或过电流在电力系统中具有较严重的危害性，它容易造成电路组件的击穿、电气设备的绝缘损坏等，严重时可以造成电气事故。所以在供电系统中需要严加控制，避免出现严重的后果。当然，在电子技术中，往往也会利用电路的过渡过程来改善或产生一些特定的波形。因此，对电路的过渡过程的分析具有重要的意义。

当一个动态网络中含有两个不同的储能元件（电容、电感）时，就构成了一个二阶电路。可以用一个二阶常系数常微分方程来描述该动态电路，该微分方程对应的特征方程有两个特征根。当电路元件参数发生改变时，两个特征根会发生改变，电路也会出现过阻尼、临界阻尼和欠阻尼三种情况。

以典型的 RLC 二阶串联电路零输入响应为例，如图 8-41 所示，微分方程为

$$LC \frac{\mathrm{d}u_C^2}{\mathrm{d}t^2} + RC \frac{\mathrm{d}u_C}{\mathrm{d}t} + u_C = 0$$

初始值为

$$u_C(0_+) = U_0$$

$$\left. \frac{\mathrm{d}u_C}{\mathrm{d}t} \right|_{t=0_+} = \frac{i_L(0_+)}{C} = 0$$

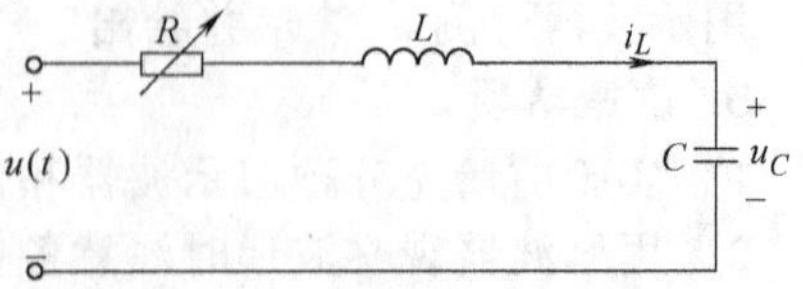

图 8-41　RLC 二阶串联电路

特征根为

$$p_{1,2} = -\frac{R}{2L} \pm \sqrt{\left(\frac{R}{2L}\right)^2 - \frac{1}{LC}} = -\delta \pm \sqrt{\delta^2 - \omega_0^2}$$

式中，δ 是阻尼系数或称衰减系数，$\delta = \dfrac{R}{2L}$；ω_0 是谐振角频率，$\omega_0 = \dfrac{1}{\sqrt{LC}}$。

（1）过阻尼　当 $\delta > \omega_0$，即 $R > 2\sqrt{\dfrac{L}{C}}$，此时为过阻尼情况（非振荡情况）。电阻过大，特征方程的两个特征根为不相等的实根。此时电路的响应是非振荡衰减的。

方程解的形式为

$u_C = A_1 e^{p_1 t} + A_2 e^{p_2 t}$（其中 A_1、A_2 为待定系数，可根据初始条件求得）

由解可得

$$\frac{du_C}{dt} = p_1 A_1 e^{p_1 t} + p_2 A_2 e^{p_2 t}$$

由初始条件得

$$A_1 + A_2 = u_C(0_+) = U_0$$

$$p_1 A_1 + p_2 A_2 = \frac{du_C}{dt}\bigg|_{t=0_+} = \frac{i_L(0_+)}{C} = 0$$

解得　$A_1 = \dfrac{\begin{vmatrix} U_0 & 1 \\ 0 & p_2 \end{vmatrix}}{\begin{vmatrix} 1 & 1 \\ p_1 & p_2 \end{vmatrix}} = \dfrac{U_0 p_2}{p_2 - p_1}$，　$A_2 = \dfrac{\begin{vmatrix} 1 & U_0 \\ p_1 & 0 \end{vmatrix}}{\begin{vmatrix} 1 & 1 \\ p_1 & p_2 \end{vmatrix}} = \dfrac{-U_0 p_1}{p_2 - p_1}$

故

$$u_C(t) = \frac{U_0}{p_2 - p_1}(p_2 e^{p_1 t} - p_1 e^{p_2 t}) \qquad t \geq 0$$

$$i_L(t) = C\frac{du_C(t)}{dt} = \frac{CU_0}{p_2 - p_1}p_1 p_2(e^{p_1 t} - e^{p_2 t}) = \frac{U_0}{L(p_2 - p_1)}(e^{p_1 t} - e^{p_2 t}) \qquad t \geq 0$$

$u_C(t)$、$i_L(t)$ 呈现过阻尼衰减的波形如图 8-42 所示。

（2）临界阻尼　当 $\delta = \omega_0$，即 $R = 2\sqrt{\dfrac{L}{C}}$，此时为临界阻尼情况（临界非振荡情况）。特征方程的两个特征根为相等的实根，特征方程解的形式为 $u_C = (A_1 + A_2 t)e^{-\delta t}$。此时电路的响应也是非振荡衰减的。但是与过阻尼振荡不同的是响应波形顶端比较平缓，这是振荡与非振荡的分界线，因此称为临界阻尼，此时的电阻称为临界电阻 R_K。

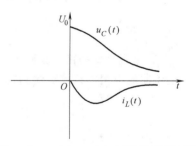

图 8-42　$u_C(t)$、$i_L(t)$ 过阻尼衰减波形

（3）欠阻尼　当 $\delta < \omega_0$，即 $R < 2\sqrt{\dfrac{L}{C}}$，此时为欠阻尼情况（振荡情况），这时特征方程的两个特征根为一对共轭复数，即

$$p_{1,2} = -\frac{R}{2L} \pm \sqrt{\left(\frac{R}{2L}\right)^2 - \frac{1}{LC}} = -\delta \pm j\omega$$

故

$$u_C(t) = \frac{U_0}{p_2-p_1}(p_2 e^{p_1 t} - p_1 e^{p_2 t})$$

$$= \frac{U_0}{-2j\omega}[(-\delta-j\omega)e^{(-\delta+j\omega)t} - (-\delta+j\omega)e^{(-\delta-j\omega)t}]$$

$$= \frac{U_0}{-2j\omega}e^{-\delta t}[-(\delta+j\omega)e^{j\omega t} + (\delta-j\omega)e^{-j\omega t}]$$

$$= \frac{U_0}{-2j\omega}e^{-\delta t}[-\omega_0 e^{j\beta}e^{j\omega t} + \omega_0 e^{-j\beta}e^{-j\omega t}]$$

$$= \frac{U_0\omega_0}{\omega}e^{-\delta t}\frac{e^{j(\omega t+\beta)} - e^{-j(\omega t+\beta)}}{2j} = \frac{U_0\omega_0}{\omega}e^{-\delta t}\sin(\omega t+\beta) \qquad t \geqslant 0$$

式中，$\omega = \sqrt{\omega_0^2-\delta^2}$ 称为衰减振荡的角频率，$\mathrm{tg}\beta = \dfrac{\omega}{\delta}$，$u_C(t)$ 呈现衰减振荡，如图8-43所示。

电压曲线中相关参数实验测定原理如下：

1）实验方法测定 ω。由图8-43可知，周期 $T = t_2 - t_1$，求出 $\omega = 2\pi f = 2\pi/T$。

2）实验方法测定 δ。

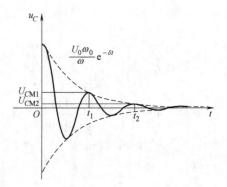

图8-43 欠阻尼电容电压 $u_C(t)$ 响应波形

由于
$$U_{CM1} = \frac{U_0\omega_0}{\omega}e^{-\delta t_1}\sin(\omega t_1+\beta)$$

$$U_{CM2} = \frac{U_0\omega_0}{\omega}e^{-\delta t_2}\sin(\omega t_2+\beta)$$

故
$$\frac{U_{CM1}}{U_{CM2}} = e^{\delta(t_2-t_1)}$$

只要测定 U_{CM1} 和 U_{CM2}，可求出 δ，即

$$\delta = \frac{1}{T}\ln\frac{U_{CM1}}{U_{CM2}}$$

由元件伏安关系，易得电路中电流

$$i_L(t) = -\frac{U_0\omega_0^2 C}{\omega}e^{-\delta t}\sin\omega t \qquad t \geqslant 0$$

$i_L(t)$ 呈现衰减振荡，如图8-44所示。

电流曲线中相关参数实验测定原理如下：

1）实验方法测定 ω。$T = t_2 - t_1$，求出

$$\omega = 2\pi f = 2\pi/T$$

2）实验方法测定 δ。

由于
$$I_{M1} = -\frac{U_0\omega_0^2 C}{\omega}e^{-\delta t_1}\sin\omega t_1$$

$$I_{M2} = -\frac{U_0\omega_0^2 C}{\omega}e^{-\delta t_2}\sin\omega t_2$$

故
$$\frac{I_{M1}}{I_{M2}} = e^{\delta(t_2-t_1)}$$

只要测定 I_{M1} 和 I_{M2}，可求出 δ，即

$$\delta = \frac{1}{T}\ln\frac{I_{M1}}{I_{M2}}$$

3）状态变量。对于图 8-41 所示的电路，也可以用两个一阶微分方程组，即状态方程来求解：

$$\frac{\mathrm{d}u_C}{\mathrm{d}t} = \frac{i_L}{C}$$

$$\frac{\mathrm{d}i_L}{\mathrm{d}t} = -\frac{u_C}{L} - \frac{R\,i_L}{L} + \frac{u(t)}{L}$$

初始值：　　$u_C(0_-) = U_0$，　$i_L(0_-) = I_0$

式中，u_C 和 i_L 是状态变量。选取 XY 平面作为状态平面，以 $u_C(t)$ 为 X 轴，以 $i_L(t)$ 为 Y 轴。则在 t_0 的不同时刻，由状态变量在状态平面确定的点的集合就是状态轨迹。

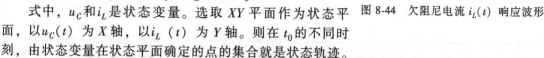

图 8-44　欠阻尼电流 $i_L(t)$ 响应波形

在 RLC 二阶串联电路中，采用函数电源周期方波作为激励，应用示波器的 X-Y 输入模式，将 u_C 作为示波器 X 轴的输入，i_L 作为示波器 Y 轴的输入，观察电路 u_C 和 i_L 的状态变量轨迹。$R < 2\sqrt{\dfrac{L}{C}}$ 时的状态变量轨迹和 $R > 2\sqrt{\dfrac{L}{C}}$ 时的状态变量轨迹如图 8-45 和图 8-46 所示。

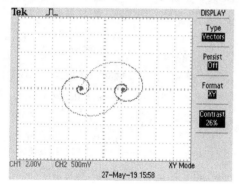

图 8-45　$R < 2\sqrt{\dfrac{L}{C}}$ 时的状态变量轨迹

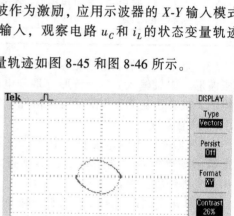

图 8-46　$R > 2\sqrt{\dfrac{L}{C}}$ 时的状态变量轨迹

4. 实验内容

（1）RLC 暂态响应的观察

1）按照图 8-47 搭建电路，图中用函数电源周期正方波作为激励，幅值为 5V，频率为 $f=400\text{Hz}$，$L=10\text{mH}$，$C=0.047\mu\text{F}$，R_1 为可调电阻，$R_2=100\Omega$。示波器接电容两端 a、b 节点观察 u_C。

2）从 0 开始增大 R_1 的值，用示波器观测电容电压 u_C 在欠阻尼、临界阻尼、过阻尼时的三种响应，并记录所观察的波形。

（2）记录实验结果　通过示波器观测实验曲线判定电路状态，并在表 8-24 中记录下

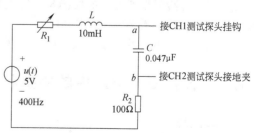

图 8-47　RLC 暂态响应电路

三种状态下的电阻值、波形等信息。将临界电阻值与表 8-25 中的理论值进行比较。

在欠阻尼情况下分析衰减振荡角频率 ω 和衰减系数 δ，并与表 8-25 的理论值进行比较。

表 8-24　RLC暂态响应波形和参数观测

响应状态	欠阻尼	临界阻尼	过阻尼
电阻值/Ω			
振荡角频率 $\omega/\mathrm{rad}\cdot\mathrm{s}^{-1}$ （$\omega=\sqrt{\omega_0^2-\delta^2}$）			
衰减系数 $\delta/\mathrm{rad}\cdot\mathrm{s}^{-1}$ （$\delta=\dfrac{R}{2L}$）			
波形			

表 8-25　临界电阻值、欠阻尼情况下衰减系数和振荡角频率理论值

临界电阻 R_K/Ω	$\delta/\mathrm{rad}\cdot\mathrm{s}^{-1}$	$\omega/\mathrm{rad}\cdot\mathrm{s}^{-1}$

（3）状态变量的观察　电路如图 8-48 所示，将示波器置于 X-Y 工作方式，X 轴输入 a 点电压波形，Y 轴输入 $i_L(t)$ 波形（取样电阻 R_2 的电压反映了电流 $i_L(t)$），适当调节 X 轴和 Y 轴幅值，观察过阻尼和欠阻尼两种情况下的状态轨迹图，并将观察的图形记录下来。

5. 注意事项

1）实验时，电阻、电感、电容以及函数电源频率等参数要选择得当，否则将无法出现各种响应波形。

2）调节 R_1 时，要细心、缓慢，临界阻尼要找准。

3）在用示波器观察 u_C 和 i_L 时，由于其幅值相差较大，因此要注意调节 Y 轴的灵敏度。

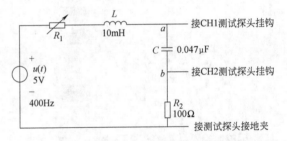

图 8-48　RLC暂态电路状态轨迹测量电路

4）观察状态轨迹的方法与物理学中李沙育图形的方法相类似。观察时注意调整示波器的显示状态为 X-Y 工作模式。

6. 实验思考题

1）二阶电路电阻元件对电路的工作状态有何影响？临界电阻值 R_K 如何能够测量准确一些？

2）在示波器荧光屏上，如何测量二阶电路零输入响应欠阻尼状态的振荡角频率 ω 和衰减系数 δ？方波的频率对测量有无影响？

3）实验中采用的激励是方波，能否改用直流电压源并通过开关实现动态过程？

实验 7　正弦交流电路中的阻抗和频率特性研究

1. 实验目的

1）加深对正弦交流电路的 KVL 的认识。

2）学习正弦交流电路中 R、L、C 元件阻抗的测量方法。

3）掌握 X_L、X_C 阻抗频率特性测量方法。

2. 实验器材

信号发生器、示波器、毫伏表、毫安表、电压表、电流表、电感、电容、电阻、导线。

3. 实验原理

（1）正弦交流电路中 R、L、C 元件阻抗　在正弦电路中，理想电阻、电感、电容的阻抗特性如下：

电阻 $Z_R = R = \dfrac{U_R}{I} \angle 0°$，电阻的阻抗为其两端电压和通过其电流的比值。电阻阻抗与信号频率无关，并且电流与电压同相。

电感 $Z_L = j\omega L = \dfrac{U_L}{I} \angle 90°$，电感的阻抗为其两端电压和通过其电流的比值。电感感抗与信号频率成正比，电压超前电流 90°。

电容 $Z_C = \dfrac{1}{j\omega C} = \dfrac{U_C}{I} \angle -90°$，电容的阻抗为其两端电压和通过其电流的比值。电容容抗与信号频率成反比，电流超前电压 90°。

（2）R、L、C 阻抗频率特性　阻抗频率特性指的是在正弦交流电路中，R、L、C 的阻抗 Z 与频率 f 的关系。研究的方面又分为幅频特性和相频特性，幅频特性反映元件阻抗大小与频率 f 的关系，相频特性反映元件阻抗角大小与频率 f 的关系。

在频率较低的情况下，电阻元件通常略去其电感及分布电容而看成是纯电阻。此时其端电压与电流可用欧姆定律来描述。其阻抗频率特性即 R 与 f 关系如图 8-49 所示。电感元件因其由导线绕成，导线有电阻，在低频时如略去其分布电容则它仅由电阻 R_L 与电感 L 组成。其感抗频率特性即 X_L 与 f 关系如图 8-50 所示。电容元件在低频也可略去其附加电感及电容极板间介质的功率损耗，因而可认为只具有电容 C。其容抗频率特性即 X_C 与 f 关系如图 8-51 所示。

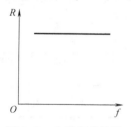
图 8-49　电阻频率特性

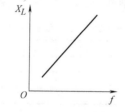
图 8-50　电感频率特性

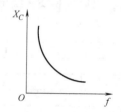
图 8-51　电容频率特性

由于电感线圈中通过交变电流时产生自感电动势，阻碍电流变化，对交变电流有阻碍作用，用感抗来表示。线圈自感系数越大，交变电流的频率越高，感抗越大。电感元件在交流电路中的基本作用之一就是"阻交流通直流"或"阻高频通低频"，各种扼流圈就是这方面应用的实例。

对于电容器，其电容越大，交变电流频率越高，容抗越小。因此电容器具有"通交流、隔直流"或"通高频、阻低频"的作用。

4. 实验内容

（1）测量阻抗

1）如图 8-52 所示，用"相量法"（电压相量除以电流相量）测量空心电感线圈两端的阻抗 Z_L，其中 r 是与电感线圈的直流电阻。输入电压的频率选择 50Hz、200Hz 和 300Hz 三个频率，测量对应电压下的电流，计算阻抗并完成表 8-26。

表 8-26　感性电路阻抗测量

输入电压幅度	电压频率	电流 I	阻抗 $|Z|$
5V	50Hz		
5V	200Hz		
5V	1000Hz		

2）如图 8-53 所示，在 a、b 端用"相量法"测量阻抗 Z_{ab}。其中输入电压的频率分别选择 50Hz、1.5kHz 和 2.5kHz 三个频率，分别测量电压、电流并计算阻抗，完成表 8-27。

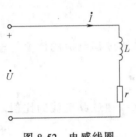

图 8-52　电感线圈

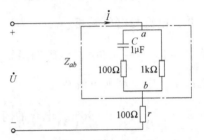

图 8-53　含电容电路

表 8-27　容性电路阻抗测量

输入电压	电压频率	电压 U_{ab}	电流 I	阻抗 $|Z_{ab}|$
5V	50Hz			
5V	1.5kHz			
5V	2.5kHz			

（2）测量频率特性

1）测量 X_L-f 特性。选择 100mH 的电感 L 与 1kΩ 的电阻 R 按图 8-54 搭建电路，调节低频信号源输出电压为 5V，改变频率 f 从 50Hz 到 1kHz，重复测量电感线圈上电压 U_L 和电阻上的电流 I，完成表 8-28，绘出 X_L-f 特性曲线。

表 8-28　X_L-f 测量数据

f/Hz	50	100	150	200	250	300	400	500	1000
U_L/V									
I/mA									
X_L/Ω									

2）测量 X_C-f 特性。选择 1μF 的电容与 1kΩ 的电阻按图 8-55 搭建电路，调节低频信号源输出电压为 5V，改变频率 f 从 50Hz 到 1kHz，重复测量电容上电压 U_C 和电阻上的电流 I，完成表 8-29，绘出 X_C-f 特性曲线。

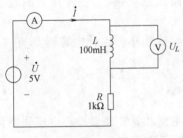

图 8-54　测量 X_L-f 特性

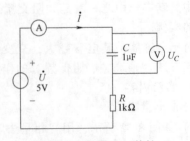

图 8-55　测量 X_C-f 特性

表 8-29　X_C-f 测量数据

f/Hz	50	100	150	200	250	300	400	500	1000
U_C/V									
I/mA									
X_C/Ω									

（3）观察电压、电流相位关系　按照图 8-56 所示搭建电路，其中电源选用信号发生器正弦信号 5V 输出。调整信号频率，用示波器分别观察电路中电压、电流相位。

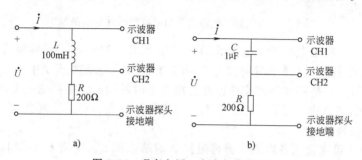

图 8-56　观察电压、电流相位关系

a）观察电感中电流、电压相位　b）观察电容中电流、电压相位

5. 注意事项

1）实验中使用的电容须是无极性电容。

2）交流毫伏表属于高阻抗仪表，测量前必须先调零，使用中注意选择合适的量程。

3）实验过程中，要保持信号源输出电压不变。

4）电源使用信号发生器正弦信号功率输出。

6. 实验思考题

1）在测量频率特性的实验中，为什么要加电阻 R？它的阻值有什么要求吗？

2）扼流圈分为低频和高频两种，分别阐述它们的特点和应用电路。

实验 8　元件参数测量

1. 实验目的

1）正确掌握相位表、功率表的使用方法。

2）学会用相位表法或功率表法测量电感线圈、电阻器、电容器的参数，学会根据测量数据计算出串联参数 R、L、C 和并联参数 G、B_L、B_C。

2. 实验仪器

单相调压器、单相电量仪、电感线圈、电容、电阻、导线。

3. 实验原理

电感线圈、电阻器、电容器是常用的元件。线绕电阻器是用导线绕制而成的，存在一定的电感，可用电阻 R 和电感 L 作为线绕电阻器的电路模型。电感线圈也是由导线绕制而成的，必然存在一定的电阻 R_L，因此，电感线圈的模型可用电感 L 和电阻 R_L 来表示。电容器则因其介质在交变电场作用下有能量损耗或有漏电，可用电容 C 和电阻 R_C 作为电容器的电路模型。图 8-57 是它们的串联电路模型。

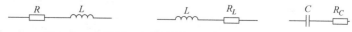

图 8-57　电阻器、电感线圈、电容器的串联电路模型

根据阻抗与导纳的等效变换关系可知，电阻与电抗串联的阻抗，可以用电导 G 和电纳 B 并联的等效电路代替，由此可知电阻器、电感线圈和电容器的并联电路模型如图 8-58 所示。

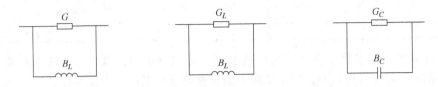

图 8-58　电阻器、电感线圈和电容器的并联电路模型

值得指出的是：对于电阻器和电感线圈可以用万用表的欧姆挡测得阻值，但这值是直流电阻，而不是交流阻抗（且频率越高两者差别越大）；而在电容器模型中，R_C 也不是用万用表欧姆挡测出的电阻，它是用来反映交流电通过电容器时的损耗，需要通过交流测量得出。

在工频交流电路中的电阻器、电感线圈、电容器的参数，可用下列方法测量。

方法一：相位表法

在图 8-59 中，可直接从各电表中读得阻抗 Z 的端电压 U、电流 I 及其相位角 φ。当阻抗 Z 的模 $|Z| = U/I$ 求得后，再利用相位角便不难将 Z 的实部和虚部求出。

对于电感线圈，当测出两端电压 U、流过电感线圈电流 I 及其相位角 φ 后，由电感阻抗：

$$Z_L = R_L + \mathrm{j}\omega L = \frac{U}{I}\cos\varphi + \mathrm{j}\frac{U}{I}\sin\varphi$$

知等效电感

$$L = \frac{U\sin\varphi}{I \cdot 2\pi f}$$

对于电容，当测出两端电压 U、流过电容电流 I 及其相位角 φ 后，由电容阻抗：

$$Z_C = R_C + \frac{1}{\mathrm{j}\omega C} = \frac{U}{I}\cos\varphi + \mathrm{j}\frac{U}{I}\sin\varphi$$

知等效电容

$$C = \frac{I}{U|\sin\varphi| \cdot 2\pi f}$$

上述的方法叫作相位表法。

方法二：功率表法

在生产部门，功率表较多，将图 8-59 中的相位表换为功率表，如图 8-60 所示，可直接测得阻抗的端电压、流过的电流及其功率，根据公式 $P = UI\cos\varphi$ 即可求得相位角 $\varphi = \arccos\dfrac{P}{UI}$。功率表法不能判断被测阻抗是容性还是感性，负载阻抗类型可采用如下方法加以判断：在被测网络输入端并接一只适当容量的小电容，如电流表的读数增大，则被测网络为容性，φ 取负（即阻抗 Z 虚部为负）；若电流表读数减小，则为感性，φ 取正（即阻抗 Z 虚部为正）。

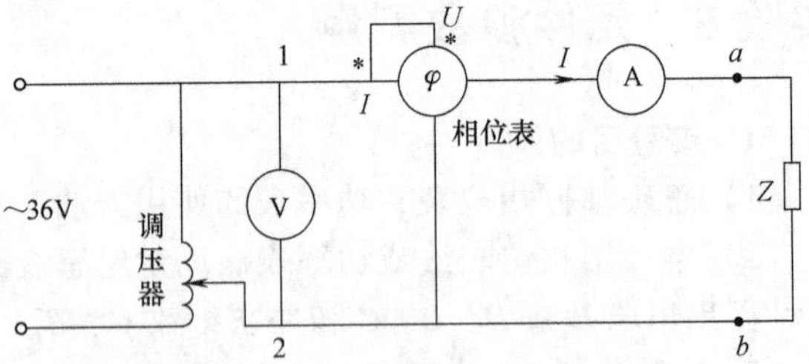

求元件参数与相位表法相同，易得 Z 的实部与虚部。

图 8-59　相位表法测量电路

4. 实验内容

1）按图 8-59 接线。

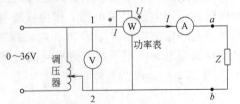

图 8-60　功率表法测量电路

2）图中阻抗 Z 分别取：$R = 15\Omega$、电感线圈 $L = 150\mathrm{mH}$ 和电容器 $C = 220\mu\mathrm{F}$，频率 $50\mathrm{Hz}$ 正弦信号。使用调压器时注意勿超过相位表工作范围和元件额定功率。测量电压、电流及相位角值，记录于表 8-30 中。

表 8-30　相位表法测量数据

	电流 I/mA	电压 U/V	相位角 $\varphi(°)$
电阻器			
电感线圈			
电容器			

根据表 8-30 测量结果，计算表 8-31 中元件参数。

表 8-31　基于相位表法测量的元件参数

	电阻分量（实部）	电抗分量（虚部）	电阻值/电感值/电容值
电阻器			
电感线圈			
电容器			

3）按图 8-60 接线。

4）图中阻抗 Z 分别取：$R = 15\Omega$、电感线圈 $L = 150\mathrm{mH}$ 和电容器 $C = 220\mu\mathrm{F}$。使用调压器时注意勿超过电量仪工作范围和元件额定功率。测量电流、电压、功率值及相位角 φ，记录于表 8-32 中。

表 8-32　功率表法测量数据

	电流 I/mA	电压 U/V	P/W	相位角 $\varphi(°)$
电阻器				
电感线圈				
电容器				

根据表 8-32 测量结果，计算表 8-33 中元件参数。

表 8-33　基于功率表法测量的元件参数

	电阻分量（实部）	电抗分量（虚部）	电阻值/电感值/电容值
电阻器			
电感线圈			
电容器			

5. 注意事项

1）实验中使用单相调压器，注意电压由小往大调，勿超过元件额定值。

2）实验中注意监测电流，电感线圈的电流勿超过 $500\mathrm{mA}$。

6. 实验思考题

1）如果采用电桥法测电感元件参数，试给出测量方法。

2）在测量电容器参数时，功率表读数为零。请简要解释原因。

3）简述电阻器、电感线圈、电容器的并联电路模型与串联电路模型的关系。

实验 9　RC、RL 电路的相量轨迹和功率因数提高

1. 实验目的

1）研究正弦稳态交流电路中 RC，RL 的相量轨迹。

2）掌握荧光灯电路的结构与工作原理，掌握功率表的使用。

3）掌握提高感性负载功率因数的方法。

2. 实验仪器

功率表、交流电压表、交流电流表、镇流器、荧光灯、辉光启动器、电容、导线。

3. 实验原理

1）在正弦交流稳态电路中，KCL、KVL 都用相量形式表示，元件伏安关系为欧姆定律的相量形式，有 $\dot{U} = Z\dot{I}$，Z 称为阻抗，它的角称为阻抗角。

如图 8-61 所示电路，有 $\dot{U} = \dot{U}_R + \dot{U}_C$，$Z = R + \dfrac{1}{\mathrm{j}\omega C}$，$\tan\varphi = -\dfrac{1}{\omega CR}$。

测量 U_R、U_C，可以做出图 8-62 所示相量轨迹，由"相量法"知 $\tan\theta = \dfrac{U_C}{U_R}$，可计算阻抗角 $\varphi = -\theta$。

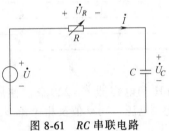

图 8-61　RC 串联电路

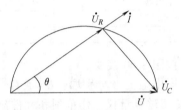

图 8-62　相量轨迹

如图 8-63 所示电路，有 $\dot{U} = \dot{U}_R + \dot{U}_L$，$Z = R + \mathrm{j}\omega L$，$\tan\varphi = \dfrac{\omega L}{R}$。

同理，测量 U_R、U_L，也可以做出对应相量轨迹，求出阻抗角。

2）荧光灯电路及工作原理。如图 8-64 所示，荧光灯电路由灯管、镇流器、辉光启动器等组成。灯管两端内部各有一段灯丝，两端灯丝之间没有导线连接。灯管内充有惰性气体及少量水银，一部分水银蒸发成气态。管壁涂有荧光粉。两段灯丝之间加高电压时，在管内产生弧光放电，水银蒸气受激发辐射大量紫外线，管壁上的荧光粉在紫外线的激发下，辐射出可见光。灯丝在放电后只需较低的电压就能继续维持放电，20W 的荧光灯工作电压约为 60V，40W 的荧光灯工作电压约为 100V。

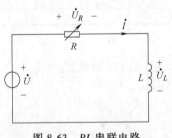

图 8-63　RL 串联电路

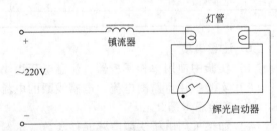

图 8-64　荧光灯电路

要使灯管正常工作，必须在启动时产生一个瞬时较高电压，而在灯亮后又能限制其工作电流，维持灯管两端较低电压。辉光启动器和镇流器就是具有这样功能的启动装置。

电源接通时，电压同时加在灯管两端和辉光启动器两个电极上，对于灯管来说，因电压低不能放电，但对于辉光启动器，此电压可以使辉光启动器发热。辉光启动器是一个小型辉光放电管，辉光启动器有两个电极，一个是双金属片，另一个是固定片。两极之间并联一个小容量电容器。接通电源时，一定数值的电压加在辉光启动器两极时，辉光启动器就会产生辉光放电，使双金属片因放电而受热伸直，并与固定片接触，于是有电流通过镇流器、灯丝和辉光启动器。这样灯丝得到预热并发射电子，经 1~3s 后，辉光启动器因双金属片冷却而与固定片分开。由于触头在分开时会产生电火花烧坏触头，所以通过并联小电容解决这一问题。由于电路中的电流突然中断，便在镇流器两端产生一个瞬时高电压，此电压与电源电压叠加后加在灯管两端，将管内气体击穿而产生弧光放电。灯管点亮后，由于镇流器的分压作用，灯管两端的电压比电源电压低很多，一般在 20~100V，此电压已不足以使辉光启动器放电，辉光启动器在电路中的作用相当于一个自动开关。镇流器是一个带铁心的电感线圈，其作用是在荧光灯启动时产生一个较高的自感电动势去点亮灯管，灯管点亮后它又限制通过灯管的电流使灯管两端维持较低的电压。

3）提高功率因数的方法。在正弦交流电路中，只有纯电阻电路的平均功率 P 和视在功率 S 是相等的。只要电路中含有电抗元件并处在非谐振状态，平均功率总是小于视在功率，平均功率与视在功率之比为功率因数，即

$$\lambda = \frac{P}{S} = \frac{UI\cos\varphi}{UI} = \cos\varphi$$

功率因数是电路阻抗角的余弦值，阻抗角越小，功率因数越高，因此提高功率因数可以通过降低阻抗角的方法来实现。

4. 实验内容

1）研究正弦交流 RC 稳态电路的相量轨迹。在图 8-61 所示 RC 串联电路中，电源为工频 50Hz，$U = 100$V，$C = 2\mu$F，改变电阻 R，测量 U_R、U_C，阻抗角用相量法计算得到，数据填入表 8-34 中并作相量轨迹。

表 8-34　RC 电路的相量轨迹记录

电阻 R/Ω	1800	1600	1200	1000	800	600	400	200
U_R/V								
U_C/V								
阻抗角 φ(°)								

2）研究正弦交流 RL 稳态电路的相量轨迹。在如图 8-63 所示 RL 串联电路中，电源为工频 50Hz，$U = 100$V，$L = 400$mH，改变电阻 R，测量 U_R、U_L（将电感作为理想电感），阻抗角用相量法计算得到，数据填入表 8-35 中并作相量轨迹。

表 8-35　RL 电路的相量轨迹记录

电阻 R/Ω	4000	3500	3000	2500	2000	1500	1000	500
U_R/V								
U_L/V								
阻抗角 φ(°)								

3）以荧光灯为感性负载，研究功率因数提高方法。根据图 8-65 荧光灯实验电路，改变电容 C 的值，观察相关仪表，将数据填入表 8-36 中，找出功率因数提高到最佳点的对应电容值，计算出各点的功率因数值。

提高功率因数的原理图如图 8-66 所示。

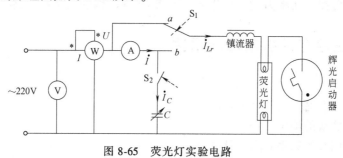

图 8-65　荧光灯实验电路

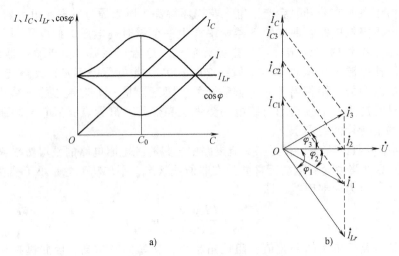

图 8-66 提高功率因数原理图

a）曲线图　　b）相量图

表 8-36　荧光灯实验记录

电容 $C/\mu F$	I/mA	I_{Lr}/mA	I_C/mA	U/V	功率 P/W	$\cos\varphi$
0						
1.0						
2.0						
3.0						
3.7						
4.7						
5.7						
6.7						

用坐标纸绘出 I-C、I_{Lr}-C、I_C-C、$\cos\varphi$-C 的曲线。

5. 注意事项

1）本次实验全部采用工频电源，电压较高，务必注意安全。

2）进行 RC、RL 电路相量轨迹测量时，接上电流表同时监视回路电流，勿超过元器件额定值。

3）RC 串联电路中的电容可选实验台上工作电压大于 220V 的电容；RL 串联电路的电阻从大到小调节，最小到 500Ω，否则电感线圈会过载而烧坏。

4）功率表的同名端按标准接法接到一起，否则功率表数值不正确。

6. 实验思考题

1）能否将两个 20W 的荧光灯管并联后接在同一个 40W 的镇流器上工作？为什么？

2）提高感性负载的功率因数，为什么不采用给负载串联电容的方法？

实验 10　正弦稳态谐振电路的研究

1. 实验目的

1）研究正弦稳态谐振电路的特性。

2）学习谐振曲线的测量方法。

3）了解品质因数的物理意义与计算。

2. 实验器材

信号发生器、电压表、电流表、电容、电感、电阻、导线。

3. 实验原理

谐振是正弦稳态电路的一种特定的工作状态。一个含 R、L、C 而不含独立源的一端口正弦稳态电路，如果端口上电压与电流相位相同，则称电路发生了谐振。

（1）RLC 串联电路的特性　电路原理图如图 8-67 所示。

RLC 串联电路的阻抗为

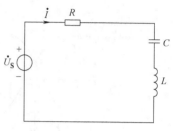

$$Z = R + \text{j}\left(\omega L - \frac{1}{\omega C}\right) = |Z| \angle \varphi$$

由上式可知，阻抗 Z 与电源角频率 ω 有关。当 Z 的虚部等于零时，即 $\omega L - \dfrac{1}{\omega C} = 0$ 时，电路处于串联谐振状态。此时，谐振角频率和谐振频率为

图 8-67　RLC 串联电路

$$\omega_0 = \frac{1}{\sqrt{LC}} \qquad f_0 = \frac{1}{2\pi\sqrt{LC}}$$

显然，谐振频率仅与元件电感 L、电容 C 的数值有关，而谐振频率与电阻 R 和激励电源的角频率 ω 无关。改变电源的角频率 ω 和电路 L、C 参数值，可以使电路发生谐振。

（2）RLC 并联电路的特性　电路原理图如图 8-68 所示。

并联电路的导纳：

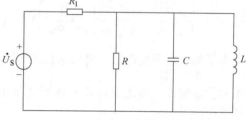

$$Y(\text{j}\omega) = G + \text{j}\left(\omega C - \frac{1}{\omega L}\right) = G + \text{j}B$$

有上式可知，当 Y 的虚部为零时，即 $\omega C - \dfrac{1}{\omega L} = 0$ 时，电路发生谐振，此时，谐振角频率和谐振频率为

图 8-68　RLC 并联电路

$$\omega_0 = \frac{1}{\sqrt{LC}} \qquad f_0 = \frac{1}{2\pi\sqrt{LC}}$$

可见，谐振频率仅与元件电感 L、电容 C 的数值有关，而谐振频率与电导 G 和激励电源的角频率 ω 无关。改变电源的角频率 ω 和电路 L、C 参数值，可使电路发生谐振。

（3）谐振电路的品质因数　在串联谐振时，回路阻抗 $|Z|$ 为最小值，电感（或电容）上的电压与电阻电压之比为品质因数 Q，即串联电路品质因数为

$$Q = \frac{U_L}{U_S} = \frac{U_c}{U_S} = \frac{\omega_0 L}{R} = \frac{1}{\omega_0 CR} = \frac{1}{R}\sqrt{\frac{L}{C}}$$

在并联谐振时，回路阻抗 $|Z|$ 为最大值，电感（或电容）上的电流与电阻电流之比为品质因数 Q，即并联电路品质因数为

$$Q = \frac{I_L}{I} = \frac{I_c}{I} = \frac{\omega_0 C}{G} = \frac{1}{\omega_0 LG}$$

对 RLC 串联电路，在 U_S、R、L、C 固定的情况下，改变电源频率，可得到不同的谐振曲线。图 8-69 为 I、U_L 和 U_c 的谐振曲线。

对于串联谐振电路，在发生串联谐振后，改变电源频率，由于电抗 $|X|$ 的增加，电流将从谐振时的极大值下降，这表明电路对电流的抑制能力逐渐增强，所以串联谐振具有选择接近于谐振频率附近的电流的性能。图 8-70 为不同 Q 值下，串联谐振电路通用曲线，表达式为

$$\frac{I}{I_0} = \frac{1}{\sqrt{1 + Q^2 \left(\dfrac{\omega}{\omega_0} - \dfrac{\omega_0}{\omega} \right)^2}}$$

其中，I_0 为谐振电流，ω_0 为谐振角频率。

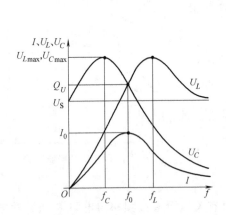

图 8-69　I、U_L 和 U_C 的谐振曲线

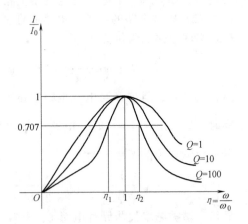

图 8-70　串联谐振电路的通用曲线

由图 8-70 可见，Q 值越大，其谐振曲线越尖锐，对电流的选择性越好。根据上面公式中提到的 $Q = \dfrac{U_L}{U_S} = \dfrac{U_C}{U_S} = \dfrac{\omega_0 L}{R} = \dfrac{1}{\omega_0 CR} = \dfrac{1}{R}\sqrt{\dfrac{L}{C}}$，不难看出，要改变 Q 值，可以改变 L 或 C 即可。

为了便于定量地衡量电路的选择性，可将电流的通用曲线上 $\dfrac{I}{I_0} \geqslant \dfrac{1}{\sqrt{2}} = 0.707$ 所对应的频率范围称为通频带。该范围是 RLC 谐振电路允许通过信号的频率范围。

4. 实验内容

（1）RLC 串联谐振电路。如图 8-71 所示电路，信号发生器正弦信号功率输出作为激励源。

设图 8-71 中参数 $u_S = 5\sin\omega t\,\mathrm{V}$、$R = 200\Omega$、$L = 200\mathrm{mH}$、$C = 0.1\mu\mathrm{F}$，计算电路谐振频率和品质因数。

参考表 8-37 增加测量点，完成下列任务：

1）测量并绘制 $I\text{-}f$ 谐振曲线。

2）测量并绘制 $U_C\text{-}f$ 谐振曲线。

3）测量并绘制 $U_L\text{-}f$ 谐振曲线。

4）测量 Q、f_C、f_L、f_0 值并与理论值相比较。

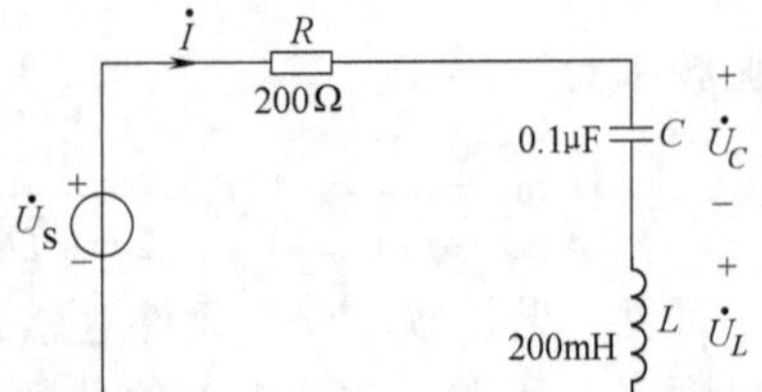

图 8-71　RLC 串联谐振电路

表 8-37　串联谐振实验记录

f/kHz	0.1	1	1.5	2	2.5	3	3.5	4	5
I/mA									
U_C/V									
U_L/V									

（2）RLC 并联谐振电路。如图 8-72 所示电路，信号发生器正弦信号功率输出作为激励源。

设图 8-72 中参数 $u_S = 5\sin\omega t\,\mathrm{V}$、$R = 30\mathrm{k}\Omega$、$R_1 = 1\mathrm{k}\Omega$、$L = 200\mathrm{mH}$、$C = 0.1\mu\mathrm{F}$，计算谐振频

率和品质因数。

参考表 8-38，增加测量点，完成下列任务：

1）绘制 I-f 谐振曲线。

2）绘制 I_C-f 谐振曲线。

3）绘制 I_L-f 谐振曲线。

4）测量 Q 值，并与理论值相比较。

（3）串联谐振电路通用曲线绘制　参考电路图 8-71，选取不同电容值 C（取 $C = 0.022\mu F$、$0.047\mu F$、$1\mu F$），取 $R = 200\Omega$、$L = 200mH$，则电路 Q 值改变，分别为（$Q = $ _____、_____、_____），谐振频率分别为（$\omega_0 = $ _____、_____、_____），谐振电流分别为（$I_0 = $ _____、_____、_____）。根据表 8-39，增加测试点，测量不同 $\dfrac{\omega}{\omega_0}$ 时对应的相对抑制比 $\dfrac{I}{I_0}$ 填入表中。

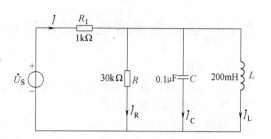

图 8-72　RLC 并联谐振电路

表 8-38　并联谐振实验记录

f/kHz	1	3	4	4.5	5	5.5	6	6.5	7
I/mA									
I_C/mA									
I_L/mA									

表 8-39　串联谐振电路的通用曲线数据记录

$\dfrac{I}{I_0}$　$\dfrac{\omega}{\omega_0}$　Q	0.2	0.4	0.6	1	1.6	2	3
$Q_1 = $							
$Q_2 = $							
$Q_3 = $							

然后分别绘制 $C = 0.022\mu F$、$0.047\mu F$、$1\mu F$ 时的通用曲线，其中纵坐标为 $\dfrac{I}{I_0}$，横坐标为 $\dfrac{\omega}{\omega_0}$。

在纵坐标为 0.707 处做一条平行与横坐标的水平线，对比不同谐振曲线的通频带。

5. 注意事项

1）谐振曲线的测定要在电源电压保持不变的条件下进行，因此，信号发生器改变频率时应对其输出电压及时调整，保持为 5V。

2）为了使谐振曲线的顶点绘制精确，可以在谐振频率附近多选几组测量数据。

6. 实验思考题

1）并联谐振与串联谐振有什么不同？

2）实验中可以用哪些方法进行谐振状态的判定？

3）串联谐振电路中，品质因数变大，对截止角频率有何影响？

实验 11　含耦合电感电路的研究

1. 实验目的

1）进一步认识含耦合电感电路中的互感现象。

2）学习同名端的判断方法。

3）掌握互感的测量方法。

2. 实验器材

单相调压器、单相电量仪、电压表、可调直流电源、互感耦合线圈、U 形铁心、电阻、导线。

3. 实验原理

（1）互感现象　是指一个线圈的电流随时间变化时，磁力线穿过另一线圈，引起另一线圈磁通量变化，而导致该线圈中出现感应电动势的现象。

（2）含耦合电感电路的无互感等效电路　如图 8-73a、b 所示，在图 a 中两个线圈同名端相连，在图 b 中两个线圈异名端相连。

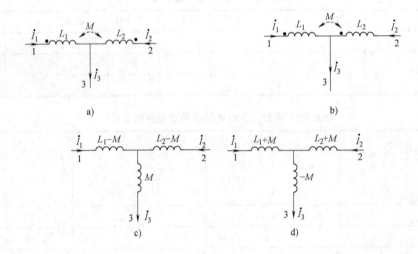

图 8-73　含耦合电感电路的无互感等效电路

a）同名端相连　b）异名端相连　c）同名端相连等效电路　d）异名端相连等效电路

如图 8-73a、b 的 KCL 方程为

$$\dot{I}_1 + \dot{I}_2 = \dot{I}_3$$

$$\dot{U}_{13} = j\omega L_1 \dot{I}_1 \pm j\omega M \dot{I}_2$$

$$\dot{U}_{23} = j\omega L_2 \dot{I}_2 \pm j\omega M \dot{I}_1$$

上式中同名端相连，互感电压取正号，异名端相连，互感电压取负号，整理可得

$$\dot{U}_{13} = j\omega(L_1 \mp M)\dot{I}_1 + j\omega(\pm M)\dot{I}_3$$

$$\dot{U}_{23} = j\omega(L_2 \mp M)\dot{I}_2 + j\omega(\pm M)\dot{I}_3$$

故知，图 8-73a、b 两图可等效为图 8-73c、d 两图所示无互感等效电路。这种等效变换仅与同名端的位置有关，而与电流的参考方向、电压的参考极性无关。

（3）判断同名端的方法

1）直流法。如图 8-74 所示，当开关 S 合上瞬间，$\dfrac{\mathrm{d}i_1}{\mathrm{d}t}>0$，在 1—1′中产生的感应电压 $u_1=$

$M\dfrac{\mathrm{d}i_1}{\mathrm{d}t}>0$，如果 2—2′线圈的 2 端与 1—1′线圈中的 1 端均为感应电压的正极性端，则电压表正偏转，1 端与 2 端为同名端。（反之，若电压表反偏转，则 1 端与 2′端为同名端。）

同理，如果在开关 S 打开时，$\dfrac{\mathrm{d}i_1}{\mathrm{d}t}<0$，同样可用以上的原理来确定互感线圈感应电压的极性，以此确定同名端。

同名端，也可以这样来解释，就是当开关 S 打开或闭合瞬间，电位同时升高或降低的端钮即为同名端。如图 8-74 所示，开关 S 合上瞬间，电压表若正偏转，则 1、2 端的电位都升高，所以，1、2 端是同名端。这时若将开关 S 再打开，电压表必反偏转，1、2 端的电位都降低。

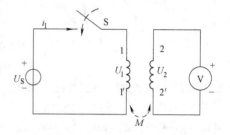

图 8-74　直流法测同名端

2）交流法。如图 8-75 所示，将两线圈的 1′、2′端连接，在 1—1′加交流电源。分别测量 $\dot U_1$、$\dot U_2$ 和 $\dot U_{12}$ 的有效值，若 $U_{12}=U_1-U_2$，则 1 端和 2 端为同名端；若 $U_{12}=U_1+U_2$，则 1 端与 2′端为同名端。

实验中也可利用两互感线圈顺接串联时等效电感大，反接串联时等效电感小的特点，来判断同名端。在相同电压下，电流的大小不相同，这样也能判断两线圈的同名端。

（4）测量互感系数常用的方法

1）开路互感电压法。如图 8-76 所示的两个互感耦合线圈的电路，当线圈 1—1′接正弦交流电压，线圈 2—2′开路时，则 $\dot U_{20}=\mathrm{j}\omega M\dot I_1$，而互感系数 $M=\dfrac{U_{20}}{\omega I_1}$，其中 ω 为电源的角频率，I_1 为线圈 1—1′中的电流。为了减少测量误差，电压表应选用内阻较大的。

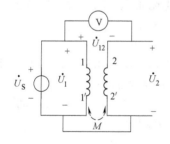

图 8-75　交流法测同名端

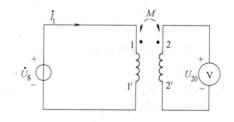

图 8-76　测量开路互感电压

2）利用两个互感耦合线圈串联的方法，也可以测量它们之间的互感系数。当两线圈顺接串联时，如图 8-77a 所示，其等值电感：$L_{顺}=L_1+L_2+2M$。当两线圈反接串联时，如图 8-77b 所示，等值电感为 $L_{反}=L_1+L_2-2M$。只要分别测出 $L_{顺}$、$L_{反}$，则 $M=(L_{顺}-L_{反})/4$。

实验中测量串联线圈的等效电感时，可以用相位表法或功率表法测量，测量出线圈的端电压 U、电流 I 和相位角 φ，则可以计算出串联线圈的电感，即

$$L=\frac{X_L}{\omega}=\frac{U\sin\varphi}{I\omega}$$

（5）空心变压器一次回路端的等效阻抗　互感耦合电路如图 8-78 所示。在线圈 1—1′上

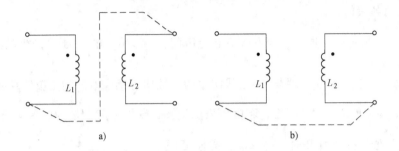

图 8-77　耦合电感的串联

a）顺接串联　b）反接串联

施加电压 $\dot{U}_1$，在线圈 2—2′端接入阻抗。

若 R_1+jX_1 是一次绕组的复阻抗，R_2+jX_2 是二次绕组的复阻抗。其中，$X_1=\omega L_1$，$X_2=\omega L_2$。

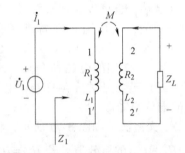

图 8-78　互感耦合电路的入端阻抗

二次侧所接负载阻抗为 $Z_L=R_L+jX_L$，二次回路阻抗为 $Z_{22'}=R_{22'}+jX_{22'}$，其中，$R_{22'}=R_2+R_L$，$X_{22'}=\omega L_2+X_L$。

则一次回路输入端的等效阻抗为

$$Z_1=\frac{\dot{U}_1}{\dot{I}_1}=\left(R_1+\frac{\omega^2 M^2}{R_{22'}^2+X_{22'}^2}R_{22'}\right)+j\left(\omega L_1-\frac{\omega^2 M^2}{R_{22'}^2+X_{22'}^2}X_{22'}\right)$$

$$=(R_1+R_{1f})+j(X_1+X_{1f})$$

二次电路对一次电路的反映阻抗 $Z_{1f}=\dfrac{X_M^2}{Z_{22'}}=R_{1f}+jX_{1f}$

式中 $X_M=\omega M$，反映电阻 R_{1f} 和反映电抗 X_{1f} 分别为

$$R_{1f}=\frac{X_M^2}{R_{22'}^2+X_{22'}^2}R_{22'}\qquad X_{1f}=\frac{-X_M^2}{R_{22'}^2+X_{22'}^2}X_{22'}$$

由此可见，当线圈 2-2′接入感性负载时，将使输入端电阻增大，输入端感抗减小；若线圈 2-2′接入容性负载时，将使输入端电阻和输入端感抗增大。

4. 实验内容

（1）测定两互感耦合线圈的同名端　按图 8-74 所示的直流法，图中 U_S 取 9V，测两耦合线圈的同名端。按图 8-75 所示的交流法，图中 U_S 取 5V，测两耦合线圈的同名端。在测量时，两个线圈都必须插入一个条形铁心（或者将两线圈内插入一个公共 U 形铁心），以增强耦合的程度。记下两线圈的同名端编号。注意两种方法测定的同名端是否相同。

（2）测定两互感耦合线圈的互感系数 M

1）用开路互感电压法。用万用表测量两线圈的电阻 R_1、R_2，然后分别按图 8-79a、b 接线。加电压 $\dot{U}_S$，测 U_1、I_1、φ_1、U_{20} 和 U_2、I_2、φ_2、U_{10}，记入表 8-40 中。计算 L_1、L_2、M_{12}、M_{21} 和耦合系数 K 的值。

表 8-40　开路互感电压法测互感系数

测　量　值								计　算　值				
U_1	I_1	φ_1	U_{20}	U_2	I_2	φ_2	U_{10}	L_1	L_2	M_{12}	M_{21}	K

2）用互感线圈串联法。按图 8-80 接线，加电压 $\dot{U}_S$ 分别测量 L_1 与 L_2 顺接串联和反接串联

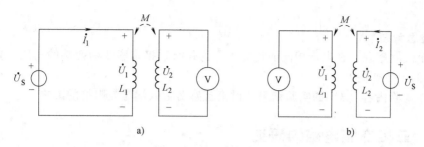

图 8-79　开路互感电压法

时的电压、电流及相位角，记入表 8-41 中。计算 $L_顺$、$L_反$ 及 M。

表 8-41　互感线圈串联法测互感系数

顺接串联			反接串联			计算值		
U	I	φ	U'	I'	φ'	$L_顺$	$L_反$	M

（3）互感耦合电路的输入阻抗和反映阻抗　按图 8-81 接线，分别测量二次侧为空载和电阻、电容负载时的电压 U_1、电流 I_1 及相位角 φ_1，记入表 8-42 中。计算不同负载时的输入端阻抗，同时计算二次回路在一次侧的反映电阻、反映电抗。

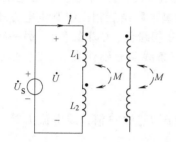

图 8-80　互感线圈串联法

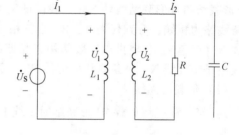

图 8-81　互感耦合电路

表 8-42　输入阻抗、反映电阻、反映电抗测量

	测 量 值			计 算 值		
	U_1	I_1	φ_1	输入阻抗 Z_1	R_{1f}	X_{1f}
空载						
$R = $ _____						
$C = $ _____						

（4）观察铁心和线圈位置对互感现象的影响

1）二次侧接入 LED 发光二极管与 500Ω 电阻串联的支路。将低交流电压加在一次侧，注意观察 LED 发光二极管的亮度，如发光二极管不亮，可适当增大一次侧交流电压，直到 LED 发光二极管亮度适中。实验时接入电压表、电流表监测电路的电压和电流。

2）将 U 形铁心从两个线圈中抽出和插入，观察 LED 发光二极管亮度的变化及各电表读数的变化，记录现象。

3）改变两线圈的相对位置，观察 LED 发光二极管亮度的变化及仪表读数。

5. 注意事项

1）本实验部分电压可使用单相调压器或交流 220V 电源，电压较高，注意使用安全。单相调压器输入和输出端不要接反。

2）在串联耦合电感线圈时，要注意事先判断同名端。

3）实验加入交流电压源时，注意电源由小到大调节，选择合适的电压值，电流不要超过 500mA。

6. 实验思考题

1）两个线圈串联，在电流相同的情况下，为什么顺接串联线圈两端的电压，要比反接串联线圈两端的电压要高？

2）根据实验内容（3）的实验结果，讨论互感对输入端等效阻抗的影响。

实验 12   三相交流电路的研究

1. 实验目的

1）学习并理解负载作星形和三角形连接时线电压（线电流）和相电压（相电流）之间的关系。

2）了解三相四线制中线的作用。

3）掌握三相电源相序的判定方法。

2. 实验仪器

三相断路器、灯泡负载板、电容、单相电量仪、三相功率表、导线。

3. 实验原理

对称三相交流电由振幅相同、频率相同，相位彼此相差120°的三个独立正弦电压源构成，有丫形联结和△形联结两种形式。我国低压电网一般采用星形联结三相四线制供电方式。其中三条线路为相线，分别代表 A、B、C 三相（A 相黄色、B 相绿色、C 相红色），另一线路是中性线 N（蓝色）。住宅供电一般使用三相五线制，其中三条线路分别代表 A、B、C 三相，一条线路是中性线 N，一条线路为地线 PE（黄绿相间）。

（1）负载的连接

1）当对称三相负载作丫形联结时，线电压 U_1 是相电压 U_p 的 $\sqrt{3}$ 倍，线电流 I_1 等于相电流 I_P，即

$$U_1 = \sqrt{3}\, U_p \qquad I_1 = I_P$$

当负载对称，采用三相四线制接法时，流过中线的电流 $I_0 = 0$。

2）当对称三相负载作△形联结时，有

$$U_1 = U_p \qquad I_1 = \sqrt{3}\, I_P$$

3）当不对称三相负载作丫形联结，采用三相四线制接法时，则中线必须牢固连接。中线的作用在于当负载不对称时，保证各相电压仍然对称，都能正常工作；如果一相发生断线，也只影响该相负载，而不影响其他两相负载。但如果中线因故断开，而各相负载不对称时，势必引起各相电压的畸变，破坏各相负载的正常工作，所以在三相四线制供电系统中，中线是不允许断路的。

4）当不对称三相负载作△形联结时，$I_1 \neq \sqrt{3}\, I_P$，但只要电源的线电压 U_1 对称，加在三相负载上的电压仍是对称的，对各项负载工作没有影响。

（2）相序的判断   三相电源各相相电压达到幅值的先后次序称为相序，相序有正相序和逆相序的区别，在实际的电力系统中一般采用正相序。但有时也会遇到要判断三相电源的相序的情况，此时，可利用相序指示器测得。

正相序（又称顺序）是相量图中 $\dot{U}_A$、$\dot{U}_B$、$\dot{U}_C$ 按顺时针指向。以 $\dot{U}_A$ 为参考，$\dot{U}_B$ 则滞后 $\dot{U}_A$ 120°，$\dot{U}_C$ 则滞后 $\dot{U}_B$ 120°（也即 $\dot{U}_C$ 超前 $\dot{U}_A$ 120°），如图 8-82 所示。不作特别申明，三相电源均为正相序。

逆相序（又称负序）是相量图中 $\dot{U}_A$、$\dot{U}_B$、$\dot{U}_C$ 按逆时针指向。以 $\dot{U}_A$ 为参考，$\dot{U}_C$ 则落后 $\dot{U}_A$ 120°，$\dot{U}_B$ 则落后 $\dot{U}_C$ 120°（也即 $\dot{U}_B$ 超前 $\dot{U}_A$ 120°），如图 8-83 所示。

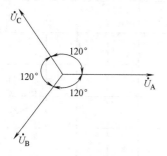

图 8-82 正相序相量图

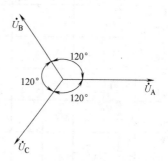

图 8-83 逆相序相量图

（3）平均功率的测量 在对称三相四线制电路中，各相负载所吸收的功率相等，所以可用一只功率表测出任一相负载的功率，再乘以 3，得到三相负载吸收的总功率。

在不对称三相四线制电路中，各相负载吸收的功率不再相等。此时可用三只功率表直接测出每相负载吸收的功率 P_A、P_B、P_C，或用一只功率表分别测出各相负载吸收的功率 P_A、P_B 和 P_C，然后再相加，即 $P = P_A + P_B + P_C$，可得到三相负载的总功率。此方法称为三功率表法，适用于三相四线制电路。

但在三相三线制电路中，不论对称或不对称，由于三相三线制接法中线不引出，所以常采用二功率表法来测量三相功率，测量电路如图 8-84 所示。功率表读数分别为 P_1 和 P_2，总平均功率为 $P = P_1 + P_2$。

4. 实验内容

（1）负载星形联结 电路如图 8-85 所示，参考该电路图，按下列要求分别搭建电路。

1）三相四线制接对称负载，即每一相均为两盏灯串联。

2）三相四线制接不对称负载，即 A、B、C 三相负载开灯盏数为 2、2、4。

3）三相四线制，A 相开路，B、C 两相负载开灯盏数为 2、4。

4）三相三线制接对称负载，即每一相均为两盏灯串联。

5）三相三线制接不对称负载，A、B、C 三相负载开灯盏数为 2、2、4。

6）三相三线制，A 相开路，B、C 两相负载开灯盏数为 2、4。

7）三相三线制，A 相短路，B，C 两相负载开灯盏数为 2、4。

每种情况下，分别测量各电压、电流值并将数据填入表 8-43 中。

（2）负载三角形联结 电路如图 8-86 所示，参考该电路图，按下列要求分别搭建电路。

1）三相三线制接对称负载，即每一相均为两盏灯串联。

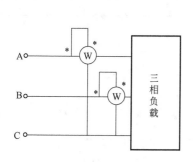

图 8-84 二功率表法测量三相功率

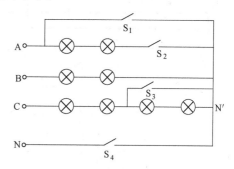

图 8-85 星形联结实验电路

表 8-43　负载星形联结测试参数

负载情况	开灯盏数			线电流/mA			线电压/V			相电压/V			中线电流 I_N/mA	中点电压 $U_{N'N}$/V
	A 相	B 相	C 相	I_A	I_B	I_C	U_{AB}	U_{BC}	U_{CA}	$U_{AN'}$	$U_{BN'}$	$U_{CN'}$		
有中线 负载对称	2	2	2											
有中线 负载不对称	2	2	4											
有中线 A 相开路	开路	2	4											
无中线 负载对称	2	2	2											
无中线 负载不对称	2	2	4											
无中线 A 相开路	开路	2	4											
无中线 A 相短路	短路	2	4											

2）三相三线制接不对称负载，A、B、C 三相负载开灯盏数为 2、2、4。

每种情况下，分别测量各电压、电流值并将数据填入表 8-44 中。

（3）有功功率的测量　参考图 8-87 和图 8-88，按下列要求，分别搭建电路。

1）三相四线制星形负载对称，每相负载开灯盏数为 2。

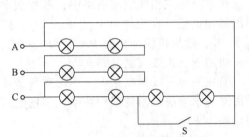

图 8-86　三角形联结实验电路

2）三相四线制星形负载不对称，每相负载开灯盏数为 2、2、4。

3）三相三线制星形负载对称，每相负载开灯盏数为 2。

4）三相三线制星形负载不对称，每相负载开灯盏数为 2、2、4。

3）三角形负载对称，每相负载开灯盏数为 2。

4）三角形负载不对称，每相负载开灯盏数为 2、2、4。

按表 8-45、表 8-46 要求，测量有功功率填入表中。

表 8-44　负载三角形联结测试参数

负载情况	开灯盏数			线电压/V			线电流/mA			相电流/mA		
	A-B 相	B-C 相	C-A 相	U_{AB}	U_{BC}	U_{CA}	I_A	I_B	I_C	I_{AB}	I_{BC}	I_{CA}
对称	2	2	2									
不对称	2	2	4									

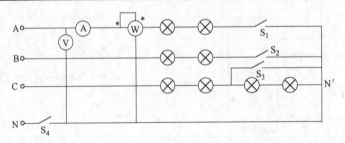

图 8-87　负载星形联结有功功率测量

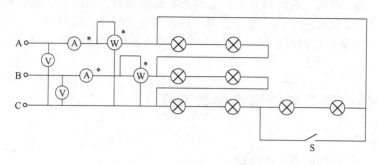

图 8-88　负载三角形联结有功功率测量

表 8-45　负载星形联结有功功率测量

测试项目	三相四线制各相测量				三相三线制各相测量				三相三线制两表法		
	功率 P_A/W	功率 P_B/W	功率 P_C/W	总功率/W	功率 P_A/W	功率 P_B/W	功率 P_C/W	总功率/W	功率 P_1/W	功率 P_2/W	总功率/W
星形负载对称											
星形负载不对称											

表 8-46　负载三角形联结有功功率测量

测试项目	三相三线制各相测量				三相三线制两表法		
	功率 P_{AB}/W	功率 P_{BC}/W	功率 P_{CA}/W	总功率/W	功率 P_1/W	功率 P_2/W	总功率/W
三角形负载对称							
三角形负载不对称							

（4）相序的判别　如图 8-89 所示电路是一个不对称的星形三相负载，无中线。该电路是一个用白炽灯和电容器组成的相序判别线路，只需根据白炽灯的亮、暗就可判别相序。连接电容 2μF 的一相设定为 A 相，其余两相各接三盏灯泡。接通三相电源，观察灯泡的亮度。较亮的灯泡所在的一相为 B 相，较暗的灯泡所在的一相为 C 相。

采用该电路判断实验平台上标定的相序是正相序还是逆相序。

5. 注意事项

1）本次实验线电压为 380V，实验时一定要注意安全，不可触碰导电部件，防止意外触电。

2）改接电路或拆线时，必须先断开电源，以免发生触电事故。

3）连接完电路后，要仔细检查一遍，确保无误后再接通电源。

4）做负载星形联结，某相负载短路实验前，要断开中线。

5）测量电流时，确保电流表串接在被测支路中，切不可把电流表并在负载的两端，以防损坏仪表。

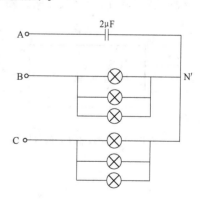

图 8-89　相序测定电路

6. 实验思考题

1）在采用三相四线制时，为什么中线上不允许装熔断器？

2）三相负载什么时候用星形联结？什么时候用三角形联结？

3）星形联结无中线时，若负载开路会怎样？短路会怎样？若有中线会怎样？

4）解释三相三线制电路中，采用二功率表法来测量三相功率的原理。

5）图 8-89 中较亮的灯泡所在的一相为 B 相，较暗的灯泡所在的一相为 C 相，能解释其中的原因吗？

实验 13　线性无源二端口网络参数测量

1．实验目的
1）加深理解二端口网络的基本理论。

2）学习二端口网络 Y 参数、Z 参数和 T 参数的测定方法。

3）通过实验来测量二端口网络的输入阻抗。

2．实验器材
单相调压器、单相电量仪、电阻、电容、电感线圈、导线。

3．实验原理
1）线性无源二端口网络可以用网络参数来表现它的特性，这些参数只取决于二端口网络内部元件的连接及元件值，而与加于端口的输入激励及负载无关。

二端口网络的参数主要有导纳参数 Y、阻抗参数 Z、混合参数 H 和传输参数 T。网络参数确定后，两个端口处的电压、电流关系，即网络的特性方程就唯一地确定了。

本实验研究二端口网络的导纳参数 Y、阻抗参数 Z 和传输参数 T。

图 8-90 所示为线性无源二端口网络，按图中所示的电压、电流参考极性与方向，二端口网络 Y 参数方程为

$$\dot{I}_1 = Y_{11}\dot{U}_1 + Y_{12}\dot{U}_2 \tag{8-5}$$

$$\dot{I}_2 = Y_{21}\dot{U}_1 + Y_{22}\dot{U}_2 \tag{8-6}$$

于是

$$Y_{11} = \frac{\dot{I}_1}{\dot{U}_1}\bigg|_{\dot{U}_2=0}$$

实验测定参数时，接线方法如图 8-91 所示。

图 8-90　线性无源二端口网络

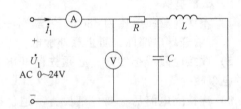

图 8-91　Y_{11} 实验测定

$$Y_{12} = \frac{\dot{I}_1}{\dot{U}_2}\bigg|_{\dot{U}_1=0}$$

实验测定参数时，接线方法如图 8-92 所示。

$$Y_{21} = \frac{\dot{I}_2}{\dot{U}_1}\bigg|_{\dot{U}_2=0}$$

实验测定参数时，接线方法如图 8-93 所示。

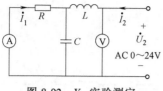

图 8-92　Y_{12}实验测定

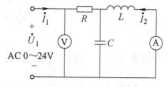

图 8-93　Y_{21}实验测定

$$Y_{22} = \left.\frac{\dot{I}_2}{\dot{U}_2}\right|_{\dot{U}_1=0}$$

实验测定参数时，接线方法如图 8-94 所示。

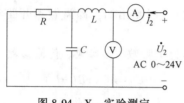

图 8-94　Y_{22},实验测定

可见，Y 参数是在 $\dot{U}_1 = 0$ 和 $\dot{U}_2 = 0$ 时测出的，即需要做"短路实验"。对互易网络，$Y_{12} = Y_{21}$。

二端口网络 Z 参数方程为

$$\dot{U}_1 = Z_{11}\dot{I}_1 + Z_{12}\dot{I}_2 \tag{8-7}$$

$$\dot{U}_2 = Z_{21}\dot{I}_1 + Z_{22}\dot{I}_2 \tag{8-8}$$

于是

$$Z_{11} = \left.\frac{\dot{U}_1}{\dot{I}_1}\right|_{\dot{I}_2=0}$$

实验测定参数时，接线方法如图 8-95 所示。

$$Z_{12} = \left.\frac{\dot{U}_1}{\dot{I}_2}\right|_{\dot{I}_1=0}$$

实验测定参数时，接线方法如图 8-96 所示。

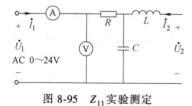

图 8-95　Z_{11}实验测定

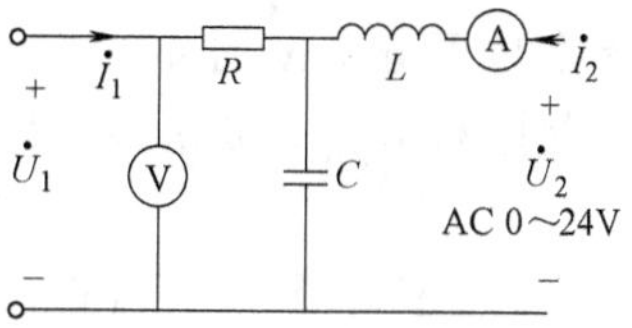

图 8-96　Z_{12}实验测定

$$Z_{21} = \left.\frac{\dot{U}_2}{\dot{I}_1}\right|_{\dot{I}_2=0}$$

实验测定参数时，接线方法如图 8-97 所示。

$$Z_{22} = \left. \frac{\dot{U}_2}{\dot{I}_2} \right|_{\dot{I}_1=0}$$

实验测定参数时，接线方法如图 8-98 所示。

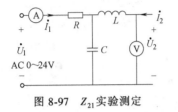

图 8-97　Z_{21} 实验测定

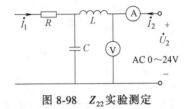

图 8-98　Z_{22} 实验测定

可见，Z 参数是在 $\dot{I}_2 = 0$ 和 $\dot{I}_1 = 0$ 时测出的，即需做"开路实验"。对互易网络有 $Z_{12} = Z_{21}$ 成立。

二端口网络传输参数，又称为 T 参数、A 参数。传输参数方程为

$$\dot{U}_1 = A\dot{U}_2 + B(-\dot{I}_2) \tag{8-9}$$

$$\dot{I}_1 = C\dot{U}_2 + D(-\dot{I}_2) \tag{8-10}$$

而且对互易网络有

$$AD - BC = 1 \tag{8-11}$$

显然，

$$A = \left. \frac{\dot{U}_1}{\dot{U}_2} \right|_{\dot{I}_2=0}$$

$$B = \left. \frac{\dot{U}_1}{-\dot{I}_2} \right|_{\dot{U}_2=0}$$

$$C = \left. \frac{\dot{I}_1}{\dot{U}_2} \right|_{\dot{I}_2=0}$$

$$D = \left. \frac{\dot{I}_1}{-\dot{I}_2} \right|_{\dot{U}_2=0}$$

由此看出，T 参数是可以在 $\dot{I}_2 = 0$ 和 $\dot{U}_2 = 0$ 条件下测出的，即进行"开路实验"及"短路实验"，可求得 A、B、C、D 四个参数。

传输参数也可分别按图 8-99a、b、c、d 所示，在两个端口分别做开路实验和短路实验，测出开路时复阻抗 Z_{1OC}、Z_{2OC} 以及短路时的复阻抗 Z_{1SC}、Z_{2SC}，然后再通过计算，求出 A、B、C、D。

由式（8-9）、式（8-10）可得

$$Z_{1OC} = \left. \frac{\dot{U}_1}{\dot{I}_1} \right|_{\dot{I}_2=0} = \left. \frac{A\dot{U}_2 - B\dot{I}_2}{C\dot{U}_2 - D\dot{I}_2} \right|_{\dot{I}_2=0} = \frac{A}{C} \tag{8-12}$$

$$Z_{1SC} = \left. \frac{\dot{U}_1}{\dot{I}_1} \right|_{\dot{U}_2=0} = \left. \frac{A\dot{U}_2 - B\dot{I}_2}{C\dot{U}_2 - D\dot{I}_2} \right|_{\dot{U}_2=0} = \frac{B}{D} \tag{8-13}$$

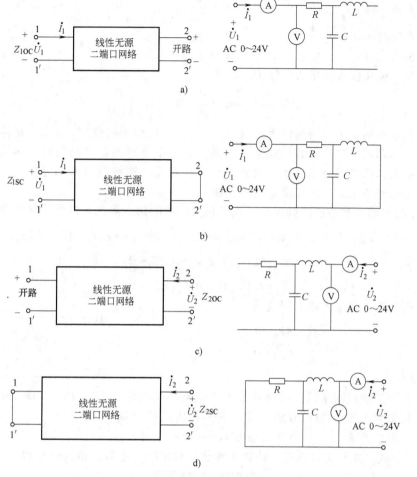

图 8-99　求二端口网络 T 参数的空载和短路实验

a) 测 Z_{10C} 电路　b) 测 Z_{1SC} 电路　c) 测 Z_{20C} 电路　d) 测 Z_{2SC} 电路

$$Z_{20C} = \frac{\dot{U}_2}{\dot{I}_2}\bigg|_{\dot{I}_1=0} = \frac{D}{C} \tag{8-14}$$

$$Z_{2SC} = \frac{\dot{U}_2}{\dot{I}_2}\bigg|_{\dot{U}_1=0} = \frac{B}{A} \tag{8-15}$$

由式（8-12）~式（8-15）可得

$$\frac{Z_{1SC}}{Z_{10C}} = \frac{Z_{2SC}}{Z_{20C}} = \frac{BC}{AD}$$

可见，这四个阻抗参数中只有三个是独立的。

对互易网络，有
$$Z_{10C} - Z_{1SC} = \frac{A}{C} - \frac{B}{D} = \frac{AD-BC}{CD} = \frac{1}{CD} \tag{8-16}$$

根据测得的任意三个阻抗参数，利用关系式（8-14）、式（8-16）得出

$$\frac{Z_{20C}}{Z_{10C} - Z_{1SC}} = D^2, \quad 即\ D = \sqrt{\frac{Z_{20C}}{Z_{10C} - Z_{1SC}}}$$

由式（8-14）得

$$C = \frac{D}{Z_{20C}}$$

由式（8-13）得

$$B = DZ_{1SC}$$

由式（8-12）得

$$A = CZ_{10C}$$

在实验中，使用仪表测出 U、I、P，可得

$$|Z| = \frac{U}{I} \quad \cos\varphi = \frac{P}{UI} \quad \varphi = \cos^{-1}\left(\frac{P}{UI}\right)$$

应注意阻抗角的正负，当电路呈感性时，$\varphi > 0$；当电路呈容性时，$\varphi < 0$。电路的性质，可以通过在原支路两端并联小电容的实验来判断。实验中分别测量被测阻抗支路的电流及并联后总支路的电流，若总支路电流小于被测阻抗支路电流，则被测电路为感性；若总支路电流较被测阻抗支路电流变大，则被测电路为容性。

2）网络的传输参数由实验确定后，则二端口网络的输入阻抗可以由传输参数来确定。

假设图 8-99 二端口网络，在输出端接上阻抗 Z_L，则 $\dot{U}_2 = -Z_L\dot{I}_2$，代入传输方程组，则有

$$\dot{U}_1 = A\dot{U}_2 - B\dot{I}_2 = -\dot{I}_2(AZ_L + B)$$

$$\dot{I}_1 = C\dot{U}_2 - D\dot{I}_2 = -\dot{I}_2(CZ_L + D)$$

从而求得二端口网络的输入阻抗为

$$Z_{in} = \frac{\dot{U}_1}{\dot{I}_1} = \frac{AZ_L + B}{CZ_L + D}$$

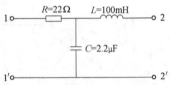

4. 实验内容

一般情况下二端口网络的内部结构及元件值是不知道的，不论内部结构如何复杂，测量方法不变。本实验所用的二端口网络是一个简单的 R、L、C 网络，如图 8-100 所示。

图 8-100　二端口网络实验电路

1）测 Y 参数。参考实验原理，计算 Y 参数并测相应 Y 参数，填入表 8-47。

表 8-47　Y 参数测量

Y 参数	测量值	理论值
Y_{11}		
Y_{12}		
Y_{21}		
Y_{22}		

2）测 Z 参数。参考实验原理，计算 Z 参数并测相应 Z 参数，填入表 8-48。

表 8-48　Z 参数测量

Z 参数	测量值	理论值
Z_{11}		
Z_{12}		
Z_{21}		
Z_{22}		

3）测 T 参数。参考实验原理，计算 T 参数并测相应 T 参数，填入表 8-49。

表 8-49　T 参数测量

T 参数	测量值	理论值
Z_{10C}		
Z_{1SC}		
Z_{20C}		

（续）

T 参数	测量值	理论值
Z_{2SC}		
A		
B		
C		
D		

4）测输入阻抗参数。

参考实验原理，在端口 2 接电阻。在端口 1 使用仪表测出 U_1、I_1、P。计算 Z_{in}，填入表 8-50 中。

表 8-50　输入阻抗测量表

端口 2 接电阻 R	测量值			Z_{in} 测量值	Z_{in} 理论值
	U_1	I_1	P		
$R=$					

5. 注意事项

1）正确使用单相调压器，一次侧和二次侧不要接反。加在二端口网络两端的电压 $U<36V$。

2）应特别注意做短路实验时（如测 Z_{1SC}、Z_{2SC} 时），要避免损坏仪器设备和元器件。

6. 实验思考题

1）从测得的参数中，如何判定实验电路为互易网路？互易网路和对称网络的联系和区别是什么？

2）在测量二端口网络的 T 参数的过程中，也可采用 T 参数定义的方法进行测量。比较该法和本实验所采用的方法的优缺点。

第9章 综合型实验课题

综合型电路实验课题是完成电路课程理论学习后，为提高综合能力和培养研究能力而设，注重电路原理的分析及应用。综合型电路实验课题下设若干专题，供选用。

在已具备初步动手能力的基础上，完成综合型电路实验课题，以加强思维能力、分析能力和综合能力的培养，进而为"有所发明、有所创新、有所创造"打下良好基础。

综合型电路实验课题不完全是电路课程中已学习过内容的重复，要求同学们根据课题要求，查找资料、确定方案，最后完成。

希望在综合型电路实验课题中学习检索方法、运用现代信息手段、运用 EDA 技术，在前人成果的基础上进一步对课题深化研究。

综合型电路实验课题可部分借助 MATLAB 软件、第 6 章或第 11 章介绍的软件进行仿真。

课题 1 交流电路的应用设计

专题 1 RC 选频网络及应用

1. 设计要求

1）设计一个 RC 选频网络，分析研究其网络函数 $K_V = \dot{U}_2 / \dot{U}_1$。

2）实验测量该 RC 选频网络的幅频传输曲线，f_0 限制在 3kHz 左右。

3）举一应用的实例电路，详细分析其中 RC 选频网络的各项参数及作用。

2. 设计参考

常见的文氏电桥 RC 选频网络和幅频传输曲线如图 9-1a 和图 9-1b 所示。

专题 2 裂相（分相）电路

1. 设计要求

1）将单相交流电源（220V/50Hz）分裂成相位差为 90°的两相电源。

① 两相输出空载时电压有效值相等，为 150×（1±4%）V；相位差为 90°×（1±2%）。

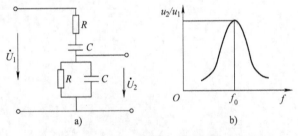

图 9-1 文氏电桥 RC 选频网络和幅频传输曲线

a）文氏电桥 RC 选频网络 b）幅频传输曲线

② 测量并作电压—负载（两负载相等，且为电阻性）特性曲线，到输出电压 150(1-10%)V；相位差为 90°×（1-5%）为止。

③ 测量证明设计的电路在空载时功耗最小。

2）将单相交流电源（220V/50Hz）分裂成相位差为 120°对称的三相电源。

① 两相输出空载时电压有效值相等，为 110×（1±4%）V；相位差为 120°×（1±2%）。

② 测量并作电压—负载（三负载相等，且为电阻性）特性曲线，到输出电压 110×（1-10%）V；相位差为 120°×（1-5%）为止。

③ 测量证明设计的电路在空载时功耗最小。

3）若负载分别为感性或容性时，讨论电压—负载特性。

4）论述分相电路的用途，并举一例详细说明。

2. 设计参考

（1）将单相电源分裂成两相 将电源 U_S 分裂成 U_1 和 U_2 两个输出电压，图 9-2 所示为 RC 桥式分相电路原理的一种，它可将输入电压 U_S 分裂成 U_1 和 U_2 两个输出电压，且使 U_1 和 U_2 相位差成 90°。

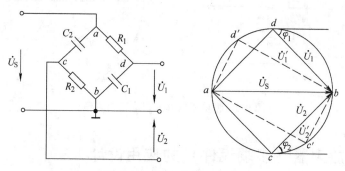

图 9-2 RC 桥式分相电路原理

图 9-2 所示电路中输出电压 U_1 和 U_2 分别与输入电压 U_S 的比为

$$\frac{U_1}{U_S} = \frac{1}{\sqrt{1+(\omega R_1 C_1)^2}} \qquad \frac{U_2}{U_S} = \frac{1}{\sqrt{1+\left(\frac{1}{\omega R_2 C_2}\right)^2}}$$

对输入电压 U_S 而言，输出电压 U_1 和 U_2 的相位为

$$\varphi_1 = -\arctan\omega R_1 C_1$$

$$\varphi_2 = \arctan\frac{1}{\omega R_2 C_2}$$

或

$$\cot\varphi_2 = \omega R_2 C_2 = -\tan(\varphi_2 + 90°)$$

由此

$$\varphi_2 + 90° = -\arctan\omega R_2 C_2$$

若

$$R_1 C_1 = R_2 C_2 = RC$$

则必有

$$\varphi_1 - \varphi_2 = 90°$$

一般而言，φ_1 和 φ_2 与角频率 ω 无关，但为使 U_1 和 U_2 数值相等，可令

$$\omega R_1 C_1 = \omega R_2 C_2 = 1$$

（2）将单相电源分裂成三相 同样，将单相电源 U_S 分裂成三相 U_{OA}、U_{OB}、U_{OC} 互成 120°的对称电压，其原理如图 9-3 所示。

设计电路关键是元件参数。从相量图中可见，B 和 C 两点的轨迹是在圆周上变化。只要使电流 I_2 与 I_1 相位差成 60°；使电流 I_3 与 I_1 相位差成 30°，则可使电压 U_A、U_B、U_C 成对称三相电压。可利用公式

$$\frac{X_{C2}}{R_2} = \tan 60° \qquad \frac{X_{C3}}{R_3} = \tan 30°$$

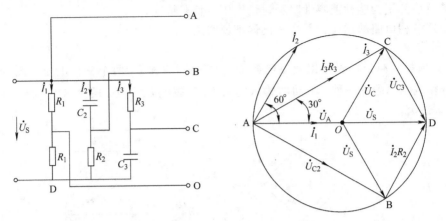

图 9-3　将单相电源分裂成三相原理

课题 2　运算放大器（多端元件）的应用设计

专题 1　运算放大器基本电路

1. 设计要求

1）设计运算放大器常用基本电路（比例器、积分器、微分器、I/U 转换器、加法器等）中的 4 种，用"节点法"分析其输出/输入的关系。

2）用实验求证上述关系式。

3）设计 4 种基本受控源电路中的两种，测量并作它们各自空载特性和负载特性曲线。要求：

VCCS 的转移电导 $g = 10^{-4} \sim 10^{-2}\mathrm{S}$。

VCVS 的转移电压比 $\mu = 1 \sim 20$。

CCCS 的转移电流比 $\beta = 1 \sim 20$。

CCVS 的转移电阻 $r = 10^2 \sim 10^4\Omega$。

2. 设计参数

运算放大器电源在 ±15V 时，为保证运算放大器工作在线性区，凡是电流源，输出电流为 10~20mA；凡是电压源，输出电压为 10~12V 为好。

专题 2　运算放大器电路应用（一）——负阻抗变换器和回转器的设计

负阻抗变换器（NIC）是一种二端口器件，是电路理论中的一个重要的基本概念，在工程实践中也有广泛的应用。负阻抗一般都由一个有源二端网络来形成一个等值的线性负阻抗。该网络由线性集成电路或晶体管等元器件组成。

1. 设计要求

（1）用运算放大器设计一个负阻抗变换器（NIC）电路

1）用 T 参数研究其端口关系，求端口阻抗的关系式；推导并讨论电流反相型负阻抗变换器（INIC）和电压反相型负阻抗变换器（VNIC）的不同矩阵关系式。

2）用实验实现上述的设计，并研究 INIC 和 VNIC 接法的开路稳定（OCS）性及短路稳定（SCS）性，用测量数据说明。

（2）用运算放大器设计一个回转器电路

1）推导其基本方程。

2）测量其回转参数 g，验证其满足基本方程。

3）将负载电容"回转"成一个电感量为 0.1~1H 的模拟纯电感，用实验的方法验证该模拟量的电感特性及电感量准确性，并与理论值进行比较。

2. 设计参考

（1）负阻抗模型　负阻抗按二端口网络确定输入电压、电流与输出电压、电流的关系。负阻抗变换器可分为电流反相型（INIC）和电压反相型（VNIC）两种，如图9-4a、b 所示。

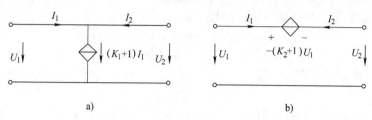

图 9-4　电流反相型和电压反相型负阻抗变换器

a）电流反相型负阻抗变换器　b）电压反相型负阻抗变换器

在理想情况下，其电压、电流关系如下：

对于 INIC 型：$U_2 = U_1$，$I_2 = K_1 I_1$　　（K_1 为电流增益）。

对于 VNIC 型：$U_2 = -K_2 U_1$，$I_2 = -I_1$　　（K_2 为电压增益）。

（2）关于负阻抗变换器的开路稳定（OCS）性和短路稳定（SCS）性　用运算放大器设计的负阻抗变换器，为了稳定工作，必须保证负反馈强于正反馈。因此有一个端口只容许接高阻负载，称为开路稳定（OCS）；而另一个端口只容许接低阻负载，称为短路稳定（SCS）。

而 INIC 与 VNIC 的 OCS 和 SCS 接法是不一样的。

专题3　运算放大器电路应用（二）——旋转器设计

1. 设计要求

用运算放大器设计一个旋转器电路，要求如下：

1）设计一个旋转角 $\theta = -15° \sim -85°$（顺时针）、定标系数 $R = 1\text{k}\Omega$ 的旋转器电路。

2）用实验实现上述的设计。分别用电阻和非线性元器件（二极管）作负载，测量并计算旋转前后的伏安特性"角度"，察看是否"旋转"了设计的角度，并作"旋转"前、后的伏安特性曲线图。

2. 设计参考

旋转器电路原理简述如下：

旋转器符号如图9-5所示，可以将线性或非线性元器件在 $u—i$ 平面旋转一个角度，产生新的电路元器件。旋转器"旋转"前后如图9-6所示。

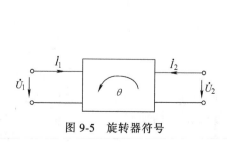

图 9-5　旋转器符号

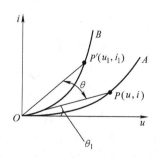

图 9-6　旋转器"旋转"前后

若将一个具有图 9-6 中 A 的 u—i 特性的非线性电阻元件接在图 9-5 的 $\dot{U}_2$ 端口，则在图 9-5 的 $\dot{U}_1$ 端口得到图 9-6 中 B 的 u—i 特性曲线。从图 9-6 可见，曲线 B 是曲线 A 反时针旋转了 θ 角。

设曲线 A 上任一点 P 的坐标（u，i），离原点距离为 r，则有

$$\begin{cases} u = r\cos\theta_1 \\ i = r\sin\theta_1 \end{cases} \tag{9-1}$$

点 P 反时针旋转了 θ 角后到 P' 点，坐标（u_1，i_1）为

$$u_1 = r\cos(\theta_1+\theta) = r\cos\theta_1\cos\theta - r\sin\theta_1\sin\theta \tag{9-2}$$

$$i_1 = r\sin(\theta_1+\theta) = r\cos\theta_1\sin\theta + r\sin\theta_1\cos\theta \tag{9-3}$$

将式（9-1）代入式（9-2），得

$$u_1 = u\cos\theta - i\sin\theta \tag{9-4}$$

将式（9-1）代入式（9-3），得

$$i_1 = u\sin\theta + i\cos\theta \tag{9-5}$$

式（9-4）中，$\cos\theta$ 无量纲；$\sin\theta$ 是电阻的量纲，因而要乘一个定标系数 R。定标系数 R 的大小取决于 u—i 曲线中电压和电流的单位，$R = u/i$。

式（9-4）成为

$$u_1 = u\cos\theta - iR\sin\theta \tag{9-6}$$

同样，式（9-5）中 $\cos\theta$ 无量纲，$\sin\theta$ 是电导的量纲，要除一个定标系数 R。因而式（9-5）成为

$$i_1 = \frac{u}{R}\sin\theta + i\cos\theta \tag{9-7}$$

在图 9-5 中，定义 $i = -i_2$，$u = u_2$，因此有 T 参数方程

$$\begin{bmatrix} u_1 \\ i_1 \end{bmatrix} = \begin{bmatrix} \cos\theta & -R\sin\theta \\ \dfrac{1}{R}\sin\theta & \cos\theta \end{bmatrix} \begin{bmatrix} u_2 \\ -i_2 \end{bmatrix} \tag{9-8}$$

用 T 形电阻网络的旋转器（见图 9-7）来实现，对应 T 参数的 3 个电阻是

$$\left. \begin{array}{l} R_1 = \dfrac{A_{11}-1}{A_{21}} \\[2mm] R_2 = \dfrac{A_{22}-1}{A_{11}} \\[2mm] R_3 = \dfrac{1}{A_{21}} \end{array} \right\} \tag{9-9}$$

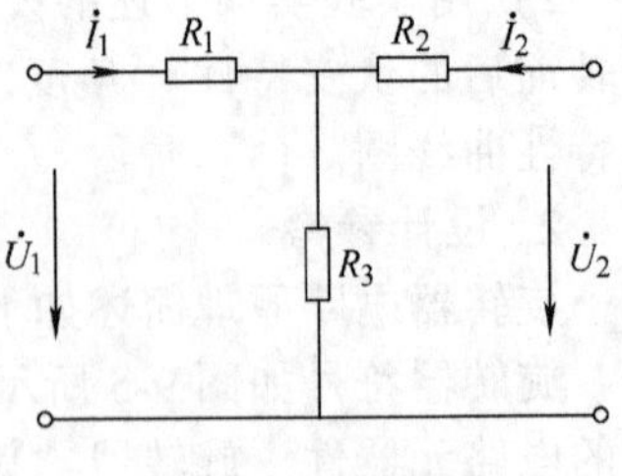

图 9-7 T 形电阻
网络的旋转器

因此有

$$\left. \begin{array}{l} R_1 = R_2 = -R\tan\dfrac{\theta}{2} \\[2mm] R_3 = R\,\dfrac{1}{\sin\theta} \end{array} \right\} \tag{9-10}$$

式（9-10）中，R 为定标系数。

由于定义了旋转反时针为 $+\theta$ 角，对于旋转顺时针即为 $-\theta$ 角，故在顺时针旋转时，式（9-10）中 R_3 为负，即 R_3 是负电阻，图 9-7 就可实现旋转器的功能。

课题 3　非线性电阻电路及应用的研究

专题 1　非线性电阻电路

1. 设计要求

非线性电阻电路设计要求如下：

1）用二极管、稳压管、稳流管等元器件设计如图 9-8、图 9-9 所示伏安特性的非线性电阻电路。

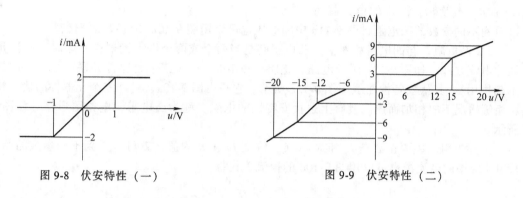

图 9-8　伏安特性（一）　　　　　　　图 9-9　伏安特性（二）

2）测量所设计电路的伏安特性并作曲线，与图 9-8、图 9-9 比对。

2. 设计参考

（1）非线性电阻电路的伏安特性

1）常用元器件。对于一个一端口网络，不管内部组成，其端口电压与电流的关系可以用 u—i 平面的一条曲线表示。则是将其看成一个二端电阻元器件。u—i 平面的曲线称为伏安特性。

常见的二端电阻元器件有二极管、稳压管、恒流管、电压源、电流源和线性电阻等，其伏安特性如图 9-10 所示。运用这些元器件串、并联或混联就可得到各种单向的单调伏安特性曲线。

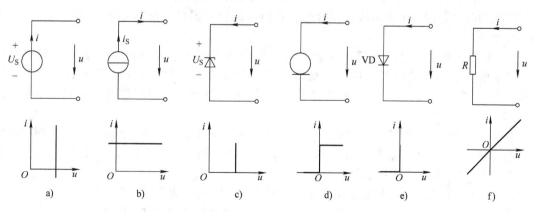

图 9-10　常见的二端电阻元件及伏安特性

a）电压源 $U = U_S$　b）电流源 $i = i_S$　c）稳压管　d）恒流管　e）理想二极管　f）线性电阻 $i = Gu$

2）凹电阻。当两个或两个以上元器件串联时，电路的伏安特性图上的电压是各元器件电压之和。如图 9-11a 所示电路，是将图 9-10a、e、f 三个元器件串联而成（e 在其中暂不起作用），其伏安特性曲线如图 9-11b 所示。它是由图 9-10a、e、f 三个元器件的伏安特性在 i 相等情况下的相加而成。具有上述伏安特性的电阻，称为凹电阻，电路图形符号如图 9-11c 所示。

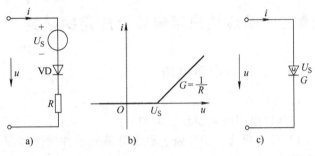

图 9-11　凹电阻

上述电阻的主要参数是 U_S 和 $G=1/R$，改变 U_S 和 G 的值，就可以得到不同参数的凹电阻，图 9-11a 中的电压也可以用图 9-10c 中的稳压管代替。

3）凸电阻。与凹电阻相对应，凸电阻则是当两个或两个以上元器件并联时，电流是各元器件电流之和。如图 9-12a 所示电路，是将图 9-10b、e、f 三个元器件并联而成（e 在其中暂不起作用），其伏安特性曲线如图 9-12b 所示。它是由图 9-10a、e、f 三个元器件的伏安特性在 U 相等情况下的相加而成。具有上述伏安特性的电阻，称为凸电阻，电路图形符号如图 9-12c 所示。

上述电阻的主要参数是 I_S 和 $R=1/G$，改变 I_S 和 R 的值，就可以得到不同参数的凸电阻，图 9-12a 中的电流源也可以用图 9-10d 的恒流管代替。

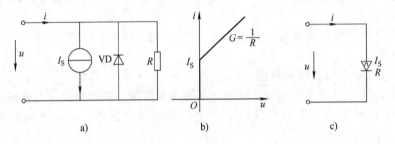

图 9-12　凸电阻

（2）非线性元器件电路的综合　各种单调分段线性的非线性元器件电路的伏安特性可以用凹电阻和凸电阻作基本积木块，综合出各种所需的新元器件。常用串联分解法或并联分解法进行综合。

1）串联分解法。串联分解法在伏安特性图中以电流 I 轴为界来分解曲线。若要求综合图 9-13a 所示的伏安曲线，则可将曲线分解成如图 9-13b 和图 9-13c 所示的两个凸电阻串联。再对照图 9-12a，相当分别去除电流源 I_S 和电阻 R，就得到图 9-13d 和图 9-13e 所示电路。

若要求如图 9-14a 所示的伏安曲线，同样可以分解成图 9-14b 和图 9-14c 所示的两个凸电阻串联。显然，图 9-14c 是图 9-14b 伏安曲线旋转 180°。图 9-14a 用图 9-14e 来实现。图 9-14e 化简为图 9-14f。实现的符号如图 9-14d 所示。

2）并联分解法。并联分解法在伏安特性图中以电压 U 轴为界来分解曲线。

若要求综合图 9-15a 所示的伏安曲线，则可将曲线分解成如图 9-15b 和图 9-15c 所示的两条伏安特性曲线。

图 9-15b 是图 9-11b 去除电压源的凹电阻，将其反向，得图 9-15c。将图 9-15b 和图 9-15c 并联，得图 9-15a 的伏安曲线。

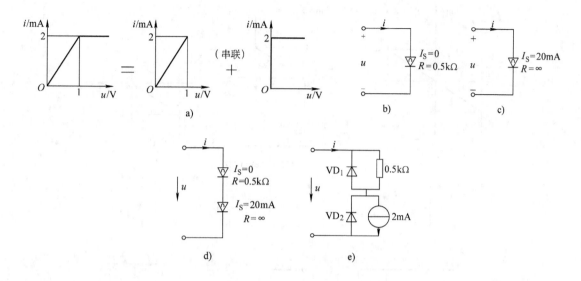

图 9-13　串联分解法之一

由图 9-15e 的元器件可实现图 9-15b 的伏安曲线，进一步简化，得图 9-15g。可见，图 9-15f 的元器件可实现图 9-15c 的伏安曲线（即图 9-15b 的反向）。故将图 9-15g 和图 9-15f 并联，得图 9-15d，即可实现图 9-15a 的伏安曲线。

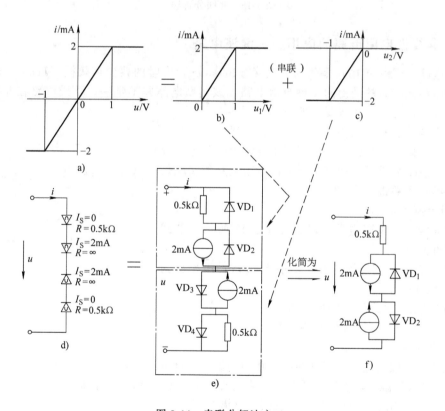

图 9-14　串联分解法之二

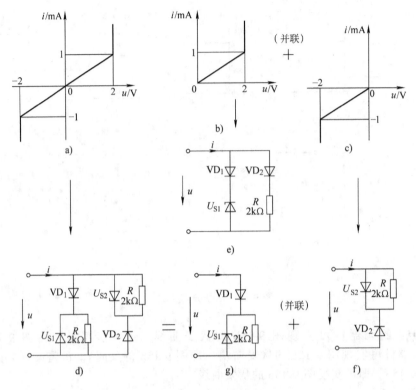

图 9-15　并联分解法

专题 2　非线性电阻电路的应用——混沌电路

蔡氏电路（见图 9-16）是美国贝克莱（Berkeley）大学的蔡少棠教授（Leon. 0. Chua）设计的能产生混沌行为的最简的一种自治电路。该典型电路并不唯一。蔡氏电路在非线性系统及混沌研究中，占有极为重要的地位。

在蔡氏电路及蔡氏振荡器的分析及实验研究中，为电路建立一个精确的试验模型，从而观察混沌现象并定量分析它，这一点十分重要。而其中非线性电阻电路的实现是这一环节的一个关键。

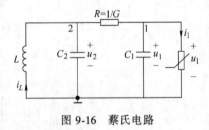

图 9-16　蔡氏电路

1. 设计要求

利用非线性负电阻电路，设计如图 9-17 所示的非线性伏安特性曲线。

在图 9-17 中，横坐标为电压，小于±18V；纵坐标为电流，小于±18mA。

1）用列表法做出该伏安特性曲线。

2）使用示波器观察该伏安特性曲线。

2. 设计参数

查找资料，以上述伏安特性曲线电路为基础，设计混沌电路。

1）使用示波器观察该混沌电路的混沌现象（如图 9-18 所示，不唯一）。

2）改变混沌电路的敏感参数，观察记录混沌现象。

3）总结混沌电路的研究工作。

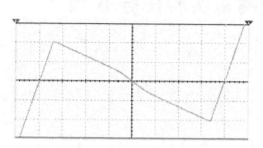

图 9-17　非线性负电阻电路
的伏安特性曲线

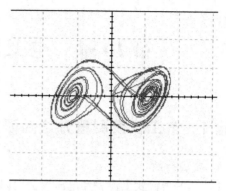

图 9-18　混沌现象

第 10 章　电工仪表测量实验任务书

实验 1　电工仪表测量方法的研究

1. 实验目的
1）学习指针式电流表和电压表的内阻测量方法。
2）分析指针式表内阻对测量中参数的影响。
3）了解指针式万用表和数字式万用表测量交流电压的特点。

2. 实验任务
1）用"替代法"测量指针式电压表 DCV 10V 量程时的内阻。
2）用"替代法"测量指针式电压表 DCA 5mA 量程时的内阻。
3）测量电压电路如图 10-1 所示，用指针式直流电压表 10V 量程（$R_V = 10k\Omega$，0.5 级），分别在用"补偿法"和不用"补偿法"的情况下测量电压，分析误差及原因。
4）对指针式万用表交流电压挡测量频率范围和波形界定。
5）对数字式万用表交流电压挡测量频率范围和波形界定。

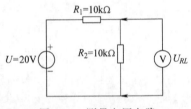

图 10-1　测量电压电路

3. 实验要求
1）"替代法"和"补偿法"的测量方法和电路参见第 3 章 3.3 节。
2）对于图 10-1 所示电路，从理论值和测量值两方面分析误差，得出正确结论。
3）自拟数据表格，测定指针式万用表交流电压挡测量频率及波形的有效范围。
4）自拟数据表格，测定数字式万用表交流电压挡测量频率及波形的有效范围。

用函数电源作为信号源，改变频率从 20Hz～20kHz，分别在输出正弦波电压、方波电压和三角波电压的情况下，使用真有效值电压表、指针式万用表交流电压挡和数字式万用表交流电压挡测量。以真有效值电压表测量值作为标准，定量比对分析指针式万用表和数字式万用表测量交流量的波形误差和频率响应。

实验 2　电路元件参数测量

1. 实验目的
1）学习非线性电阻的测量方法。
2）学习测量电感和电容的一般方法。
3）掌握用交流电桥测量电容量和电容的介质损耗、电感量及电感在给定频率下的 Q 值。

2. 实验任务
1）以白炽灯为非线性电阻元件，测量其伏安特性。
2）以"伏安法"间接测量电容值。
3）使用"谐振法"测量电感值。
4）使用交流电桥测量上述的电容量和电容的介质损耗、电感量及电感在给定频率下的

Q 值。

3．实验要求

1）以白炽灯为非线性电阻元件，自拟线路和数据表格测量并绘出其伏安特性曲线。

2）用伏安法间接测量电容值。

3）使用谐振法测量电感值。

4）使用交流电桥测量上述的电容、电感值及介质损耗等参数。

4．注意事项

1）用伏安法间接测量的电容必须是无极性电容。

2）使用谐振法测量电感值时，需用频率可调的函数电源。

实验 3　指针式仪表的校验

1．实验目的

1）掌握指针式仪表修正曲线的测定方法。

2）学习指针式直流仪表的校验方法。

2．实验任务

1）作指针式直流电流表的修正曲线，重新确定其准确度等级。

2）作指针式直流电压表的修正曲线，重新确定其准确度等级。

3．实验要求

1）指针式万用表的直流电流挡校验：按图 10-2 所示万用表的直流电流挡的校验电路接线，设 X 为被校表读数（万用表的直流电流 50mA 挡，2.5 级），X_0 为标准表读数（0.5 级直流电流表）。为减少测量中由于仪表测量机构的摩擦力等因素造成的误差，改变电源电压或调整变阻器，使电流表的读数单调上升或下降，记录上升及下降的两次数值，求取平均值。

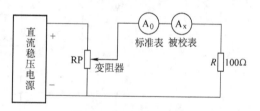

图 10-2　万用表的直流电流挡的校验电路

将测量数据记入万用表的直流电流挡测量数据表，见表 10-1。根据测量数据，以横坐标作为被校表的读数，以纵坐标作为修正值，做出修正曲线并重新确定其准确度等级。

2）指针式万用表的直流电压挡校验：参考上述方法，自拟指针式万用表直流电压挡（10V，2.5 级）的校验电路和测量表格。根据测量数据，做出其校正曲线并重新确定其准确度等级。

表 10-1　万用表的直流电流挡测量数据表

	被校表 读数 X/mA	5.00	10.00					
标准表读数 X_0/mA	$X_{0上}$（上升）							
	$X_{0下}$（下降）							
	平均值 $X_0 = \dfrac{X_{0上}+X_{0下}}{2}$							
	绝对误差 $\Delta X = X - X_0$							
	修正量 $C = -\Delta X$							

实验 4　正弦及非正弦电路

1. 实验目的

1）加深对非正弦周期电路中电压或电流有效值的理解。

2）观察非正弦周期电路中，电感和电容的波形，说明对波形的影响。

2. 实验任务

非正弦周期电路分析如图 10-3 所示。

1）利用变压器产生的 3 次谐波，如图 10-3a 所示，3 次谐波的电路简图如图 10-3b 所示。测量并证明关系式 $U=\sqrt{U_1^2+U_3^2}$。

2）用示波器测量并换算各种波形的有效值、峰值、峰-峰值和平均值。

3）非正弦周期电路中，当在点 c、b 分别接有 RL 或 RC 时，观察并记录相关波形。

3. 实验要求

1）在非正弦周期电路分析中，测量电路中的电压并证明关系式 $U=\sqrt{U_1^2+U_3^2}$。

2）用示波器观察上述波形，测量并换算各种波形的有效值、峰值、峰峰值和平均值。

3）将 L 或 C 分别接入，如图 10-3c 所示。用示波器观察电压、电流的波形，观察说明接入 L 或 C 后对 U_{ab} 波形有何影响。

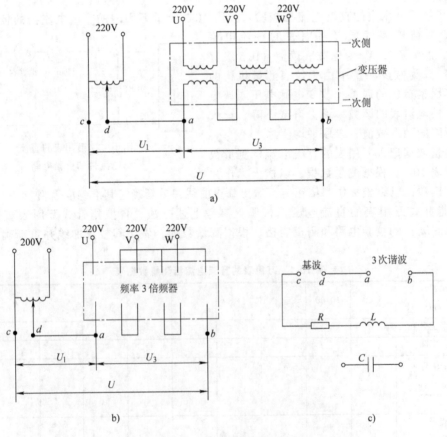

图 10-3　非正弦周期电路分析

a）产生 3 次谐波的电路　b）3 次谐波的电路简图　c）接入电感或电容

4. 实验原理

1）在非正弦周期电路分析中，常将电路中的电动势、电压或电流展开成傅里叶级数，即

$$u(t) = U_0 + \sum_{k=1}^{\infty} U_{km}\sin(k\omega + \varphi_{uk})$$

$$i(t) = I_0 + \sum_{k=1}^{\infty} I_{km}\sin(k\omega + \varphi_{ik})$$

非正弦周期电路中的电压和电流的有效值 U 和 I 可表示为

$$U^2 = U_0^2 + U_1^2 + U_2^2$$

$$I^2 = I_0^2 + I_1^2 + I_2^2$$

式中，U_0 和 I_0 是电压、电流的恒定分量；U_1、U_2、I_1、I_2 是各次谐波的有效值。

2）在实验中的 3 次谐波是利用变压器产生的：将三个单相变压器的一次侧作星形联结（无中性线），而二次侧接成开口三角形，如图 10-3a 所示。一次侧接三相电源，由于铁心饱和，在二次侧 ab 两端可得到的主要是 3 次谐波的电压。

3）当在非正弦周期电路中接入电感或电容时，由于感抗与频率成正比，而容抗与频率成反比，故接电容使高次谐波削弱，而接电感使高次谐波增加。

5. 注意事项

1）电压较高，注意安全。

2）变压器必须正确接线。

实验 5　三相交流电路的功率测量

1. 实验目的

1）了解功率表的原理，熟悉功率表的接线方法。

2）掌握三相交流电路中功率表的各种测量方法。

2. 实验任务

1）"一功率表法"测量三相负载对称时的功率。

2）"二功率表法"测量三相负载不对称时的功率。

3）"二功率表法"测量三相负载（电容性或电感性）对称时的负载功率。

4）"一表跨相法"测量三相负载（电容性或电感性）对称时的负载无功功率。

5）用绝缘电阻表测量电器的绝缘电阻。

3. 实验线路及方法

（1）有功功率的测量　提供三相四线交流电源和负载。负载为 6 个白炽灯（220V/40W）和 3 个电容器（2μF/500V），根据实验任务中负载对称和不对称的情况，自拟测量电路及数据表格，完成测量任务。

（2）无功功率的测量

1）负载为白炽灯并联电容和全电容两种对称情况下，在负载为△形或丫形联结时，用"二功率表法"测量并计算无功功率。

2）负载对称情况同 1），采用"一表跨相法"，在负载为△形或丫形联结时，按"一表跨相法"测量无功功率的数据参考表（见表 10-2）要求测量并记录数据。

表 10-2 "一表跨相法"测量无功功率的数据参考表

| 负载对称情况 | 测 量 值 | | | 计 算 值 |
	电压 U/V	电流 I/A	功率表读数 P/W	Q/var $(Q=\sqrt{3}P)$
灯并联电容				
全电容				

3）比对两种不同的测量方法得到的无功功率。

4．提示

用有功功率表测量三相对称负载的无功功率时，功率表电流接线端的发电机端接法与负载中电流与电压的超前（滞后）相位有关。本实验采用电容作为负载，因此有如图10-4 所示的无功功率测量参考接法。

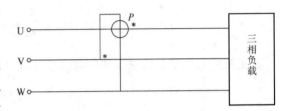

图 10-4 无功功率测量参考接法

课程设计 指针式万用表电路设计和调试

1）完成指针式万用表交、直流和电阻挡各量程下的元件参数设计。

2）用 Multisim 软件设计平台，组成设计的万用表电路，其中的磁电系仪表测量机构用软件中的数字式直流电流表替代，内阻按设计要求由软件中的数字式直流电流表设定。

3）在 Multisim 软件设计平台上进行调试后，确定其是否符合准确度要求。

指针式万用表主要技术参数见表10-3。

表 10-3 指针式万用表主要技术参数

测量种类	量程范围	灵敏度及电压降	准确度
DCA	1mA，10mA，5A	另定	2.5
DCV	2.5V，10V，250V	由灵敏度确定	2.5
ACA	10V，50V，250V，1000V （45~65Hz）	$4k\Omega/V$	5.0
Ω	$R\times1$，$R\times10$，$R\times100$ 工作电池:1.6~1.2V 扩展 $R\times1k$ 工作电池:15V	$R\times1$ 中心刻度为 22Ω	2.5

注：表中所列为公共参数，灵敏度等参数另给，每个同学不一样。

第 11 章　Cadence OrCAD 软件应用简介

11.1　创建原理图文件

Cadence 公司是一个专门从事电子设计自动化（EDA）的软件公司，是全球著名电子设计技术和设计服务供应商之一。其软件 Cadence OrCAD 可以用于原理图设计，并能进行数字、模拟及混合电路的仿真。本章介绍的软件版本为 Cadence 17.2。

从"Windows Start"→"Programs"菜单中选择"Cadence Release 17.2"→"OrCAD Products"→ 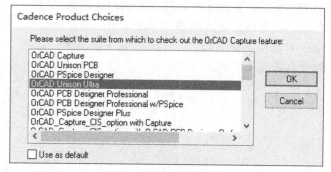 启动软件，弹出"Cadence Product Choices"对话框，如图 11-1 所示。

选择"OrCAD Unison Ultra"软件，单击"OK"按钮进入"OrCAD Capture"界面，如图 11-2 所示。

图 11-1　"Cadence Product Choices"对话框

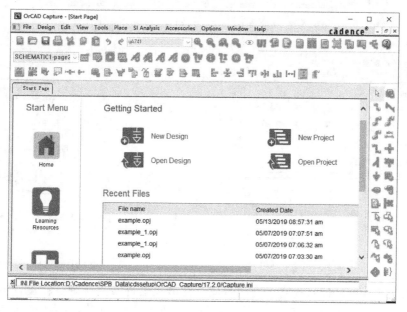

图 11-2　进入"OrCAD Capture"界面

创建一个原理图文件前必须先建立一个工程项目文件。工程项目文件可以方便管理各种设计文件，通过单击工具栏左上角 图标创建，也可单击界面中 New Project 图标直接建立。完成新建工程项目文件后，弹出如图 11-3 所示对话框。

在 Name 文本框中填写项目名；Location 文本框中填写文件存储位置，默认存储位置为 C：\ Cadence \ SPB_Data。注意单击"PSpice Analog or Mixed A/D"单选按钮，这样该软件设计的电路，将可以用于原理图仿真。

单击"OK"按钮，弹出"创建 PSpice 工程项目文件"对话框，如图 11-4 所示。

选择创建空白项目"Create a blank project"选项，单击"OK"按钮，弹出"工程项目文件"界面如图 11-5 所示。单击"Example. opj"选项卡可以查看工程项目文件的组织结构，如图 11-6 所示。

单击"SCHEMATIC1"文件夹，双击"PAGE1"图标，呈现电路绘图区域如图 11-7 所示。更改文件名可以右键单击图标名称，在弹出的快捷菜单中单击"Rename"命令。鼠标左键双击". \ example.dsn"图标可以关闭文件夹。

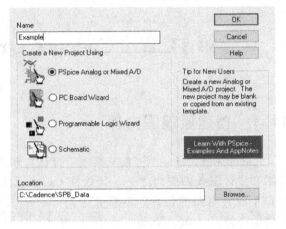

图 11-3 "新建工程项目文件"对话框

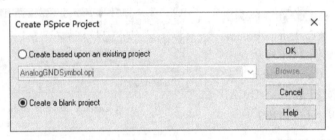

图 11-4 "创建 PSpice 工程项目文件"对话框

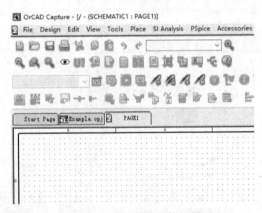

图 11-5 "工程项目文件"界面

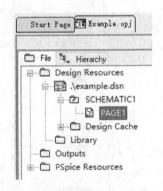

图 11-6 工程项目文件的组织结构

电路图纸用于绘制设计的电路，绘制时应该注意元器件布局合理。在设计原理图时，可使用菜单栏的"File""Edit""Place"等命令以及页面右侧快速工具栏中的快捷功能。图11-8为快速工具栏。

注意绘图时可以使用 Windows 组合键"Ctrl+C""Ctrl+V"等快捷方式来加快创建原理图的速度。绘图时若要放大原理图来检查细节，可以在顶部图标工具栏中选择 中的第三个图标（Zoom to region），将使鼠标变为一个带放大镜的小指针，按住鼠标左键拖动将在原理图上绘出一个矩形框，框内图形被放大（也可以使用"Ctrl 键+鼠标滑轮"进行缩放）。

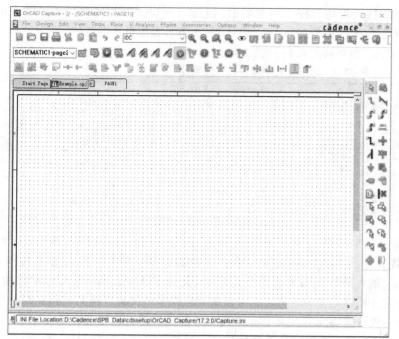

图 11-7　电路绘图区域

图 11-8　快速工具栏

11.2　元件库

设计者在原理图纸中设计电路，需要从元件库中选择元件，因此必须明确元件所在的元件库的名称。库的文件扩展名是 .olb，位于主安装目录下的 Tools \ Capture \ Library \ PSpice 文件夹里。仿真模型库（.lib 文件）位于主安装目录下的 Tools \ PSpice \ Library 文件夹里。

在设计之初要添加库，才可使用库中的元件。选择菜单栏放置元件"Place"中"Part..."选项，右侧出现"放置元件"对话框如图 11-9 所示。

单击图中 图标，在出现的对话框中浏览元件库，选择一个或者多个必要的元件库，如图 11-10 所示。

图 11-9　"放置元件"对话框

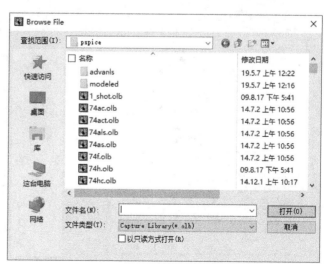

图 11-10　浏览元件库

183

选择 analog. olb 库可以添加较常用元件，如电阻 R、电感 L 和电容 C 等；选择 source. olb 库可以添加常用输入信号源，如交流电压源 ACV、电压源 VSIN、直流电压源 DCV 等。

在元件库中，元器件首字母和对应元器件见表 11-1。

表 11-1 元器件首字母和对应元器件

元器件首字母	元器件	元器件首字母	元器件
B	砷化镓场效应晶体管	K	耦合电感
C	电容	L	电感
D	二极管	M	MOS 场效应晶体管
E	电压控制的电压源	Q	双极型晶体管
F	电流控制的电流源	R	电阻
G	电压控制的电流源	S	电压控制的开关
H	电流控制的电压源	T	传输线
I	独立电流源	V	独立电压源
J	结型场效应晶体管	X	子电路

如果元器件所在库未知，可单击图 11-9 中的 ⊞ Search for Part ，通过直接输入一个元器件的名称或部分名称，可以找到该元器件，从而节省手工寻找的时间。例如，输入电容名称 c （PSpice 是不区分字母大小写的，所以不需要大写），显示的元件在 ANALOG.olb 的库文件中，如图 11-11 所示。如果不确定元器件完整的名称时，可以用万能符号 ∗ 代替，帮助在元件库中快速搜索元器件。例如，∗741 表示搜寻元器件名称中含有 741 的元器件，选择 uA741/opamp.olb 加入 OPAMP 元件库，可以在 Part List 列表框中看到库中的元器件 uA741，如图 11-12 所示。

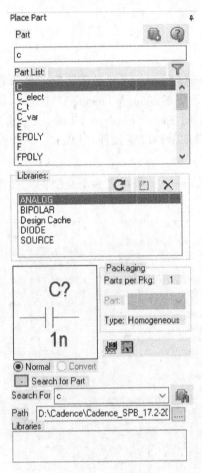

图 11-11　搜寻电容

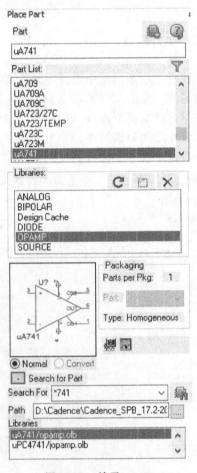

图 11-12　搜寻 uA741

11.3　放置、移动和连接元器件

在"Place Part"对话框中，双击所选元器件后，移动鼠标至绘制电路的图纸中合适的位置，单击左键放置元器件，此时仍可继续放置，按"Esc"键终止。单击并拖动元器件，可移动元器件至合适位置。

放置元器件前，按"R"键可以改变元器件放置的方向。元器件放置好后，想改变方向，可以先单击选中该元器件，然后右击元器件，弹出快捷菜单，如图 11-13 所示。选择 Mirror Horizontally、Mirror Vertically 或 Rotate 可以实现水平翻转、垂直翻转或旋转元器件。

例如，当放置晶体管，它默认发射极位置如图 11-14 所示。为了使发射极在上面，单击鼠标左键选中晶体管，鼠标右键再单击该晶体管，在弹出的快捷菜单中选择"Mirror Vertically"选项，结果如图 11-15 所示。

放置好元器件后，可以用导线连接元器件形成电路。在右侧快速工具栏中单击 ↖（导线）图标进行连接。连接两端点的具体方法是，在端点处单击鼠标左键，移动鼠标至另一端点后，再次单击鼠标左键。注意布线过程中，可以单击鼠标左键，以改变连线方向。

在画原理图时，快捷键加快了原理图中元器件放置的速度。软件中一些常用的快捷键如下：

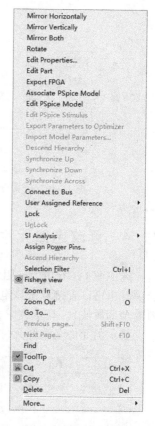

图 11-13　鼠标右键单击元器件弹出的快捷菜单

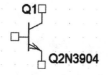

图 11-14　Q2N3904 默认状态

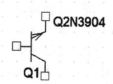

图 11-15　Q2N3904 垂直翻转

复制一个元器件	Ctrl+C
粘贴一个元器件	Ctrl+V
旋转一个元器件	R
终止一个操作	Esc
连线工具	W

参照本节内容，按图 11-16 所示，放置电路元件并连接元件。

所有的仿真原理图必须有接地符号，否则仿真时将报告错误。通过单击右侧快速工具栏中的 ⏚ 图标，选择如图 11-17 所示的接地符号，注意符号旁边有标志 0，然后放置接地符号于电路中，不要以任何方式删除或改变此标志。

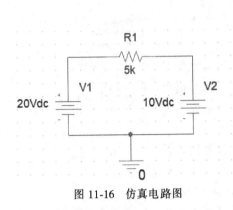

图 11-16　仿真电路图

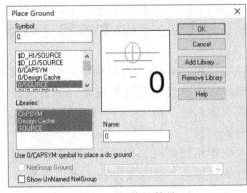

图 11-17　接地符号

11.4　修改电路元件属性和显示属性

　　选中图 11-16 中的电阻元件，然后单击右键，在弹出的快捷菜单中选择"Edit Properties"选项，也可以直接双击该电阻元件，弹出元件属性表如图 11-18 所示（可以拖动横向滑动条以浏览全部属性）。在本例中，修改电阻名称为 R1、参数值为 5k，结果如图 11-19 所示。

　　显示的元件名称和元件参数值也可以直接通过单击名称和参数进行修改。

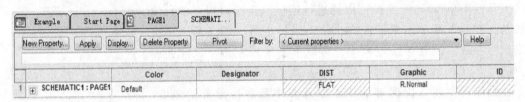

图 11-18　元件属性表

　　在输入元件参数时，只需输入数值不用输入单位，可以使用字母（国际单位制词头符号）表示数量的大小。例如 10kΩ 电阻参数，输入值为 10k。对于更大的数值，可

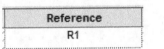

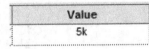

图 11-19　参数修改

以使用指数模式，输入值 10k 也可以用 le4 表示。10μF（注：仿真电路图中用 u 代替 μ）的电容器用 10u（字母 u 代表微法）表示，10μH 用 10u 表示。注意 1F 的电容就输入 1，而不是 1F；1MΩ 的电阻输入 1e6，而不是 1M。表 11-2 显示了国际单位制词头符号、含义、名称。

表 11-2　国际单位制词头

符号	含义	名称	符号	含义	名称
f	1e-15	Femto-	k	1e3	Kilo-
p	1e-12	Pico-	M	1e6	Mega-
n	1e-9	Nano-	G	1e9	Giga-
μ	1e-6	Micro-	T	1e12	Tera-
m	1e-3	Milli-			

11.5　建立新的仿真配置文件及仿真分析

　　在图 11-16 仿真电路图中，由欧姆定律可得出 R1 中的电流为：

$$I = \frac{V1 - V2}{R1} = \frac{20 - 10}{5000}A = 2mA$$

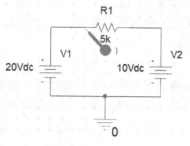

图 11-20　放置探针

电流的方向是由两个电压源的方向和相对大小来决定的。直流电路中各节点的电压值、元件电流值和功率值在仿真后会显示在电路图上。

通过选择"I"和"V"图标来探测电路中的电流和电压。例如在菜单"PSpice"→"Markers"中找到

，选择带"I"图标的探针置入电路元件引脚上。放置探针后的电路图如图 11-20 所示。

在仿真前，必须建立仿真配置文件。如图 11-21 所示，选择菜单"PSpice"→"New Simulation Profile"选项，打开如图 11-22 所示的"配置文件命名"对话框。建立一个新配置文件后，也可以重新进行配置，方法是选择"PSpice"→"Edit Simulation Profile"选项。

图 11-21　建立仿真配置文件

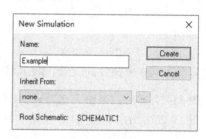

图 11-22　"配置文件命名"对话框

单击"Create"按钮打开如图 11-23 所示的"仿真设置"对话框，在分析类型（Analysis type）下拉列表中，选择直流扫描（DC Sweep）并设置参数。扫描变量（Sweep variable）选

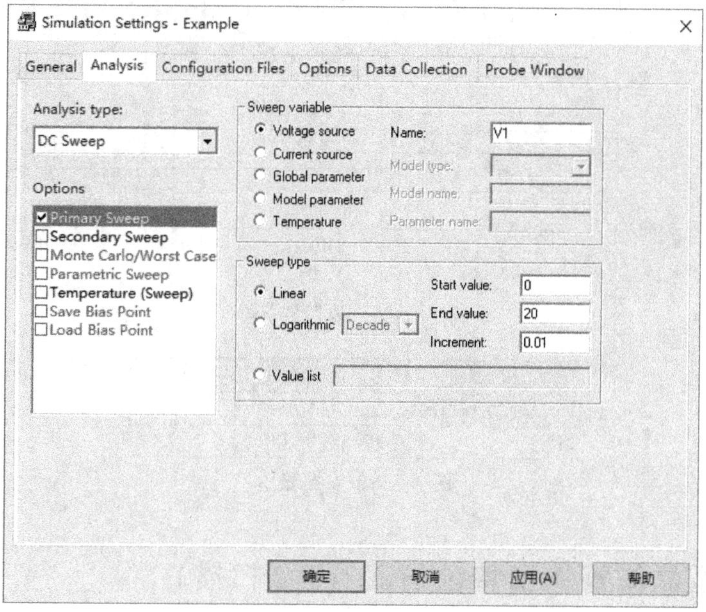

图 11-23　"仿真设置"对话框

择电压源（Voltage source）、扫描类型（Sweep type）选择线性（Linear）。在 Name 名称文本框中输入电压的名称 V1。该电压源从 Start value：0V 开始扫描到 End value：20V 结束，增幅 Increment：0.01V。

如图 11-21 所示，通过单击"PSpice"→ ▶ Run 或者按"F11"键来仿真。如果设置参数不正确，或者元件连接有错误，都会产生错误信息。正确仿真结果如图 11-24 显示，纵坐标为探头的电流，横坐标为扫描电压 V1。

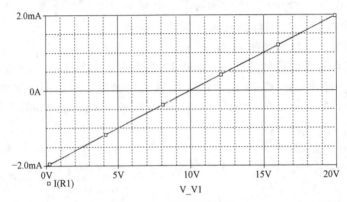

图 11-24　正确仿真结果

调整图 11-20 中探针的位置，将其放置在电阻的右侧，仿真结果曲线呈负斜率。

在图 11-24 扫描结果中，选择 图标，通过使用左、右鼠标键，在图中单击放置两个游标，如图 11-25 所示。在界面下方显示数据如图 11-26 所示。通过这两个游标，读取电流和电压差值，由图中曲线斜率的倒数，可以得出电阻 $R1 = \dfrac{\Delta V}{\Delta I} = 5k\Omega$。

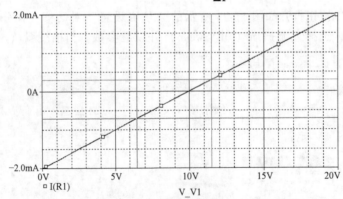

图 11-25　放置游标

Trace Name	Y1	Y2	Y1 - Y2
X Values	6.4800	11.490	-5.0100
I(R1)	-704.000u	296.000u	-1.0000m

图 11-26　数据显示

11.6　双极型晶体管输出特性仿真（DC 扫描）

搭建电路，分析双极型晶体管 40237 的输出特性。绘制原理图如图 11-27 所示。电流源使用 DCI，电压源使用 DCV，大小均设为 0。

由集电极电流和集电极电压的关系：

$$i_C = f(u_{CE})\big|_{i_B = 常数}$$

绘制晶体管输出特性曲线 Vce-Ic，横轴为 Vce，纵轴为 Ic。其中有两个输入变量，选择 Vce 为主扫描变量，Ib 为副扫描变量。

建立仿真设置参数，如图 11-28 和图 11-29 所示，选择 DC Sweep，按图设置 Primary Sweep 和 Secondary Sweep 扫描参数。

仿真运行（按 "F11" 键），出现 PSpice A/D 软件界面。在 PSpice A/D 软件系统工具栏中选择

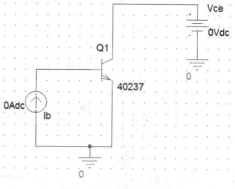

图 11-27　电路原理图

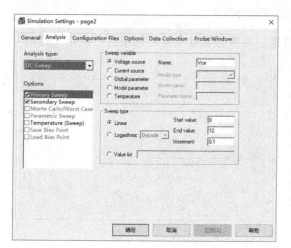（Add Traces）图标或在图形显示区单击鼠标右键，在弹出的快捷菜单中选择 "Add Traces" 选项直接添加观测波形，此处添加 IC（Q1），如图 11-30 所示。

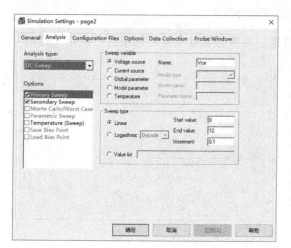

图 11-28　Primary Sweep 参数设置

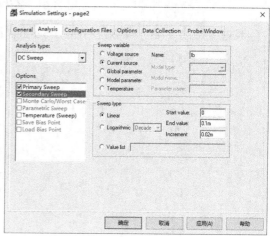

图 11-29　Secondary Sweep 参数设置

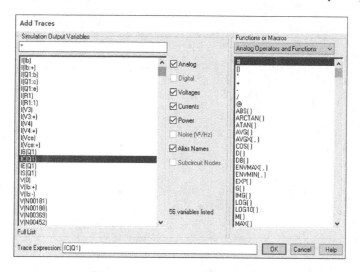

图 11-30　Add Traces 增加观测波形

189

单击"OK"按钮，得到晶体管输出特性曲线如图 11-31 所示。

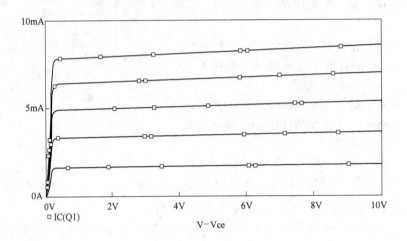

图 11-31 晶体管输出特性曲线

双击 X 轴或 Y 轴，可以进行 Axis Settings 设置。可对坐标轴及坐标网格进行自定义设定。

附　　录

附录 A　指针式万用表电路的计算

本书第 1 章已介绍过指针式万用表的结构和原理，一般对于给定万用表的基本技术参数，提出设计的各挡量程的准确度等技术指标，设计者就可以根据已学的电路理论进行电路设计。由于 EDA 技术的迅速发展，还可以应用 Multisim 等软件对设计的万用表进行仿真调试。

以下结合具体参数，介绍指针式万用表的电路设计方法。

A.1　万用表的基本技术参数

1）磁电系仪表测量机构（表头）——微安表，给出其内阻 R_g 和电流灵敏度 I_g（一般以满刻度电流给出），如 $R_g = 1\text{k}\Omega$，$I_g = 50\mu\text{A}$。

2）DCA：1mA、10mA、5A，引入电流 $I_引 = 70\mu\text{A}$。

3）DCV：2.5V、10V、250V，DCV 的输入阻抗为 $1/I_g$。

4）ACV：10V、50V、250V、1000V，ACV 的输入阻抗为 $4\text{k}\Omega/\text{V}$。

5）Ω：$R\times1$、$R\times10$、$R\times100$，电阻中心值为 22Ω，电池电压为 $1.2\sim1.6\text{V}$。

6）电阻量程扩展：$R\times1\text{k}$，电池电压为 15V。

A.2　万用表的各挡准确度

1）DCA：2.5 级。

2）DCV：2.5 级。

3）ACV：5.0 级。

4）Ω：2.5 级。

A.3　直流电流挡

1. 分流电阻计算公式

分流电阻电路如图 A-1 所示，设测量机构内阻为 R_g，电流灵敏度为 I_g，扩大的电流量程为 I。只要并联上分流电阻 R_s

$$R_s = \frac{I_g}{I - I_g}R_g = \frac{1}{\dfrac{I}{I_g} - 1}R_g = \frac{1}{n-1}R_g$$

则分流比 n 为

$$n = \frac{I}{I_g}$$

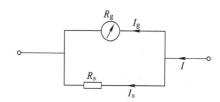

图 A-1　分流电阻电路

2. 多量程直流电流表的计算

设计一个多量程环形分流式直流电流表，如图 A-2 所示。

若设表头内阻为 R_g，电流灵敏度为 I_g，扩大的电流量程为 I_1、I_2、I_3、$I_引$，计算各分流电阻 R_1、R_2、R_3、R_4。

1）当电流为 $I_{引}$ 时

$$R_s = R_1 + R_2 + R_3 + R_4 = \frac{I_g}{I_{引} - I_g} R_g$$

2）当电流为 I_3 时

$$R_1 + R_2 + R_3 = \frac{I_g}{I_3 - I_g}(R_g + R_4)$$

3）当电流为 I_2 时

$$R_1 + R_2 = \frac{I_g}{I_2 - I_g}(R_g + R_3 + R_4)$$

4）当电流为 I_1 时

$$R_1 = \frac{I_g}{I_1}(R_g + R_s)$$

5）电阻 R_4 的值为

$$R_4 = R_s - (R_1 + R_2 + R_3)$$

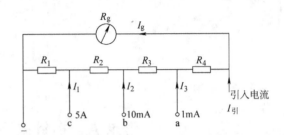

图 A-2　多量程环形分流式直流电流表

A.4　直流电压挡

1. 直流电压的分压电阻

设表头内阻为 R_g，电流灵敏度为 I_g，则表头的压降为 $U_g = I_g R_g$。直流分压电路如图 A-3 所示。扩大电压量程的分压电阻

$$R = \frac{U}{I_g} - R_g$$

2. 多量程直流电压表的计算

对于如图 A-4 所示的多量程直流电压表电路，先计算 R_1

$$R_1 = \frac{U_1}{I_g} - R_g$$

式中，U_1 是量程。

然后再用一段电路的欧姆定律分别计算分压电阻 R_2 和 R_3 即可。

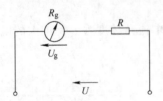

图 A-3　直流分压电路

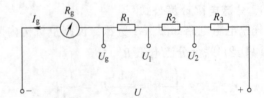

图 A-4　多量程直流电压表电路

若运用电压灵敏度的方法来计算分压电阻，如已知 $I_g = 50\mu A$，电压灵敏度为 $1/I_g = 20k\Omega/V$，就是每 20kΩ 电阻上电压降为 1V，同样可以方便地计算出 R_1、R_2 和 R_3。

A.5　交流电压挡

1. 半波整流的 AC/DC 转换器

用磁电系仪表测量机构测量交流电量时，必须要有将交流转换成直流的 AC/DC 转换器。指针式万用表中常用的 AC/DC 转换器是二极管整流电路，而且常用半波整流电路，如图 A-5

所示。

当被测量是正弦量时，有

$$I_0 = \frac{1}{\pi}I_m = 0.318I_m$$

式中，I_0 是流过表头的平均电流；I_m 是正弦量的峰值电流，折算成被测电流的有效值为 I，则有

$$I = \frac{I_m}{\sqrt{2}} = 0.707I_m$$

设

$$\frac{I}{I_0} = \frac{0.707I_m}{0.318I_m} = 2.22$$

则

$$I = 2.22I_0$$

考虑到半波整流时的损耗，可取 $I = 2.3I_0$，则有 $I_0 = I/2.3 = 0.435I$。

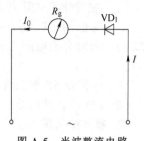

图 A-5 半波整流电路

2. 交流电压的分压电阻计算

交流电压的分压电阻计算与直流相似。交流电压的分压电阻电路如图 A-6 所示。

1）根据给定的交流电压灵敏度（输入阻抗 Z）计算出交流引入电流（二极管前）$I = 1/Z$。

2）由交流引入电流 I 计算出半波整流后的（二极管后）的电流 $I_k = I \times 0.435$。

3）计算分流电阻 $R = I_gR_g/(I_k - I_g)$。

4）可调电阻 R_{RP} 一般由经验取输入阻抗 Z 的一半。

5）计算 $U_0 = U_g + U_{RP} + U_{VD1}$。式中，$U_g$ 是测量机构内阻 R_g 上的电压；U_{RP} 是电位器电阻 R_{RP} 上的电压；U_{VD1} 是二极管 VD_1 上的压降，硅管 $U_{VD1} = 0.65V$。

6）参考图 A-6，计算各分压电阻

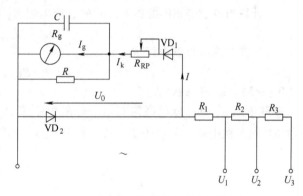

图 A-6 交流电压的分压电阻电路

$$R_1 = \frac{U_1 - U_0}{I} \qquad R_2 = \frac{U_2 - U_1}{I} \qquad R_3 = \frac{U_3 - U_2}{I}$$

图 A-6 中的 C 为滤波电容，约为 $5\mu F$，防止整流后的脉动波使表的指针不停小幅摆动，VD_2 为保护二极管。

A.6 电阻挡

利用磁电系仪表测量机构测量电阻，原理见本书第 1 章。由于测量电阻需要外加电源（电池），而外加的电池电压有一定范围，为使电池电压在一定范围内能保证电阻挡的准确度，故在计算中要对电阻挡的几个电阻做如下考虑。

1. 电阻挡基本电路

图 A-7 所示是电阻挡基本电路，其中 RP（电阻为 R_{RP}）为调零电位器；R_{RP} 和 R_d 组成分流电阻。

1）电位器 RP 触头移到 b 点，电池电压最高（$E = 1.6V$）。此时分流电阻为 R_b（分流电阻小，分流电流大）。

2）电位器 RP 触头移到 a 点，电池电压最低（$E = 1.2V$）。此时分流电阻为 $R_b + R_{RP}$（分流电阻大，分流电流小）。

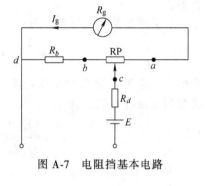

图 A-7 电阻挡基本电路

3）电位器 RP 触头移到 b、a 之间，电池电压为标准电压（$E = 1.5V$），此时分流电阻为 R_b 及 R_{RP} 的一部分之和。

2. 零支路电阻 R_b 和 R_{RP} 的计算

各挡电阻中心值：

低倍率挡，$R×1$ 的电阻中心值 $R_{Z1} = 22\Omega$；

中倍率挡，$R×10$ 的电阻中心值 $R_{Z2} = 220\Omega$；

高倍率挡，$R×100$ 的电阻中心值 $R_{Z3} = 2200\Omega$；

最高倍率挡，$R×1k$ 的电阻中心值 $R_{Z4} = 22k\Omega$。

先以电阻测量高倍率挡电阻中心值 R_{Z3} 计算 E 不同时的电流，以保证 $R_x = 0$ 时能调零。例如，$R_{Z3} = 2200\Omega$ 时，（b 点）$I_{max} = 1.6V/2200\Omega = 727\mu A$，（$a$ 点）$I_{min} = 1.2V/2200\Omega = 545\mu A$，（$c$ 点）$I_{标} = 1.5V/2200\Omega = 682\mu A$。

当已知流过表头满刻度电流为 I_g，表头总内阻为 R_g 时，计算如下：

1）计算当电位器 RP 指在 a 点时的总分流电阻 $R_b + R_{RP}$

$$R_b + R_{RP} = I_g R_g / (I_{min} - I_g)$$

2）计算当电位器 RP 指在 b 点时的分流电阻 R_b

$$R_b = (R_b + R_{RP}) I_{min} / I_{max}$$

3）计算分流电位器电阻 R_{RP}

$$R_{RP} = (R_b + R_{RP}) - R_b$$

3. 串联电阻 R_d 的计算

串联电阻 R_d 是由低压高倍率挡的电阻中心值 R_{Z3} 决定的。因为电位器 RP 是变数，设电位器 RP 触头在中间，阻值为 $R_{RP}/2$，接入 R_d 后，该挡的总内阻同样要等于电阻中心值 R_{Z3}，因此有

$$R_d = R_{Z3} - \frac{\left(R_g + \frac{1}{2}R_{RP}\right)\left(R_b + \frac{1}{2}R_{RP}\right)}{\left(R_g + \frac{1}{2}R_{RP}\right) + \left(R_b + \frac{1}{2}R_{RP}\right)}$$

4. 各倍率电阻的计算

各倍率电阻的电路如图 A-8 所示。

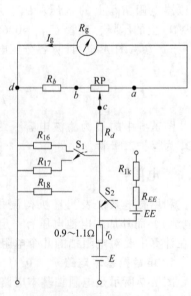

1）设 R_1 为中心电阻 $R_{Z1} = 22\Omega$ 时的并联电阻，考虑电池内阻 r_0 一般为 $0.9 \sim 1.1\Omega$，从端口看

$$R_{Z1} - r_0 = R_{Z3} /\!/ R_1$$

则有

$$R_{16} = (R_{Z1} - r_0) R_{Z3} / [R_{Z3} - (R_{Z1} - r_0)]$$

2）设 R_2 为中心电阻 $R_{Z2} = 220\Omega$ 时的并联电阻，同样有

$$R_{17} = (R_{Z2} R_{Z3}) / (R_{Z3} - R_{Z2})$$

3）设 R_3 为中心电阻 $R_{Z3} = 2200\Omega$ 时的并联电阻，

图 A-8 各倍率电阻的电路

则有

$$R_{18} = (R_{Z3}R_{Z3})/(R_{Z3}-R_{Z3}) = (R_{Z3}R_{Z3})/0 = \infty$$

4）设 R_{1k} 为测量最高倍率挡（$R \times 1k$）串联电阻，由于其电阻中心值太大，致使灵敏度降低到端口短接（$R_x = 0$）时也无法调零，故需增加电源电压。由于最高倍率挡电阻中心值 $R_{Z4} = 22k\Omega$，比高倍率挡还大 10 倍，因而电源电压也高 10 倍，选电源 EE 为 15V 的层叠电池。同时高倍率挡无分流电阻（$R_3 = \infty$），可见最高倍率挡也无分流电阻，工作电流与高倍率挡相同。则高倍率挡串联电阻

$$R_{1k} = R_{Z4}-R_{Z3}-R_{EE}$$

式中，R_{EE} 为电源 EE 的内阻，约为 1kΩ。

附录 B　电工实验台简介

B.1　实验平台电源使用说明

1. 32131001 三相断路器面板使用说明

32131001 三相断路器面板如图 B-1 所示，包括三相断路器、熔断器、"启动"和"停止"按钮及对应指示灯。它是一款具有短路声光报警及漏电保护的三相电源输出装置，同时具有"启动"和"停止"按钮，用于控制输出端电压开关。"停止"按钮兼具取消报警音的功能。

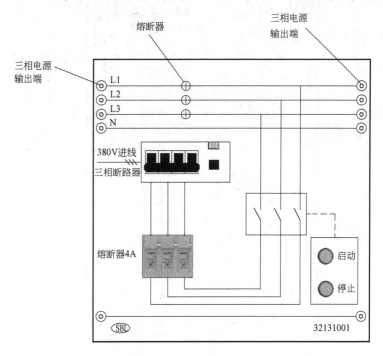

图 B-1　三相断路器面板

（1）使用方法

1）断路器断开，停止指示灯亮，启动指示灯灭，表示设备处于停止状态，三相电源无输出。

2）按下"启动"按钮，启动指示灯亮，停止指示灯灭，三相电源正常输出，对应三相电源指示灯亮。

3）按下"停止"按钮，停止指示灯亮，启动指示灯灭，三相电源无输出。

4）设备短路，启动指示灯灭，停止指示灯闪烁，蜂鸣器持续报警。

5）按下"停止"按钮，蜂鸣器报警取消，停止指示灯停止闪烁，常亮。

6）故障排除后，重复步骤2），可正常使用。

（2）技术参数

1）系统供电：三相五线制380（1±10%）V，50Hz。

2）工作环境：温度−10~40℃，相对湿度不大于85%（25℃）。

3）额定电流：2A。

4）漏电动作电流：30mA。

5）熔断器：RO15慢熔4A。

（3）注意事项　使用过程中，若发现设备报警，请及时排除故障后再按"启动"按钮，不可带着故障重复启动，以免损坏设备。按下"启动"按钮后，若发现对应三相电源指示灯中的某相指示灯不亮，请及时更换对应的熔断器。

2. 30121058单相调压器使用说明

30121058单相调压器面板如图B-2所示，含双量程指针式电压表指示，带短路和过载保护。

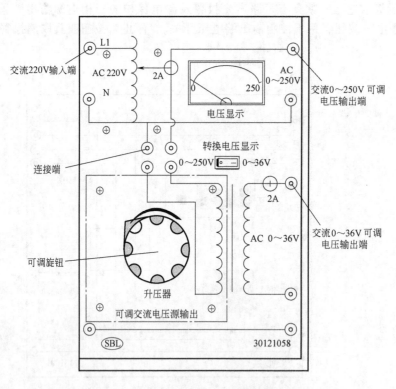

图 B-2　单相调压器面板

（1）使用方法

1）接好工作电源。

2）将连接端上下短接好。

3）将输出选择按钮按向相应的一侧，旋转可调旋钮，即可从表头读出对应的可调输出电压的大小。

（2）技术参数

1）交流电源：0~250V。

2）隔离变压器：0~36V。

3）最大电流：2A。

3. 32121046 双路可调电压源使用说明

32121046 直流双路可调电压源面板如图 B-3 所示。该电压源是一款具有双路独立可调及过载保护的直流电源。

（1）使用方法

1）输出电压从"+""-"端口引出。

2）旋转可调旋钮，即可改变输出电压大小。

（2）技术参数

1）电压：双路 0~24V 可调。

2）额定电流：1A。

3）指针式电压表指示，带过载声音报警，故障排除后可自行恢复。

4. 30111113 恒流源使用说明

30111113 恒流源面板如图 B-4 所示，含数显直流毫安表指示。"+""-"为接线柱，是恒流源输出端。

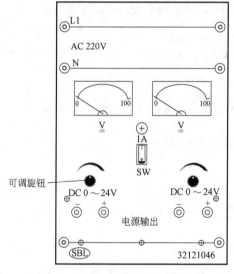

图 B-3　直流双路可调电压源面板

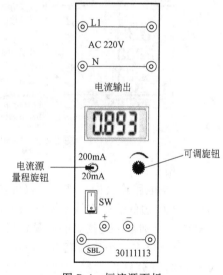

图 B-4　恒流源面板

（1）使用方法

1）选择合适量程，将可调旋钮向左调至最小。

2）将"+""-"端串在电路中。

3）打开电源开关，由小到大调节旋钮至所需电流。

（2）技术参数　输出电流：0~20mA，0~200mA。

B.2　实验平台仪表使用说明

1. 30121098 单相电量仪使用说明

30121098 单相电量仪面板如图 B-5 所示。该电量仪是一款具有测量、显示、数字通信及电能计量等功能的电力仪表。仪表采用三排数码显示，能够在线完成多种常用的电参量测量，如单相电压、电流、有功功率、无功功率、视在功率、功率因数等。HF9600E 数字显示模块按键功能说明如图 B-6 所示。

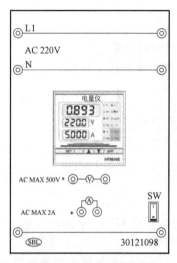

图 B-5　单相电量仪面板

SET(设置)按钮　正常显示:按下无作用。
设置功能:表示退出当前设置界面或菜单,设置数据时,表示取消当前参数设置。

▲按扭　正常显示:切换功能界面。
设置功能:菜单模式时为菜单上翻,设置数据时,表示数值减小。

▼按钮　正常显示:切换功能界面。
设置功能:菜单模式时为菜单下翻,设置数据时,表示数值增加。

ENT(确认)按钮　正常显示:按下无作用。
设置功能:菜单模式时为进入当前菜单设置,设置数据时,表示当前数值确定。

图 B-6　HF9600E 数字显示模块按键功能

（1）使用方法

1）在实验电路连接中,该电量仪可作为标准交流电路测试表,其中,V 两边的插孔连接电压回路,A 两边的插孔连接电流回路,带"＊"的两个插孔表示同名端。要确保输入电压、电流相对应,否则会出现仪表的测量错误。

2）该电量仪有三个显示窗口,电压、电流测量值为第二、第三个四位显示窗口；最上排的四位显示窗口分别作为视在功率（VA）、有功功率（W/h）、功率因数（PF）、无功功率（var/h）、频率（Hz）以及相位角（Φ）等参数的巡回显示,要转换此显示窗口的参数显示,只要轻按"▲"或"▼"按钮即可。

3）该表具有正负有功功率显示和正负无功功率显示的功能,当切换到功率界面,右侧"＋""－"指示灯会相应地显示。

例如:图 B-7a 中负号灯亮、var/h 灯亮、A 灯亮表示:电压为 220.0V,电流为 5.000A,无功功率为－1.093var；图 B-7b 中负号灯亮、PF 灯亮、A 灯亮表示:电压为 220.0V,电流为 5.000A,功率因数为－0.893。

（2）技术参数

1）电流量程:0~2A。

2）电压量程:0~500V。

3）功率量程:1500W。

4）功率因数量程：-1~0，0~1。

5）相位量程：-90°~90°。

6）通信功能：RS485 输出，MODBUS-RTU 协议，波特率可设定为 1200~19200Baud。

7）数码显示：红色数码管显示，红色指示灯。

2. 30111047 直流电压电流表使用说明

直流电压电流表面板如图 B-8 所示。

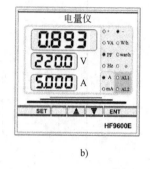

图 B-7　功率表显示

图 B-8　直流电压电流表面板

（1）技术参数

1）数显电压表量程：0~20V，0.5 级。

2）数显电流表量程：0~200mA，0.5 级。

（2）注意事项

1）电流表应串联在电路中。

2）电压表应并联在电路中。

3. 三相功率表

三相功率表面板如图 B-9 所示。

（1）使用方法

1）在实验电路连接中，该功率表可测量三相功率，其中，Ua 插孔连接 A 相电压回路，Ia 上下两个插孔连接 A 相电流回路，带"*"的两个插孔表示同名端。要确保输入电压、电流相对应，否则会出现仪表的测量错误。

2）该功率表有三个电压输入端，两个电流输入端；需根据实际情况分别接入 A、B、C 相电压以及 A、C 相电流。

3）该功率表不具有负功率显示，正确接入并通电后，直接显示三相功率。

（2）技术参数

1）额定单相电压：400V。

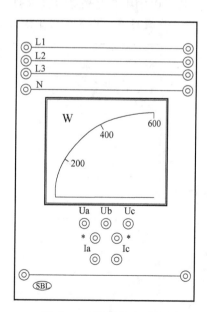

图 B-9　三相功率表面板

2）额定单相电流：2.5A。

3）最大量程：600W。

（3）注意事项

1）电流线圈应串联在电路中。

2）电压线圈应并联在电路中。

B.3　实验模块简介

1. 30111093 灯泡负载板（见图 B-10）

2. 30121012 荧光灯开关板（见图 B-11）

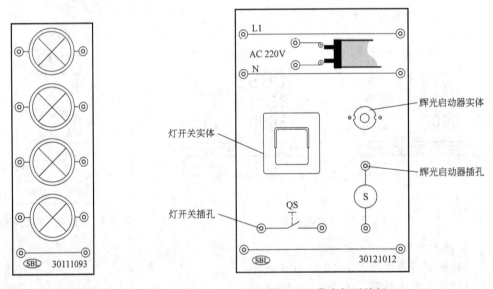

图 B-10　灯泡负载板

图 B-11　荧光灯开关板

3. 30121036 荧光灯镇流器和电容板（见图 B-12）

4. 交流接触器和热继电器板（见图 B-13）

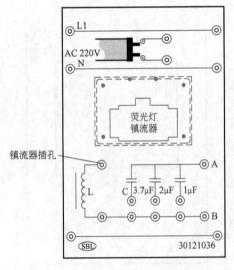

图 B-12　荧光灯镇流器和电容板

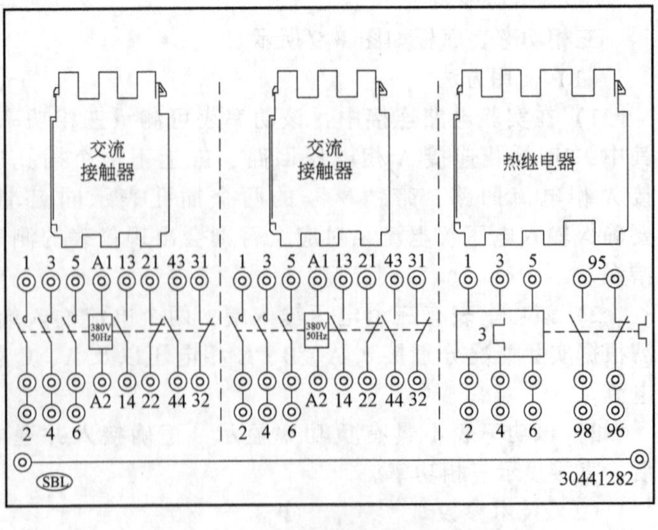

图 B-13　交流接触器和热继电器板

5. 30121038 变压器负载特性板（见图 B-14）

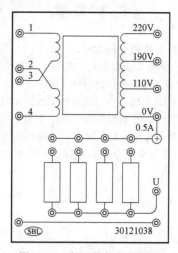

图 B-14　变压器负载特性板

参 考 文 献

[1] 黄锦安. 电路 [M]. 北京：高等教育出版社，2019.

[2] 黄锦安. 电路 [M]. 2 版. 北京：机械工业出版社，2016.

[3] 李瀚荪. 电路分析基础 [M]. 北京：高等教育出版社，2017.

[4] 刘建民. 电工测量与电工仪表 [M]. 北京：中国电力出版社，2003.

[5] 林向淮，张文生. 电工常用仪器仪表的原理与使用 [M]. 北京：中国电力出版社，2003.

[6] 沙占友，等. 数字万用表功能扩展与应用 [M]. 北京：人民邮电出版社，2005.

[7] 万频，林德杰，等. 电气测试技术 [M]. 北京：机械工业出版社，2015.